合成孔径雷达抗相参干扰波形设计原理与方法

周　凯　李德鑫　陈冬冬　姚辉伟　武忠国　著

国防工業出版社
·北京·

内 容 简 介

合成孔径雷达在军事领域应用广泛，其全天时、全天候、高分辨率的侦察能力，以及目标识别、战场监视、精确打击、电子战等多方面的功能，使其成为现代战争中不可或缺的技术手段。然而，随着合成孔径雷达干扰技术的快速发展，尤其是相参干扰技术的发展，合成孔径雷达在遂行军事侦察任务中面临严峻的干扰威胁。本书针对间歇采样转发、移频、有源运动调制和卷积调制等相参干扰，重点围绕干扰原理、抗干扰波形设计原理、波形设计算法和抗干扰波形成像与性能评估方面内容进行阐述。书中成果反映了作者在该领域的最新研究工作，具有新颖性、前沿性、理论性强等特点。

本书阐述相参干扰环境下合成孔径雷达波形设计理论与方法，是对国内电子信息领域雷达系统波形设计研究方向专著的补充，满足高等院校中高年级本科生、研究生和科研院所相关科研人员、技术开发人员对该方向的参考资料需求。

图书在版编目（CIP）数据

合成孔径雷达抗相参干扰波形设计原理与方法 / 周凯等著. -- 北京 : 国防工业出版社, 2025. 7. -- ISBN 978-7-118-13742-2

Ⅰ. TN958

中国国家版本馆 CIP 数据核字第 2025225PR4 号

※

国防工業出版社 出版发行

（北京市海淀区紫竹院南路 23 号　邮政编码 100048）

雅迪云印（天津）科技有限公司印刷

新华书店经售

*

开本 710 × 1000　1/16　**插页** 5　**印张** 13½　**字数** 234 千字

2025 年 7 月第 1 版第 1 次印刷　**印数** 1—1500 册　**定价** 128.00 元

国防书店：（010）88540777　书店传真：（010）88540776

发行业务：（010）88540717　发行传真：（010）88540762

前　言

作为一种高分辨空间对地观测成像系统，合成孔径雷达（synthetic aperture radar，SAR）广泛应用于战场环境感知、军事侦察、武器制导和战场打击效果评估等军事领域。SAR 成像技术的发展，以及成像模式的丰富，刺激了 SAR 电子对抗技术的发展，一些先进的 SAR 干扰技术随之出现。相参干扰基于射频存储转发技术截获 SAR 发射信号，然后对截获信号作移频、调相和卷积调制等处理，最后将干扰信号进行单次或多次转发。相较于非相参干扰，相参干扰信号与真实目标回波相似性极高，能够获得部分或全部的 SAR 成像处理增益，因此，其干扰机具有功率需求更低，战场隐蔽性更强，干扰图像更稳健和布设更灵巧等优点。总体来说，针对 SAR 的相参干扰样式日益丰富，其快速发展给 SAR 系统带来了严峻挑战。受到干扰技术快速发展的刺激和军事需求牵引，SAR 系统被提出了更高的要求：在抑制相参干扰的条件下，还能够准确获取高性能目标图像。受到相参干扰利用截获的 SAR 波形和成像处理方法这一本质启发，我们团队针对抗相参干扰 SAR 波形设计原理与方法开展了深入的理论研究，包括抗干扰机理分析、抗干扰波形设计参数化建模，抗干扰波形优化算法和抗干扰性能评估等内容，希望通过本书使读者了解 SAR 抗相参干扰波形设计原理，以及抗干扰波形在成像处理方面的特殊性。

本书在内容结构上共分为 8 章。

第 1 章首先介绍了 SAR 干扰现状，包括间歇采样转发干扰、移频干扰、有源运动调制干扰和卷积调制干扰等。然后在此基础上阐述了 SAR 发射端主动抗干扰和接收端被动抗干扰技术研究现状，并总结现有抗干扰波形设计方法特点与局限。

第 2 章介绍了雷达信号表示方法和模糊函数，通过理论和仿真分析了线性调频（linear frequency modulation，LFM）波形，正交频分复用线性调频

(orthogonal frequency division multiplexing linear frequency modulation，OFDM－LFM）波形、非线性调频波形和相位编码波形的时域、频域、时延多普勒域和信号处理域特征，并总结了上述四类波形特性。

第3章首先介绍了SAR基本概念，分析了SAR波形基本参数设计，基于距离多普勒成像原理分析了非捷变波形和捷变波形SAR成像处理流程，并基于稀疏微波成像原理阐述了频率捷变SAR成像方法，然后阐述了SAR图像评估的积分旁瓣比（integrated sidelobe level ratio，ISLR）、峰值旁瓣比（peak sidelobe level ratio，PSLR）和分辨率等指标。

第4章主要阐述了间歇采样转发、移频、有源运动调制和卷积调制等典型相参干扰信号生成过程，并基于距离多普勒成像算法分析相参干扰的特性。阐述了复合调制相参干扰成像特性，并介绍了干扰峰值水平（jamming peak level ratio，JPLR）、平均干扰水平（average jamming integrated level ratio，AJILR）、相似度和峰值信噪比（peak signal－to－noise ratio，PSNR）等干扰效果评估指标。

第5章阐述了抗间歇采样转发干扰波形设计原理与方法，包括低多普勒容限波形设计抑制高阶假目标距离向成像处理增益，非匹配滤波器设计抑制零阶假目标距离向成像处理增益和干扰能量，以及脉间波形捷变抑制干扰方位向成像处理增益。介绍了联合非匹配滤波的抗间歇采样转发干扰相位编码波形和联合非匹配滤波的抗间歇采样转发干扰捷变相位编码波形设计问题建模和优化算法，通过数值仿真验证了波形设计算法的有效性，并通过SAR成像仿真评估了抗间歇采样转发干扰波形性能。

第6章阐述了抗移频干扰波形设计原理与方法，包括联合非匹配滤波的低多普勒容限波形抑制干扰距离向成像处理增益和局部干扰能量，以及脉间波形捷变抑制方位向成像处理增益。阐述了积分旁瓣和峰值旁瓣准则下的相位编码波形、抗移频干扰相位编码波捷变形和互模糊函数塑形波形，利用数值仿真验证了波形设计算法的有效性，并基于SAR成像仿真验证了抗移频干扰波形的可行性。

第7章阐述了联合限幅滤波处理的抗有源运动调制干扰波形，包括调频极性捷变LFM波形和捷变相位编码波形，通过SAR成像仿真验证了抗有源运动调制干扰波形的有效性。

第8章阐述了联合非匹配滤波的抗卷积调制干扰波形和频率捷变波形，并基于SAR成像仿真验证了上述抗卷积调制干扰波形的有效性。

感谢国防科技大学粟毅教授，黄春琳教授和张永胜教授在本书内容相关工作中给予的学术指导；在本书写作过程中，得到了聂孝亮、崔新风、李坤、王海军、冯海兵、李丹阳、王德旺和王宁等同志的帮助与支持，在此深表谢意。
由于水平有限，书中难免错误与见解不当之处，恳请读者批评指正，并反馈至邮箱 zhoukai1523@ yeah. net.

周　凯

2024 年 12 月于洛阳

目　录

第1章 绪论

合成孔径雷达是一种空间对地观测成像雷达，其在快时间域通过发射大时宽带宽积信号，在慢时间域利用平台运动合成大带宽，可同时获得距离和方位向的二维高分辨率，且具有全天时全天候工作的优势。自20世纪50年代起，SAR技术不断发展，目前已具备亚米级分辨率成像、地面动目标指示、干涉成像和三维成像等能力，同时也实现了正侧视条带到聚束、单通道到多通道、单极化到多极化的技术体制跨越。现代电子信息战中，SAR作为一种重要战场情报获取手段，是作战体系重要的信息来源，被广泛应用于武器制导、战场打击效果评估和军事侦察等军事领域。

受到SAR技术快速发展的刺激以及军事需求的牵引，SAR干扰技术也引起了国内外电子对抗领域研究者的关注，并且实现了无源向有源、非相参向相参的技术体制跨越。尤其随着射频存储技术和数字信号合成技术的发展，各种新型的相参干扰手段不断涌现，例如，间歇采样转发干扰、移频干扰、有源运动调制干扰、灵巧噪声干扰，以及多种复合调制干扰。相较于非相参干扰而言，相参干扰信号与目标回波相似性高，能够获得部分或全部SAR成像处理增益，并形成稳健的干扰图像，对SAR产生压制或欺骗干扰效果。并且，由于相参干扰能够获得SAR距离和/或方位成像处理增益，其功率需求更低，战场隐蔽性更强，具备灵巧布设的特点。当前，针对SAR的干扰样式日益丰富，尤其新型相参干扰快速发展给SAR系统工作带来了严峻挑战。

相参干扰条件下，SAR的发射波形不仅是目标信息的载体，同时也被干扰机加以利用成为干扰信息的载体。例如，巧妙利用线性调频波形的多普勒容限，间歇采样转发干扰能够产生密集假目标，而移频干扰能够实现干扰图像距离向位置搬移。因此，结合SAR成像对波形的约束和相参干扰的原理，开展

SAR 抗相参干扰波形设计，对实现相参干扰下的高性能 SAR 成像极具潜力。除此之外，接收端滤波器作为目标信息提取的工具，是决定 SAR 成像分辨率、目标检测、定位及抗干扰性能关键因素之一，因此，开展接收端滤波器设计也提高 SAR 抗干扰和成像性能的重要技术手段。例如，利用通过汉明窗、汉宁窗等加窗处理，能够抑制线性调频波形脉冲压缩的副瓣电平，进而解决弱目标遮盖问题。另外，接收端的滤波器设计与发射端波形关系密切，联合接收端滤波能够提升抗干扰波形设计方法的自由度。其基本原理在于，相参干扰和观测场景的 SAR 成像性能与发射端波形以及接收端的距离、方位向脉冲压缩滤波器等密切相关，通过采用最优化方法设计波形及滤波器以最小化干扰抑制代价函数并最大化 SAR 成像代价函数，进而实现在相参干扰条件下的高性能 SAR 成像。

本书针对典型的间歇采样转发、移频、灵巧噪声和有缘运动调制等 SAR 相参干扰，重点阐述抗干扰波形设计原理、参数化建模方法、联合设计算法以及抗干扰波形 SAR 成像处理和抗干扰效果评估等内容。

1.1 SAR 干扰现状

自 20 世纪 80 年代末开始，针对 SAR 的干扰技术历经了近四十年的发展，形成了丰富的研究成果。出于保密等诸多原因，国外公开发布的相关研究和文献十分有限，涉及的研究机构包括美国海军装备研究院、英国国防部海军研究院、挪威国防研究院、美国阿拉巴马大学、法国雷恩大学以及北大西洋公约组织等。目前公开发表的研究成果包括美国海军研究院的数字图像合成技术、挪威国防研究院的 EKKO－Ⅱ型有源相参干扰机，以及俄罗斯的“克拉苏哈”干扰装备。国内公开发表的 SAR 干扰技术的研究成果更为全面和系统，相关的研究机构包括国防科技大学、西安电子科技大学、电子科技大学、中国科学院、北京理工大学、哈尔滨工业大学、上海交通大学和南京电子技术研究所等。相关研究根据干扰能量来源、人为因素、干扰效果、干扰理论方法等系统地总结了当前 SAR 干扰技术的研究现状。

初期的研究大都聚焦于非相参噪声压制干扰，1993 年，Goj W W 在《Synthetic Aperture Radar and Electronic Walfare》一书中分析了噪声干扰对 SAR 的影响，并提出等功率密度线作为电子战效果的度量。这一阶段主要技术手段是提升干扰机功率，例如通过阻塞式噪声干扰、瞄准式噪声干扰对 SAR 实施压制。除此之外，SAR 干扰样式还包括射频噪声干扰、噪声调幅干扰、噪声调频干扰和噪声调相干扰等。此类非相参压制干扰无法获得 SAR 成像处理增益，因此对干扰机功率要求很高。

进入 21 世纪后，SAR 相参干扰技术得到了蓬勃发展。其中美国海军研究院公开发布的数字图像合成技术和挪威的 EKKO II 干扰机为 SAR 相参干扰提供了启发借鉴作用，其基于射频存储转发技术将干扰机工作过程分为 SAR 信号截获、调制和转发三个过程。此后，国内相关高校与军工厂所开展了大量基于射频存储转发技术的 SAR 相参干扰方法研究和装备研制，包括散射波干扰、有源运动调制干扰、移频干扰、间歇采样转发干扰和卷积调制干扰等。图 1.1 总结了 SAR 相参干扰和非相参干扰样式。

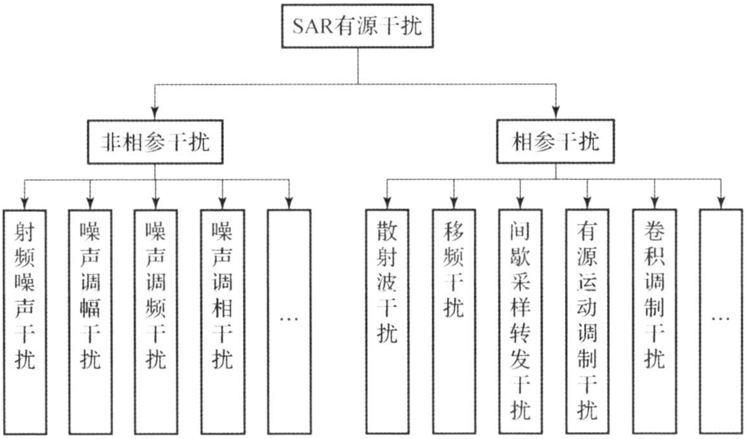

图 1.1　SAR 有源干扰分类

1.1.1　散射波干扰

散射波干扰，也称弹射式干扰，其不直接向 SAR 发射干扰信号，而是先将截获的 SAR 信号向地面特定区域发射，然后利用地物的散射回波形成干扰信号，进而破坏 SAR 正常成像。散射波干扰实现较为简单，对侦察信息的要求远低于欺骗干扰。由于通过地面散射的干扰信号与目标回波具有高度的相似性，因此能够获得大部分 SAR 成像处理增益，且在 SAR 图像中形成欺骗干扰效果。其还能够结合间歇采样转发、有源微动调制等干扰样式实施复合调制干扰，从而产生沿方位向分布的多个假目标。然而，散射波干扰空域方向不可控，大部分干扰功率无法进入 SAR 接收波束范围，能量利用率低，导致干扰机功率需求十分大。

1.1.2 移频干扰

移频干扰主要是利用 LFM 波形模糊函数的时延多普勒耦合特性，通过不同的移频规律对 SAR 图像阐述不同干扰效果，通常的移频规则包括固定移频、步进移频、随机移频和分段脉间移频等。固定移频干扰机对不同脉冲重复周期内截获 SAR 脉冲信号调制相同的多普勒频移，距离向脉冲压缩后干扰的偏移量相同，若忽略距离徙动校正误差，则其能够在 SAR 图像中产生点状假目标。固定移频干扰通常也会结合其他相参干扰实施，以实现距离向的干扰图像位置控制。步进移频干扰通过脉间步进递增或递减干扰信号的移频量，可以改变干扰信号在距离向的分布，进而在 SAR 图像中形成面状压制干扰。随机移频干扰机通过对截获信号调制随机移频量，能够在不同距离位置产生沿方位向分布的线状压制噪声。

1.1.3 间歇采样转发干扰

2006 年，国防科技大学王雪松率先提出间歇采样转发干扰，并引起了研究者的广泛关注，相关干扰技术在过去近二十年时间内得到了快速发展。间歇采样转发干扰机以低速率间歇采样 SAR 信号，而后以直接、循环或重复方式转发干扰信号。因此，间歇采样转发干扰是半相参的，可获得部分距离向 SAR 成像处理增益和全部方位向 SAR 成像处理增益。间歇采样转发干扰解决了天线收发分时问题，通过对雷达信号进行低速的间歇采样，巧妙利用脉冲压缩雷达的匹配滤波特性，可以产生密集假目标串的干扰效果。间歇采样转发干扰机能够获得部分 SAR 距离向成像处理增益和全部方位向成像处理增益，因此，其通常仅能够产生沿距离向分布的一连串等间隔假目标串。假目标之间的间距则通常由干扰机的采样周期、占空比和转发次数同时决定，例如，间歇采样重复转发干扰能够形成多组相同假目标串。

针对传统间歇采样转发干扰产生假目标规律性强易被识别这一问题，复合调制间歇采样转发干扰和非均匀间歇采样转发干扰相继被提出。复合调制间歇采样转发干扰将移频、噪声或有源运动调制等干扰方法与间歇采样状干扰进行复合调制，以实现干扰图像在距离向和方位向的扩展。二维间歇采样转发干扰同时在快时间和慢时间进行间歇采样转发，能够产生二维的点阵干扰图像。固定移频调制间歇采样转发干扰利用 LFM 波形的距离多普勒耦合特性，能够解决干扰目标滞后问题。噪声调制间歇采样转发干扰不仅能够在距离向产生类噪声的压制干扰效果，同时还能够在方位向产生扩展的噪声压制干扰效果。此外，非周期间歇采样转发干扰则通过非周期延拓的间歇采样信号对信号进行截获和转发，能够使得产生的干扰图像在距离向呈现随机分布特征，降低被识别的概率。

1.1.4　有源运动调制干扰

有源运动调制干扰机通过对截获 SAR 信号进行相位调制，使得干扰信号具有类似运动目标的多普勒历程，在 SAR 图像形成虚假运动目标，达到以假乱真的欺骗干扰效果，进而保护重要军事动目标。有源微动调制干扰借鉴无人机旋翼等目标运动产生的类正弦多普勒历程，对截获信号随慢时间调制相位，模拟处微动目标多普勒历程，能够对 SAR 成像质量、杂波抑制和目标检测产生严重影响。此外，有源运动调制干扰通过模拟地面匀速运动或加速运动目标产生的多普勒历程，能够产生离散虚假点目标或线状干扰图像。

1.1.5　卷积调制干扰

卷积调制干扰机将截获的 SAR 信号在时域与干扰模板进行卷积调制，逼真地模拟 SAR 回波，且能够获得 SAR 成像处理增益。从实现形式上来说，其也可以将干扰模板变换至频域，并通过乘积调制实现。根据干扰模板进行分类，卷积调制干扰可以进一步分为欺骗干扰和灵巧噪声干扰。

欺骗干扰的模板为真实场景，其中包含虚假的车辆、机场、飞机等虚假目标，其目的是以假乱真、掩护真实目标。2003 年，南京电子技术研究所王盛利根据 SAR 成像原理和地面回波模型，基于干扰信号与真实回波相匹配的思想，阐释了卷积调制干扰实现欺骗的原理，并给出了一种频域实现方法。欺骗干扰的特征是对 SAR 的侦察信息依赖性高，包括 SAR 轨道、信号带宽、时宽、重复周期、速度和多普勒等参数。例如，当多普勒参数误差达到 1% 时，欺骗干扰的效果将下降。欺骗干扰关键技术问题包括干扰实时信号生成、场景小和电子侦察参数依赖性高等。针对干扰信号实时生成问题，相关的方法包括基于逆距离多普勒、逆 chirp Scaling 等干扰信号生成方法。此外，通过大场景分段调制、多干扰机协同组网方法，理论上也能够实现大场景欺骗干扰。

灵巧噪声干扰将噪声模板与射频存储转发器复制的SAR脉冲信号进行调制，因此干扰信号可以获得匹配滤波的成像处理增益，在SAR图像中产生幅度、时间、相位均随机的假目标，兼具压制干扰效果。相较于大功率压制干扰，灵巧噪声干扰由于更为贴近自然地物杂波，可以减小被敌方SAR鉴别的概率，由此也降低了被敌方SAR规避或抑制的概率，其生存性得到明显提升。二维噪声卷积调制的SAR压制干扰方法通过将干扰机截获信号和二维噪声卷积调制，实现了对SAR条带状压制干扰。通过将截获信号与慢时间域低通滤波处理的噪声模板卷积调制转发，可实现对SAR场景的面状压制干扰，其特点是压制面积可调，且通过快时间移频可实现对SAR图像的距离向位置控制。

1.2 SAR抗干扰现状

为应对SAR干扰技术快速发展带来的挑战，SAR抗干扰技术也引起电子对抗领域研究者的关注，如何在相参干扰条件下获取感兴趣区域SAR图像备受关注。根据抗干扰技术实施域进行分类，SAR抗干扰可分为时域抗干扰、频域抗干扰、空域抗干扰、极化域抗干扰、信号处理域抗干扰以及系统级设计抗干扰。根据发射端和接收端分类，可将其分为接收端抗干扰和发射端抗干扰方法。

1.2.1 接收端抗干扰

接收端抗干扰方法包括滤波器设计、非参数化模型方法、动态子孔径处理和盲源分离等。滤波器设计方法根据SAR回波和干扰信号之间的频率、时频特性差异设计干扰抑制滤波器。陷波器方法对窄带射频干扰具有较好的对抗性能，但是当干扰信号带宽超过SAR带宽的2%时，成像性能显著下降。西安电子科技大学张双喜深入研究了基于短时傅里叶变换和小波变换的噪声抑制方法，相较于传统的频域陷波方法，适用性更强，且成像性能损耗更小。

基于非参数化模型的抗干扰方法包括子空间投影方法、主成分分析方法和非主成分分析方法等。西安电子科技大学周峰教授、西北工业大学陶明亮副教授和东南大学黄岩教授等深入研究了基于非参数化模型的SAR抗干扰方法，并在这一领域形成了许多开拓性的研究成果。由于SAR目标回波幅度和相位分别服从瑞利分布和均匀分布，而窄带干扰服从随机分布，因此基于非主成分分析方法可以分离窄带干扰与目标回波。子空间滤波方法将一个距离波门内回波重排为矩阵，然后对相关矩阵进行特征值分解，基于干扰功率远大于 SAR 回波和噪声功率这一先验知识，可根据特征值将其特征向量分解为两个相互正交的子空间，进而分离目标回波和干扰信号。通过将线性调频和正弦调制类宽带干扰转换至时频域，从而将宽带干扰抑制问题转换为多个窄带干扰抑制问题，同时利用陷波和子空间滤波方法滤除干扰。上述基于非参数模型的抗干扰方法大都针对非相参的压制干扰，包括射频干扰、窄带噪声干扰和宽带调频干扰等。

盲源分离抗干扰方法在欺骗干扰、压制干扰和目标回波相互独立的假设条件下，建立了线性瞬时混合模型，并基于最大化信噪比准则分离回波和干扰信号，在通道数量足够的条件下，其能够同时抑制多个相互独立的干扰。

动态子孔径处理方法利用干扰信号和目标回波之间多普勒支撑域的差异，结合子孔径处理和稀疏成像方法抑制欺骗干扰。其主要原理如下，通过多视 SAR 成像结果获得欺骗干扰信号和目标回波的时频分布特点，然后根据动态子孔径处理过程中的幅度损耗实现对欺骗干扰的识别与抑制，并利用稀疏恢复的方法实现对欺骗干扰目标和真实目标的重构。

多通道对消抗干扰方法基于欺骗干扰和实际场景中干扰信号与目标回波的相位或统计特性差异，利用多个通道对消抑制干扰。此类抗干扰方法与 SAR 的杂波对消技术类似，可抑制已进入 SAR 回波的干扰。例如，基于双通道极化 SAR，结合快时间域 STAP 和距离多普勒域相位补偿等方法，能够抑制压制干扰和欺骗干扰。

1.2.2　发射端抗干扰

发射端抗干扰基于时、频和极化域雷达波形和系统设计开展相关方法研究。SAR 波形设计方法包括连续波波形设计、捷变波形设计和基于互信息的波形设计等方法。在相同的平均发射功率条件下，连续波信号的峰值发射功率明显低于脉冲信号。因此，采用连续波信号的 SAR 具有更好的抗截获性能，例如调频连续波 SAR 和宽带连续波 SAR。

基于干扰机的收发分时特性，即干扰信号滞后真实目标回波至少一个重复周期先验信息，可利用脉冲信号多样性抑制相参干扰，又可称为捷变波形设计方法。2006 年，M. Soumekh 提出通过脉间微调 LFM 波形参数，可使干扰信号和距离向脉冲压缩滤波器失配。然而，参数微调会改变距离向脉冲压缩信号处理增益，从而影响目标回波多普勒历程，降低方位向 SAR 成像性能。由于欺骗干扰机需要将截获的完整雷达信号与预先设置的二维干扰场景模板卷积调制，干扰信号滞后于目标回波至少一个脉冲重复周期。因此，通过捷变波形的调频率极性，然后在接收端对干扰信号匹配滤波和限幅实现干扰抑制，最后利用距离多普勒成像处理逆滤波后的信号。此外，通过对发射波形附加随机初相可抑制干扰方位 SAR 成像增益，同时利用调频率捷变可使干扰信号无法获得距离向脉压增益，进而提高抗干扰成像性能。基于频率和相位编码复合调制的 SAR 抗欺骗干扰波形设计方法可以破坏干扰信号的距离向脉冲压缩，从而提高 SAR 成像信干比性能。

正交波形设计也是基于干扰信号滞后目标回波至少一个脉冲重复周期先验信息，使得干扰信号和距离向脉冲压缩滤波器正交。正交频分复用线性调频（orthogonal frequency division multiplexing linear frequency modulation，OFDM - LFM）波形设计方法通过 OFDM - LFM 波形基和随机矩阵编码设计可得到具有正交性能的波形集。通过正交多相编码信号脉间捷变，可以抑制 SAR 欺骗干扰。然而，由帕萨瓦尔能量定理可知，完全正交波形必须在频带上无重叠，因此频谱重叠的波形难以实现任意时延完全正交。

通过 SAR 系统使得目标回波和干扰信号之间引入幅度相位差异，并基于这些特征差异实现对干扰信号的识别和抑制。极化设计方法假设干扰机以线极化、圆极化等简单极化方式发射信号，而目标的极化特征是千变万化的，因此通过发射端极化设计能够在极化域区分回波和干扰信号。例如，基于全极化 SAR 利用最小熵原理抑制压制干扰，或利用慢时间多普勒域通道对消方法抑制欺骗干扰。

多站 SAR 将收/发分置使得干扰机无法对准 SAR 接收天线，因而可使干扰的大部分能量无法进入 SAR 接收机。国内外关于双/多基地 SAR 设计的研究开展已有十余年，国外的研究机构包括德宇航、欧航局等机构，目前已通过星载双基地、星载 - 机载双基地试验获得 SAR 高分辨图像。而国内在双基地 SAR 研究这一领域的研究起步也取得了丰硕的成果，主要的研究机构包括电子科技大学和中国科学院空间创新研究院等。

1.3 雷达抗干扰波形设计

在 20 世纪 60 年代以前，受限于硬件水平，波形设计技术并未引起雷达系统设计师的深度关注。随着硬件水平和科技条件的发展，波形设计作为提升雷达探测和抗干扰性能的关键一环，引起了国内外研究者和雷达系统设计师的关注。相关研究成果可分为低旁瓣波形、高信干噪比波形、正交波形、稀疏频谱波形、波束形成波形和模糊函数塑形波形。由于 SAR 抗干扰成像是本书重点探讨的内容，下面主要总结低旁瓣和抗干扰波形设计研究现状。

低旁瓣波形设计可以提高波形脉冲压缩性能，包括降低信噪比损耗、抑制积分旁瓣和峰值旁瓣电平，进而改善雷达成像和目标检测性能。LFM 波形具有良好的脉冲压缩和多普勒容限等性能，自第二次世界大战之后就广泛应用于 SAR、防空反导雷达、制导雷达、机载预警雷达和机载火控雷达等。然而，LFM 波形匹配滤波脉冲压缩峰值旁瓣比达 -13.3dB，存在强散射目标旁瓣对弱散射目标的遮掩问题。针对这一问题，研究者基于峰值旁瓣抑制开展了波形设计方法研究，包括 Golomb 波形、P4 波形、Frank 波形和伪噪声波形等。然而，上述波形脉冲压缩的积分旁瓣性能比 LFM 波形差，不适用于 SAR 成像。非线性调频波形同时抑制脉冲压缩的积分旁瓣和峰值旁瓣，但主瓣宽度大于 LFM 波形，且通常副瓣水平越低则主瓣展宽越大。

随着任意波形发生技术发展，Uppsala 大学的 Petre Stoica 教授和 Florida 大学的 Li Jian 教授提出基于最优化理论的任意相位编码波形设计方法引起了国内外众多研究机构和学者的浓厚兴趣。此类波形的相位可在 0 到 2π 范围内任意设计，且通过优化设计后的相位编码波形可实现超低副瓣。同时，鉴于其在设计自由度、低截获、大时间带宽积等方面的优势，被推广应用于脉冲多普勒雷达、SAR 和逆合成孔径雷达。通过泛函分析简化了积分旁瓣目标函数，使目标函数简化为关于波形向量的二次函数，同时还提出了一种基于快速傅里叶变换的新的循环迭代算法（cyclic algorithm new，CAN）。此外，还提出了基于近似扭曲迭代的算法框架，其不仅能够设计低旁瓣相位编码波形，同时还可以扩展于设计有限相位的低旁瓣波形。此后，为克服上述问题中目标函数近似导致的波形脉冲压缩旁瓣性能不足，香港理工大学的 D. P. Palomar 团队提出了一种直接处理积分旁瓣目标函数的方法，以及低积分旁瓣单调最小化算法（monotonic minimizer for integrated sidelobe level，MISL）。相较于 CAN 算法，该方法直接处理旁瓣抑制的四次目标函数，在问题求解过程中利用主分量最小化方法对问题近似，并利用迭代方法使波形能够趋向于最优，故可以实现更低的积分旁瓣电平。由于采用平方迭代或回溯法对算法加速，且利用快速傅里叶变换方法降低算法计算复杂度，故算法具有更快的收敛速度和更优的运行效率。

低峰值旁瓣的波形优化的目标函数为自相关函数旁瓣电平的最大值，因此需要求解 min - max 问题。目前，低峰值旁瓣波形设计方法包括两类，第一种最小化自相关旁瓣的 p 范数，且 p 趋向于无穷时则完全等价于峰值旁瓣抑制问题。在算法设计中，其首先通过主分量最小化框架构造一个全局二次函数简化目标函数，然后通过迭代更新波形。第二种方法基于切比雪夫距离直接最小化峰值旁瓣电平，然后基于梯度算法更新波形。相较于抑制积分旁瓣的波形设计方法，基于峰值旁瓣准则设计的波形具有更低的峰值旁瓣，但计算复杂度普遍更高一些。为同时抑制峰值旁瓣和积分旁瓣，基于帕累托构建多目标优化问题，并基于坐标下降法分别对连续相位约束和离散相位约束的低旁瓣波形。除此之外，联合波形和非匹配滤波器设计方法可以提高低旁瓣波形设计自由度，并在极小信号处理增益损耗（loss of processing gain，LPG）的条件下改善雷达的脉冲压缩旁瓣性能。

抗干扰波形设计方法首先推导信干噪比关于波形的数学表征，然后通过优化理论设计波形最大化信干噪比。例如，基于空时自适应技术信号处理框架构建信干噪比代价函数，同时优化发射波形和接收滤波器，提高了波形设计的自由度，改善了多发多收雷达信干噪比性能。在恒模、峰均能量比（peak - average - power ratio，PAR）和相似性约束下，基于信干比准则设计的波形具备抑制相参干扰能力。除此之外，在积分旁瓣和峰值旁瓣约束下，以最大化信干噪比为目标函数，通过凸优化算法可以设计出兼具良好脉冲压缩性能和抗干扰性能的相位编码波形。

基于信息论的抗干扰方法以干扰或杂波的概率分布为先验信息，建立 N - P 检测器下的互信息熵代价函数，并基于最大化互信息熵设计雷达探测波形。国防科技大学电子对抗学院唐波教授提出了基于互信息熵的波形设计方法，能够抑制相参干扰信号和色噪声。此外，以目标和波形之间互信息为目标函数，通过联合设计滤波器、快时间和慢时间波形还可以提高 SAR 信息获取能力。

频域波形设计是提高雷达抗干扰性能的另一个途径。例如，稀疏频谱波形设计使得雷达能够在频域规避干扰机工作频带，从而提高雷达抗窄带干扰性能。以加权积分旁瓣和稀疏频谱为目标函数，利用主分量最小化和梯度方法可以设计低旁瓣稀疏频谱信号的设计方法。西北工业大学梁军利教授团队系统研究了稀疏频谱塑形问题，通过交替乘子方向、主分量最小化和拉格朗日规划神经网络等方法有效降低了波形频谱的抖动。在多个频谱约束下以信干噪比为目标函数，通过优化调整相似性约束条件，可调节设计波形的目标检测性能。除此之外，以积分旁瓣、峰值旁瓣和加权积分旁瓣为目标函数，还可以设计低旁瓣特性多相频率复合编码波形。

脉间频率捷变波形可使得载频在很大的带宽范围内变化，从而使干扰机难以侦察 SAR 载频和截获信号，进而无法实施相参干扰。此外，通过设计脉间频率还可避开窄带干扰工作频带，进而抑制干扰提高雷达检测性能。

1.4 本章小结

针对 SAR 的有源干扰可分为相参干扰和非相参干扰两类。由于非相参噪声压制干扰无法获得成像处理增益，其对功率需求要求十分高，容易暴露干扰机位置，且在干扰机难以灵巧布设。另外，非相参的窄带和宽带干扰对抗方法也比较成熟，现有的陷波、时频滤波、子空间分解、独立成分分析和盲源分离等方法可抑制此类非相参干扰。目前，针对 SAR 的有源干扰呈现非相参向相参发展的趋势，如何抑制相参干扰，尤其是移频干扰、间歇采样转发干扰、有源运动调制干扰和卷积调制干扰等，是当前 SAR 电子对抗领域的重难点问题。

传统的 SAR 抗相参干扰方法大都仅通过接收端信号处理（如带通滤波、时频滤波、动态子孔径处理和双/多通道对消等）或发射端波形设计（LFM 波形参数微变、波形捷变和随机初相等）。其中，接收端抗干扰方法通常利用信号处理手段识别、滤除干扰信号。传统时频分析、子孔径处理和双通道对消等方法基于回波和干扰信号的时频和相位差异进行辨识和抑制，因此其往往受干扰机位置估计精度影响。而发射端波形设计则可根据干扰机时延、频率和干扰样式等先验信息，通过波形分集或波形参数捷变抑制干扰成像处理增益，例如调频极性捷变和正交波形设计等。

从干扰本质来看，相参干扰将截获 SAR 的波形作为干扰信息载体，并调制转发产生与 SAR 目标回波相似性高的干扰信号，然后利用接收端匹配滤波等信号处理方法获得成像处理增益。因此，本书将从 SAR 波形设计与接收端的距离和方位信号处理入手，开展相关 SAR 抗相参干扰波形设计方法研究，并通过联合波形与非匹滤波器设计进一步提高抗干扰方法自由度。此外，传统抗干扰波形未能兼顾脉冲压缩旁瓣和干扰抑制两方面性能，导致相参干扰下 SAR 成像性能不足，因此，本书在前期研究基础上聚焦于改善

SAR 抗相参干扰成像性能，重点阐述联合接收端滤波的抗相参干扰波形设计原理与方法。

本书以 SAR 抗相参干扰波形设计原理与方法为题目，针对移频干扰、间歇采样转发干扰、有源运动调制干扰和卷积调制干扰四类典型相参干扰，阐述抗相参干扰机理分析、抗相参干扰波形设计、抗相参干扰波形的 SAR 成像方法和性能评估等方面的内容。

第2章 雷达波形

SAR 利用脉冲压缩技术实现远距离高分辨探测，在快时间大都发射脉冲压缩波形，例如 LFM、非线性调频和相位编码波形等。因此，本章主要分析脉冲压缩波形，而常规脉冲、脉冲串和步进频等波形均不在本章讨论的范畴。本章首先介绍傅里叶变换、模糊函数和脉冲压缩等信号处理基础，并基于此分析典型雷达波形时间、频率、模糊函数和脉冲压缩特性。

2.1 信号的表示方法

SAR 发射信号为

$$s_r(\tau) = w(\tau)\cos(2\pi f_c \tau + \varphi(\tau)) \tag{2.1}$$

式中：$w(\tau)$ 为发射信号的幅度包络，该包络幅度平方表示发射信号功率在时域的分布；f_c 为载频；$\varphi(\tau)$ 为相位。

由于 SAR 发射机通常工作在饱和状态，为了避免信号失真通常要求该幅度包络具有恒模或者低 PAR 特性。在恒模约束下，可以用时宽为 T_p 的矩形窗函数表示，即

$$w(\tau) = \begin{cases} 1, & -T_p/2 \leqslant \tau \leqslant T_p/2 \\ 0, & 其他 \end{cases} \tag{2.2}$$

而 PAR 约束为

$$\frac{\max\limits_{-T_p/2 \leqslant \tau \leqslant T_p/2} |w(\tau)|^2}{\int_{-T_p/2}^{T_p/2} |w(\tau)|^2 \mathrm{d}\tau} \leqslant \eta \tag{2.3}$$

式（2.1）的信号的复数形式为

$$s(\tau)=w(\tau)\exp(\mathrm{j}\varphi(\tau))\exp(\mathrm{j}2\pi f_c\tau) \tag{2.4}$$

式中：$w(\tau)\exp(\mathrm{j}\varphi(\tau))$为雷达信号的复调制包络；$\exp(\mathrm{j}2\pi f_c\tau)$为复载波。

式（2.4）所表示的雷达信号（波形）决定了雷达信息承载能力，因此其是提升雷达探测性能的关键。

信号频域表示可通过傅里叶变换实现

$$S(f)=\int_{-\infty}^{+\infty}s(\tau)\exp(-\mathrm{j}2\pi f\tau)\mathrm{d}\tau,\ f\in(-\infty,+\infty) \tag{2.5}$$

同时，也可以根据信号频域表征形式得到其时域表达式，即逆傅里叶变换：

$$s(\tau)=\int_{-\infty}^{+\infty}S(f)\exp(\mathrm{j}2\pi f\tau)\mathrm{d}f,\ f\in(-\infty,+\infty) \tag{2.6}$$

由于雷达信号处理对象是采样量化后的离散信号，因此 SAR 成像处理过程中还会利用离散时间傅里叶变换或离散时间逆傅里叶变换分析信号频域特性，此处不再赘述。

2.2 模糊函数

本节引入模糊函数，以便于分析波形及其相应的脉冲压缩滤波器性能。假设引入多普勒频率f_d，即信号为$s(\tau)\exp(\mathrm{j}2\pi f_d\tau)$，其匹配滤波输出为复模糊函数，即

$$\mathrm{ACF}(t,f_d)=\int_{-\infty}^{\infty}s(\tau)\exp(\mathrm{j}2\pi f_d\tau)s^*(\tau-t)\mathrm{d}\tau \tag{2.7}$$

式中：t 表示时延。

匹配滤波器为

$$s^*(\tau-t)=w(\tau-t)\exp(-\mathrm{j}\varphi(\tau-t))\exp(-\mathrm{j}2\pi f_c(\tau-t)) \tag{2.8}$$

将式（2.8）代入式（2.7），可将其重写为

$$\begin{aligned}\mathrm{ACF}(t,f_d)=\exp(\mathrm{j}2\pi f_c t)\int_{-\infty}^{\infty}&w(\tau)\exp(\mathrm{j}\varphi(\tau))w(\tau-t)\\&\exp(-\mathrm{j}\varphi(\tau-t))\exp(\mathrm{j}2\pi f_d\tau)\mathrm{d}\tau\end{aligned} \tag{2.9}$$

复载频项消除实际是通过雷达的下变频处理实现的，故而直接从射频输出信号出发分析雷达模糊函数。去除式中实包络项$w(\tau)$，式（2.9）可简化为

$$\begin{aligned}\mathrm{ACF}(t,f_d)=&\exp(\mathrm{j}2\pi f_c t)\\&\int_{-T_p/2}^{T_p/2}\exp(\mathrm{j}\varphi(\tau))\exp(-\mathrm{j}\varphi(\tau-t))\exp(\mathrm{j}2\pi f_d\tau)\mathrm{d}\tau\end{aligned} \tag{2.10}$$

令 $x(\tau)=\exp(\mathrm{j}\varphi(\tau))$，则复模糊函数为

$$\mathrm{ACF}(t,f_{\mathrm{d}}) = \exp(\mathrm{j}2\pi f_{\mathrm{c}}t)\int_{-T_{\mathrm{p}}/2}^{T_{\mathrm{p}}/2} x(\tau)x^{*}(\tau-t)\exp(\mathrm{j}2\pi f_{\mathrm{d}}\tau)\mathrm{d}\tau \tag{2.11}$$

对式（2.11）取模值即可得到模糊函数，即

$$|\mathrm{ACF}(t,f_{\mathrm{d}})| = \left|\int_{-T_{\mathrm{p}}/2}^{T_{\mathrm{p}}/2} x(\tau)x^{*}(\tau-t)\exp(\mathrm{j}2\pi f_{\mathrm{d}}\tau)\mathrm{d}\tau\right| \tag{2.12}$$

模糊函数的三个性质如下：

$$|\mathrm{ACF}(t,f_{\mathrm{d}})| \leqslant |\mathrm{ACF}(0,0)| = E \tag{2.13}$$

式中：E 为波形能量。

$$\iint |\mathrm{ACF}(t,f_{\mathrm{d}})|\mathrm{d}t\mathrm{d}f_{\mathrm{d}} = E^{2} \tag{2.14}$$

$$|\mathrm{ACF}(-t,-f_{\mathrm{d}})| = |\mathrm{ACF}(t,f_{\mathrm{d}})| \tag{2.15}$$

第一个性质表明当时延和多普勒均匹配时，响应输出最大值。第二个性质表明模糊函数能量守恒，波形设计无法从模糊函数移走任何能量，其仅能够在模糊函数中分配能量。模糊函数的零时延切片为

$$|\mathrm{ACF}(0,f_{\mathrm{d}})| = \left|\int_{-T_{\mathrm{p}}/2}^{T_{\mathrm{p}}/2} x(\tau)x^{*}(\tau)\exp(\mathrm{j}2\pi f_{\mathrm{d}}\tau)\mathrm{d}\tau\right| \tag{2.16}$$

式中：$x(\tau)x^{*}(\tau)$ 为发射功率。

当发射波形具备恒模特性时，模糊函数的零时延切片为辛格函数。假设发射脉冲信号能量归一化为 1，则 $x(\tau)x^{*}(\tau)=1/T_{\mathrm{p}}$，式（2.16）可简化为

$$|\mathrm{ACF}(0,f_{\mathrm{d}})| = \frac{\sin(\pi f_{\mathrm{d}}T_{\mathrm{p}})}{\pi f_{\mathrm{d}}T_{\mathrm{p}}} \tag{2.17}$$

模糊函数零时延切片的 3dB 宽度为 $0.886/T_{\mathrm{p}}$，对多普勒敏感波形而言，该数值即可用于描述波形的多普勒容限性能。如无特别说明，本书将多普勒容限定义为 LPG 下降至 3dB 情况下多普勒频移正偏移值与负偏移值之差。例如，相位编码信号具有图钉状模糊函数，因而其多普勒容限与信号脉冲时宽呈反比，即时宽越窄多普勒容限更高。例如，当脉宽为 40μs 时，式（2.17）中第一零点对应多普勒频率为 25kHz，而 3dB 的多普勒容限为 22.15kHz。

在多普勒不失配的情况下，零多普勒频率切片为

$$|\mathrm{ACF}(t,0)| = \left|\int_{-T_{\mathrm{p}}/2}^{T_{\mathrm{p}}/2} x(\tau)x^{*}(\tau-t)\mathrm{d}\tau\right| \tag{2.18}$$

式（2.18）即匹配滤波输出结果，即时延为 0 时其距离和多普勒均无失配情况，输出为最大峰值。距离失配大于 $c/2B_{\mathrm{r}}$ 时，式（2.18）输出为脉冲压缩的副瓣，式中 B_{r} 表示带宽。抑制副瓣是提升雷达对弱目标检测能力的关键，

因此也是雷达系统设计的关键一环。例如，通过对 LFM 波形时域附加汉明窗、汉宁窗、凯瑟窗或布雷克曼窗等，能在分辨率展宽和信噪比损耗情况下将副瓣抑制到 -35dB 以下。此外，通过设计非线性调频、相位编码或 Costa 频率编码等波形，也能够抑制距离副瓣。

2.3 典型雷达脉冲压缩波形

本节分析 LFM、OFDM - LFM、非线性调频、相位编码等典型雷达波形的时域、脉冲压缩和多普勒容限等特性。

2.3.1 LFM 波形

LFM 波形定义为

$$x(\tau) = \exp(\mathrm{j}\pi K\tau^2), \quad |\tau| \leqslant T_p/2 \tag{2.19}$$

式中：K 表示调频率，且 $K = B_r/T_p$。

信号的瞬时频率为相位微分，直接求导可得

$$f(\tau) = K\tau \tag{2.20}$$

LFM 在时宽 T_p 范围内线性扫过了 B_r 带宽，其时宽带宽积为 B_rT_p，且当 $B_rT_p \gg 1$ 时，LFM 波形能够实现脉冲压缩。图 2.1 给出了 LFM 波形的实部及匹配滤波脉冲压缩结果。基于驻定相位原理，忽略常数项后，LFM 波形的频谱为

$$X(f) = W\left(\frac{f}{B_r}\right)\exp\left(\mathrm{j}\pi\frac{f^2}{K}\right) \tag{2.21}$$

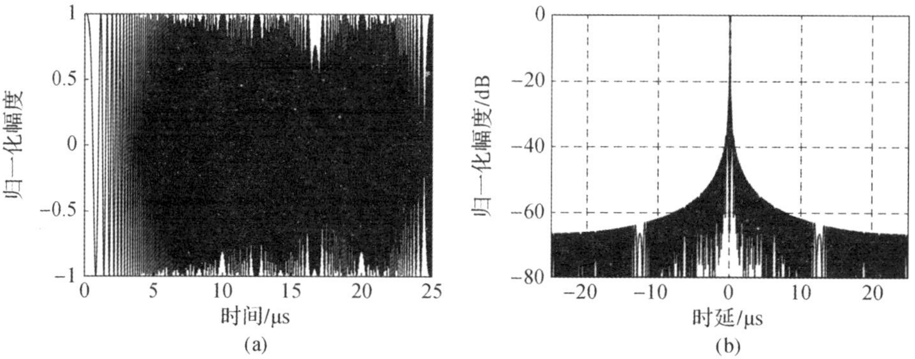

图 2.1 LFM 波形

（a）实部；（b）匹配滤波结果。

式中：$W\left(\dfrac{f}{B_r}\right)$为频域窗函数。

如图 2.2 所示，在 $\pm B_r/2$ 范围内，频谱 $|X(f)|$ 具有恒定值，而该范围之外为零，其频谱近似为矩形窗函数。时频图表明 LFM 波形的频率随时间成线性变化。

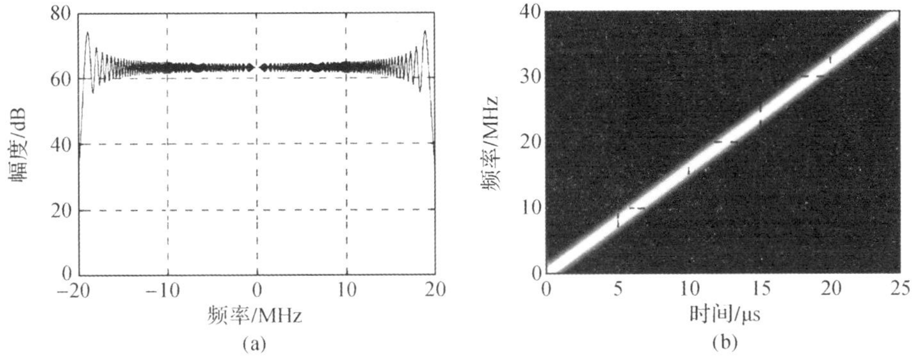

图 2.2　LFM 波形

（a）频谱；（b）时频结果。

LFM 波形的模糊函数为

$$|\mathrm{ACF}(t,f_d)| = \left(1-\frac{|t|}{T_p}\right)\left|\frac{\sin[\pi(f_d T_p + B_r t)(1-|t|/T_p)]}{\pi(f_d T_p + B_r t)(1-|t|/T_p)}\right| \tag{2.22}$$

模糊函数零多普勒切片为

$$|\mathrm{ACF}(t,0)| = \left|\frac{\sin[\pi K t(1-|t|/T_p)]}{\pi K t}\right| \tag{2.23}$$

当 $B_r T_p \gg 1$ 时，式（2.23）的第一零点为 $1/B_r$，且 3dB 脉冲宽度为 $0.886/B_r$，即距离分辨率为 $0.886c/2B_r$。零时延切片与式（2.17）是一致的，此处不再赘述。此外，由式（2.22）可知，当 $f_d T_p + Bt = 0$ 时，模糊函数也能输出峰值，这表明当多普勒存在失配时，匹配滤波仍然能够输出峰值，但峰值与期望时刻之间存在偏移，也称距离多普勒耦合特性。

$$t = -\frac{f_d T_p}{B_r} \tag{2.24}$$

该偏移值与多普勒频率呈正比，这也是 LFM 波形形成斜刀刃状模糊函数的本质。图 2.3 为带宽 40MHz 的 LFM 波形模糊函数，其在时延多普勒平面上呈现斜刀刃状。移频干扰、间歇采样转发干扰、微动干扰、有源运动调制干扰等均巧妙利用了 LFM 波形距离多普勒耦合特性。

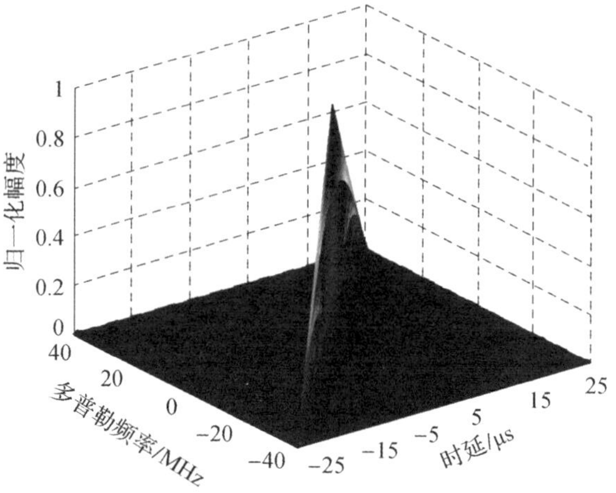

图 2.3　LFM 波形模糊函数（见彩插）

LFM 波形的优点是多普勒容限高，多普勒偏移会导致脉冲压缩输出的主瓣展宽和增益损耗，而其 PSLR 和 ISLR 几乎不会受到影响，且分别约为 −10dB 和 −13.3dB。LPG 是由于频谱频移导致的失配，可表示为

$$\mathrm{LPG} = 20\lg\left(\frac{B_{\mathrm{r}} - |f_{\mathrm{d}}|}{B_{\mathrm{r}}}\right) \tag{2.25}$$

主瓣展宽为

$$\mathrm{IRW} = \frac{B_{\mathrm{r}}}{(B_{\mathrm{r}} - |f_{\mathrm{d}}|)} \tag{2.26}$$

由式（2.25）可知，LFM 波形处理增益损耗达到 −3dB 时，对应的多普勒偏移为：

$$|f_{\mathrm{d}}| \approx 0.29B_{\mathrm{r}} \tag{2.27}$$

例如，假设 LFM 波形脉宽为 25μs，带宽为 40MHz，时宽带宽积为 1000，其多普勒容限为 23.2MHz，即最大可容忍的多普勒频移值达 11.6MHz。对于 C 波段 5GHz 雷达而言，目标与雷达之间的径向相对速度需要达到 348km/s，这对多数目标而言显然是不可能达到的，这也意味着 LFM 波形的多普勒容限几乎能够满足所有雷达探测应用需求。图 2.4 给出了不同多普勒偏移下的雷达匹配滤波脉冲压缩结果。

LFM 波形的匹配滤波脉冲压缩输出副瓣性能差，尤其 PSLR 为 −13.3dB，会导致雷达探测中强散射目标副瓣遮盖弱散射目标。因此，通常需要采用窗函数方法抑制脉冲压缩副瓣，典型的窗函数包括汉明窗、汉宁窗、泰勒窗、凯瑟

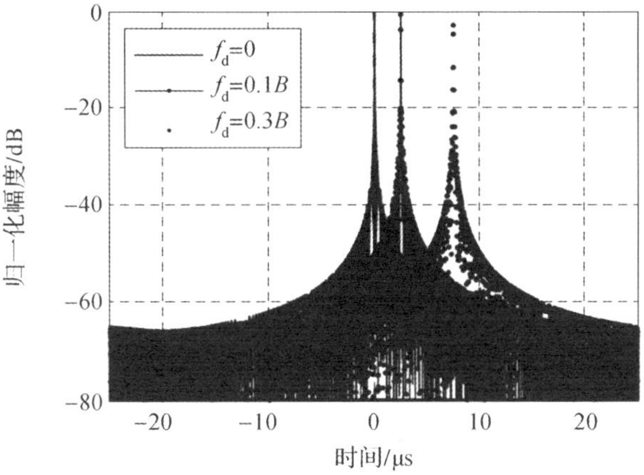

图 2.4　不同多普勒频移匹配滤波输出

窗和布雷克曼窗等。窗函数法的优点是能够显著抑制 LFM 波形脉冲压缩的 ISLR 和 PSLR，但其也会引入主瓣展宽和增益损耗等缺陷。表 2.1 给出了典型窗函数法的主瓣和旁瓣性能对比。

表 2.1　窗函数对脉冲压缩主副瓣性能影响对比

窗函数	主瓣展宽	PSLR/dB
矩形窗	0.89	−13.3
汉明窗	1.31	−42.7
汉宁窗	1.47	−31.5
凯瑟窗/$\beta=5$	1.28	−34.6
泰勒窗	1.19	−35.2
泰勒窗	1.28	−40.1
高斯窗	1.28	−35
切比雪夫窗	1.22	−40

2.3.2　OFDM－LFM

OFDM－LFM 波形基于 LFM 波形集利用随机矩阵编码得到，其带宽、时宽与完整的 LFM 波形相同。OFDM－LFM 波形定义为

$$x(\tau) = \sum_{m=1}^{M}\sum_{n=1}^{N} w_{mn}(\tau - t_{mn})\exp[\mathrm{j}2\pi(f_{mn}(\tau - t_{mn}) + K_{mn}(\tau - t_{mn})^2/2)] \tag{2.28}$$

式中：M 为子 LFM 信号数量；N 为每个子脉冲内包含 LFM 波形数量，通常取值为 1 即可；$w_{mn}(\tau)$ 为时宽 T_{mn} 的矩形窗函数；f_{mn} 和 K_{mn} 分别为第 m 个子脉冲第 n 个 LFM 波形的载频和调频率；t_{mn} 为第 m 个子脉冲第 n 个 LFM 波形时延，其表达式为

$$t_{mn} = \sum_{k=1}^{m-1} T_{kn} \tag{2.29}$$

假设各子脉冲时宽相等。信号的自相关函数可表示为

$$r(t) = \int_{-T_{\mathrm{p}}}^{T_{\mathrm{p}}} x(\tau)x^*(\tau - t)\mathrm{d}\tau \tag{2.30}$$

即

$$\begin{aligned}
r(t) &= \int_{-T_{\mathrm{p}}}^{T_{\mathrm{p}}} x(\tau)x^*(\tau - t)\mathrm{d}\tau \\
&= \sum_{m=1}^{M}\sum_{n=1}^{N}\int_{-\infty}^{+\infty} w_{mn}(\tau - t_{mn})w_{mn}(\tau - t_{mn} - t) \\
&\quad \times \exp[\mathrm{j}2\pi(f_{mn}(\tau - t_{mn}) + K_{mn}(\tau - t_{mn})^2/2)] \\
&\quad \times \exp[-\mathrm{j}2\pi(f_{mn}(\tau - t_{mn} - t) + K_{mn}(\tau - t_{mn} - t)^2/2)]\mathrm{d}\tau \\
&= \sum_{m=1}^{M}\sum_{n=1}^{N}\exp(\mathrm{j}\pi\varphi_{mn})\int_{-\infty}^{+\infty} w_{mn}(\tau - t_{mn})w_{mn}(\tau - t_{mn} - t) \\
&\quad \exp(\mathrm{j}2\pi K_{mn}\tau t)\mathrm{d}\tau
\end{aligned} \tag{2.31}$$

式中

$$\varphi_{mn} = 2K_{mn}(\tau - t_{mn})t - K_{mn}t^2 \tag{2.32}$$

当 $N=1$，即每个子脉冲中仅包含一个 LFM 波形时，其自相关函数可表示为

$$r(t) = \sum_{m=1}^{M}\exp(\mathrm{j}\pi\varphi_m)\int_{-\infty}^{+\infty} w_m(\tau - t_m)w_m(\tau - t_m - t)\exp[\mathrm{j}2\pi K_m\tau t]\mathrm{d}\tau \tag{2.33}$$

式中

$$\varphi_m = 2K_m(\tau - t_m)t - K_m t^2 \tag{2.34}$$

图 2.5 给出了 $M=4$，$N=1$ 时，OFDM－LFM 波形的实部和匹配滤波结果图，其时宽为 25μs，带宽为 40MHz。

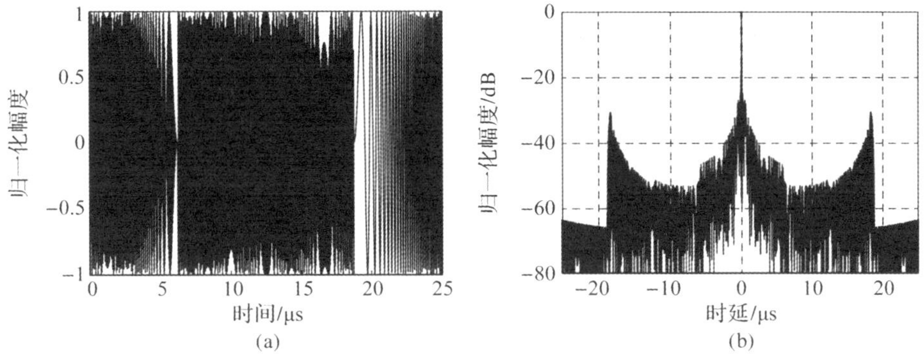

图 2.5　OFMD－LFM 波形（一）

（a）实部；（b）匹配滤波结果。

当 $N=1$，即每个子脉冲中仅包含一段 LFM 波形时，OFDM－LFM 波形的频谱和时频图如图 2.6 所示。由于频率跳变，OFDM－LFM 波形的频谱在频率捷变处震荡，但总体而言在频带范围外为零。从时频域可看出，OFDM－LFM 波形由四个完整的子 LFM 波形组成，将第一段与第四段波形交换后可以得到一个完整的 LFM 波形。

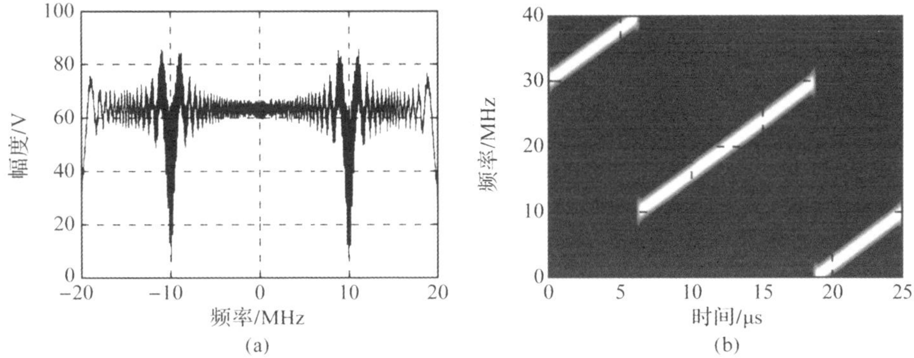

图 2.6　OFDM－LFM 波形（二）

（a）频谱；（b）时频结果。

OFDM－LFM 波形的模糊函数为

$$\begin{aligned}\mathrm{ACF}(t,f_{\mathrm{d}}) &= \int_{-T_{\mathrm{p}}}^{T_{\mathrm{p}}} x(\tau)\exp(\mathrm{j}2\pi f_{\mathrm{d}}\tau)x^{*}(\tau-t)\,\mathrm{d}\tau \\ &= \sum_{m=1}^{M}\sum_{n=1}^{N}\exp(\mathrm{j}\pi\varphi_{mn})\int_{-\infty}^{+\infty} w_{mn}(\tau-t_{mn})w_{mn}(\tau-t_{mn}-t) \\ &\quad \exp(\mathrm{j}2\pi K_{mn}\tau t)\exp(\mathrm{j}2\pi f_{\mathrm{d}}\tau)\,\mathrm{d}\tau \end{aligned} \tag{2.35}$$

式中：φ_{mn}仍然可以由式（2.32）表示。

考虑各子脉冲仅包含一个 LFM 波形的情况，OFDM – LFM 波形模糊函数可简化为

$$\mathrm{ACF}(t,f_{\mathrm{d}}) = \sum_{m=1}^{M} \exp(\mathrm{j}\pi\varphi_m) \int_{-\infty}^{+\infty} w_m(\tau - t_m) w_m(\tau - t_m - t) \exp(\mathrm{j}2\pi K_m \tau t) \exp(\mathrm{j}2\pi f_{\mathrm{d}}\tau) \mathrm{d}\tau \tag{2.36}$$

模糊函数零时延切片为

$$\mathrm{ACF}(0,f_{\mathrm{d}}) = \sum_{m=1}^{M} \int_{-\infty}^{+\infty} w_m(\tau - t_m) w_m(\tau - t_m) \exp(\mathrm{j}2\pi f_{\mathrm{d}}\tau) \mathrm{d}\tau \tag{2.37}$$

该多普勒切片仍然是辛格函数，且与式（2.17）一致。图 2.6（b）时频图所示的 OFDM – LFM 波形，其模糊函数如图 2.7（a）和图 2.7（b）所示，

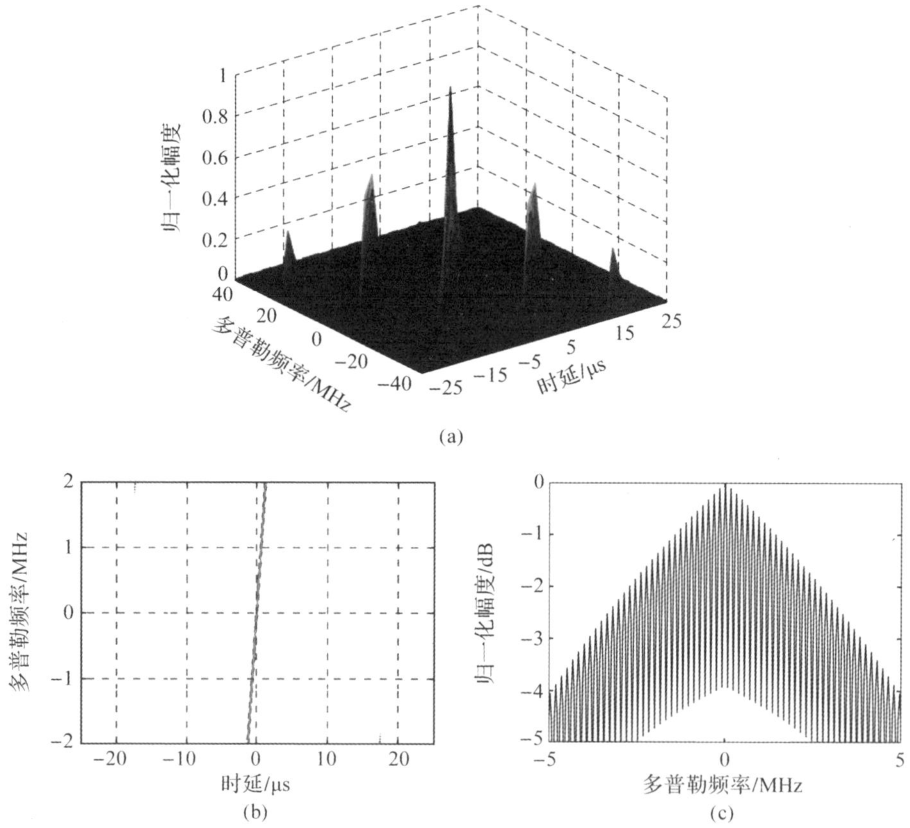

图 2.7　OFDM – LFM 波形（三）（见彩插）

（a）模糊函数三维图；（b）模糊函数等高线图；（c）模糊函数零时延切片结果。

其模糊函数包括多个斜刀刃状峰值，即具有稀疏斜刀刃状模糊函数。中心的斜刀刃状模糊函数多普勒容限由子 LFM 脉冲信号时宽和带宽决定，即最大的多普勒频移为 10MHz。如图 2.7（c）所示，脉冲压缩峰值随着多普勒频移增加呈现震荡下降趋势，这表明 OFDM－LFM 波形多普勒容限较 LFM 波形差。

2.3.3 非线性调频波形

非线性调频波形包括余弦调频非线性调频波形、正切非线性调频，混合非线性调频和双曲非线性调频等。其中，正切非线性调频波形定义为

$$x(\tau)=\exp\left(\mathrm{j}\frac{2wT_{\mathrm{p}}}{k}\left(\ln\left(\cos\left(k\frac{\pi}{T_{\mathrm{p}}}\left(\tau-\frac{T_{\mathrm{p}}}{2}\right)\right)\right)-\ln\left(\cos\left(k\frac{\pi}{2}\right)\right)\right)\right) \tag{2.38}$$

式中：$k=\frac{2}{T_{\mathrm{p}}}\arctan\left(\frac{B}{2w}\right)$；$w$ 为调频系数。

$k=0.8$ 时非线性调频波形实部和匹配滤波输出如图 2.8 所示，其时宽为 25μs，带宽为 40MHz。可以发现，非线性调频波形的脉冲压缩副瓣相较于线性调频波形更低。图 2.9（a）所示非线性调频波形频谱在其频带范围内起伏较大，由零频处最大值逐渐降低。图 2.9（b）所示的时频图表明非线性调频波形瞬时频率随时间呈现非线性变化。图 2.10 所示的模糊函数结果表明非线性调频波形的模糊函数是类似图钉状的。

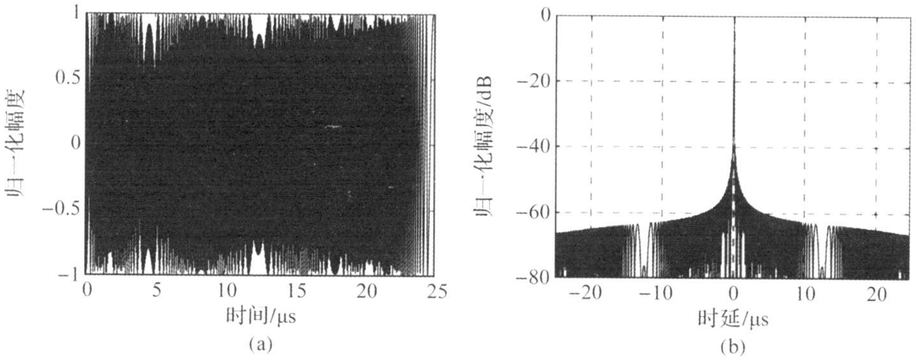

图 2.8 正切非线性调频波形

（a）实部；（b）脉冲压缩结果。

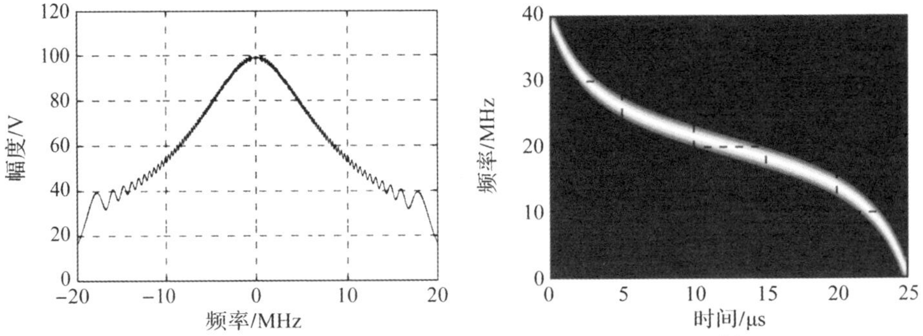

(a) (b)

图 2.9 非线性调频波形

（a）频谱；（b）时频图。

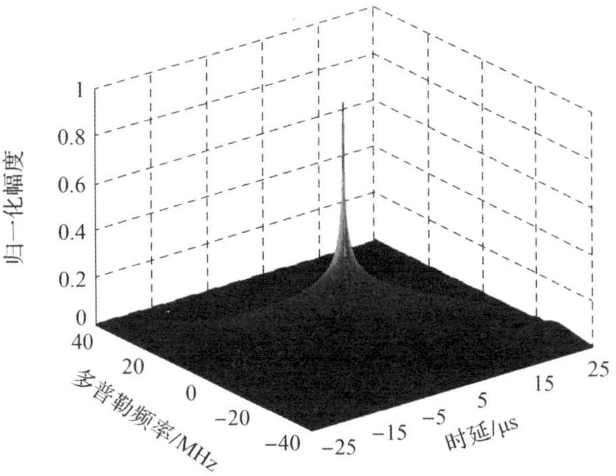

图 2.10 非线性调频波形模糊函数（见彩插）

2.3.4 相位编码波形

相位编码波形定义为

$$x(\tau) = w(\tau)\sum_{n=1}^{N}\exp(\mathrm{j}\varphi_n)w_{\mathrm{sub}}(\tau - nT_{\mathrm{sub}}) \tag{2.39}$$

式中：N 为码元数量；φ_n 为码元相位，例如二相码中该数值取值为 $\pm\pi$，而多相码中 $\varphi_n = 2\pi/M$；$w_{\mathrm{sub}}(\tau - nT_{\mathrm{sub}})$ 为脉宽为 T_{sub} 的矩形脉冲，由此可得相位编码波形的带度为 $1/T_{\mathrm{sub}}$。图 2.11 为码元长度为 127 的二相码实部和匹配滤波结果图，其脉冲压缩的 PSLR 和 ISLR 分别为 −22.99dB 和 −5.26dB。

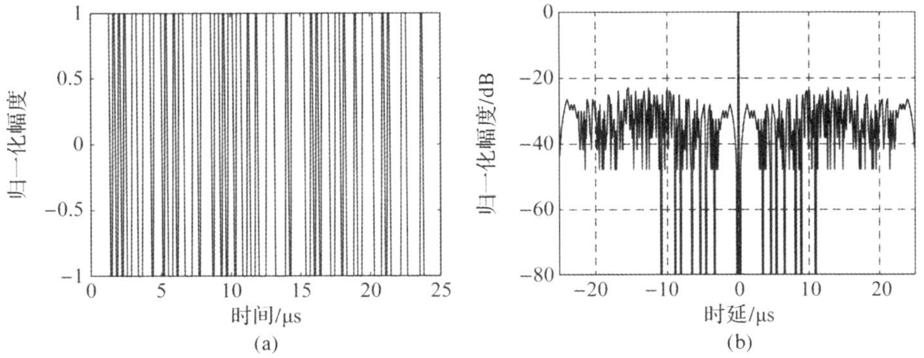

图 2.11 二相码

（a）实部；（b）匹配滤波结果。

此外，通过求解约束优化问题可以抑制相位编码波形的脉冲压缩副瓣电平，其相位约束范围为(0,2π]，即相位在0至2π之间取任意值。该优化问题可通过CAN、MISL算法或拟牛顿梯度下降算法求解。图2.12为时宽带宽积1000的CAN优化波形实部和匹配滤波脉冲压缩结果，其脉冲压缩的PSLR和ISLR分别为−34.89dB和−12.70dB。

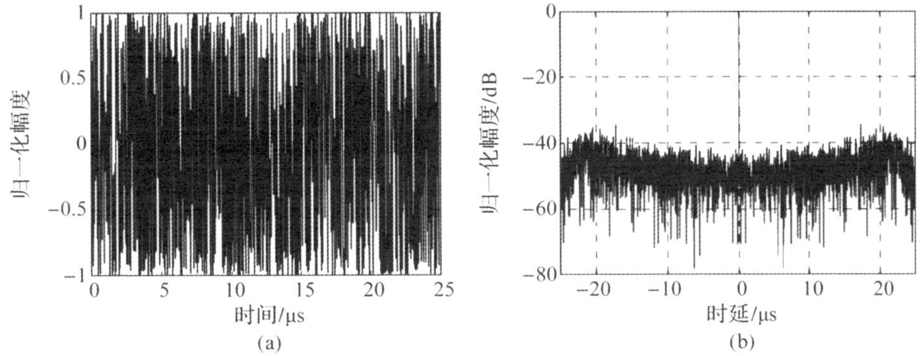

图 2.12 多相编码波形

（a）实部；（b）匹配滤波结果。

如图2.13所示，相位编码波形模糊函数为图钉状，故而可以直接用其零时延切片分析其多普勒容限，即

$$|\mathrm{ACF}(0,f_d)| = \frac{\sin(\pi f_d T_p)}{\pi f_d T_p} \tag{2.40}$$

由式（2.40）可知，相位编码波形多普勒容限与信号脉冲宽度呈反比。

以其处理增益下降 3dB 为标准，其多普勒容限约为 $0.886/T_p$。多普勒频移也会导致相位编码波形脉冲压缩副瓣性能恶化，因此，若以脉冲压缩副瓣恶化为准则，则其多普勒容限将会更低。图 2.14 为 LPG 和 ISLR 随多普勒频率变化结果，可以发现 ISLR 对多普勒更加敏感，其性能恶化 3dB 对应的多普勒容限为 10kHz，其对应为 $1/4T_p$。

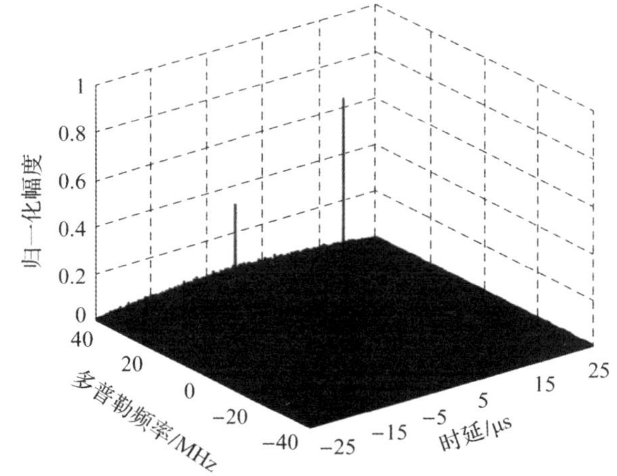

图 2.13　相位编码波形模糊函数

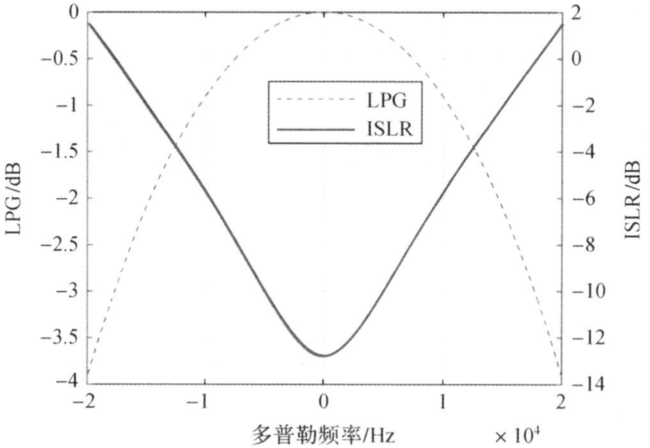

图 2.14　LPG 和 ISLR 随多普勒频率变化

在工程应用中，为避免码元失配导致的脉冲压缩性能恶化问题，应确保每个码元内采样点数量相同，需要设置采样率 f_s 为其带宽的整数倍，亦即 $f_s=$

$kB_r=\frac{k}{T_{sub}}$，$k=1,2,3,\cdots$。假设在一个码元内采样点数为 K，那么采样信号可以表示为

$$\boldsymbol{y}=[\mathrm{e}^{\mathrm{j}\varphi_1}\quad \mathrm{e}^{\mathrm{j}\varphi_2}\quad \cdots\quad \mathrm{e}^{\mathrm{j}\varphi_N}]^{\mathrm{T}} \tag{2.41}$$

式中：$\varphi_n=[\varphi_1\quad \cdots\quad \varphi_n]_{1\times K}$。

与之相应的匹配滤波器也应具有类似形式。假设 $\boldsymbol{r}$ 为 $K=1$ 时的波形自相关函数。当 $K>1$ 时，匹配滤波零时延位置处输出主瓣峰值为

$$\tilde{r}_{KN}=Kr_N \tag{2.42}$$

分析其主瓣随采样点偏移的特性，在偏移 $k<K$ 采样点后，匹配滤波输出可表示为

$$\tilde{r}_{KN-k}=(K-k)r_N+kr_{N-1} \tag{2.43}$$

由式（2.42）、式（2.43）可知主瓣范围内，匹配滤波脉冲压缩输出峰值呈现线性下降趋势。图 2.15 为时宽带宽积 1000 多相编码波形匹配滤波输出结果。3dB 分辨率为

$$\delta R=0.6\frac{c}{2B_r} \tag{2.44}$$

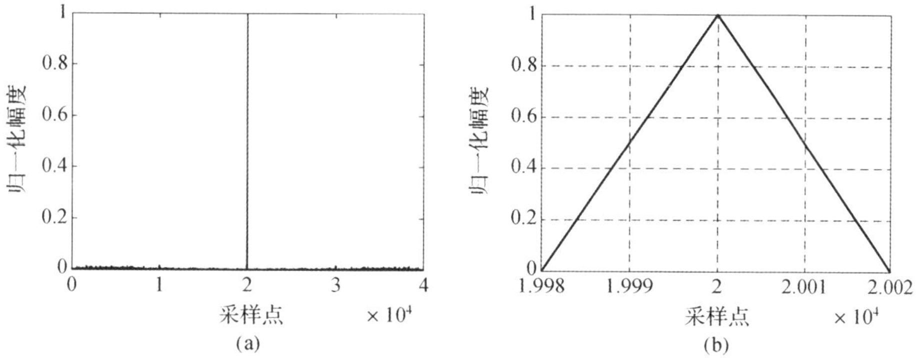

图 2.15　时宽带宽积 1000 多相编码波形

（a）匹配滤波脉冲压缩图；（b）主瓣局部图（$K=20$）。

除此之外，也可利用非匹配滤波器实现相位编码波形的脉冲压缩处理，从而提高脉冲压缩的副瓣性能。与线性调频波形窗函数法不同，相位编码波形的非匹配滤波器可通过优化方法得到。将相位编码波形写成矢量形式，即

$$\boldsymbol{x}=[x_1\quad x_2\quad \cdots\quad x_N]^{\mathrm{T}}$$

式中：$x_n = \mathrm{e}^{\mathrm{j}\varphi_n}$，$\varphi_n \in (0, 2\pi]$

其非匹配滤波器则可以分别在峰值旁瓣或积分旁瓣准则下优化获取，其最优化问题分别为

$$\min_{\boldsymbol{h}} \quad f_{\mathrm{ISL}}(\boldsymbol{x}, \boldsymbol{h}) \tag{2.45}$$

或

$$\min_{\boldsymbol{h}} \quad f_{\mathrm{PSL}}(\boldsymbol{x}, \boldsymbol{h}) \tag{2.46}$$

式中：积分旁瓣和峰值旁瓣目标函数分别可利用下式得到，即

$$f_{\mathrm{ISL}}(\boldsymbol{x}, \boldsymbol{h}) = \sum_{k=-N+1, k\neq 0}^{N-1} |r_k|^2 \tag{2.47}$$

和

$$f_{\mathrm{PSL}}(\boldsymbol{x}, \boldsymbol{h}) = \max_{k\neq 0} |r_k| \tag{2.48}$$

其中

$$r_k = \sum_{n=k+1}^{N} x_n h_{n-k}^{*} = r_{-k}^{*} \tag{2.49}$$

对图 2.11 二相码设计非匹配滤波器，脉冲压缩结果如图 2.16 所示，非匹配滤波脉冲压缩的 LPG 为 -1dB。在积分旁瓣准则下，非匹配滤波脉冲压缩的 ISLR 和 PSLR 分别为 -7.68dB 和 -22.72dB。在峰值旁瓣准则下，非匹配滤波脉冲压缩的 ISLR 和 PSLR 分别为 -5.91dB 和 -28.91dB，而匹配滤波脉冲压缩的 ISLR 和 PSLR 分别为 -5.26dB 和 -22.99dB。

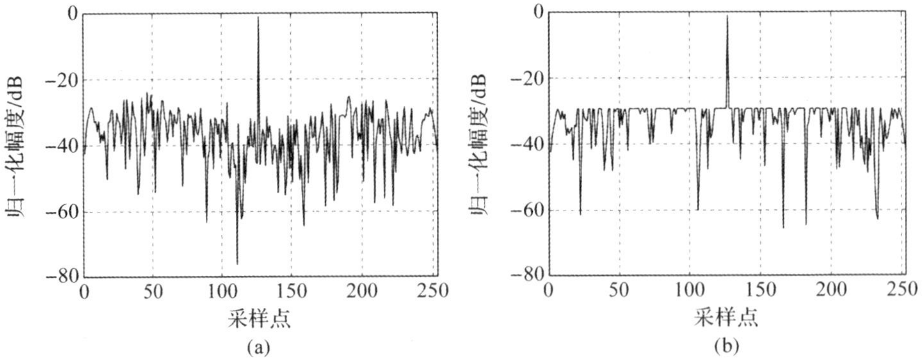

图 2.16　二相码非匹配滤波脉冲压缩结果

（a）积分旁瓣准则；（b）峰值旁瓣准则。

2.4 本章小结

本章介绍了雷达信号的表示方法，包括时域和频域表示形式。同时介绍了模糊函数理论，并基于此分析了 LFM 波形、非线性调频波形、OFDM - LFM 波形和相位编码波形，包括多普勒容限、脉冲压缩等性能。上述四类波形的性能可归纳如下。

(1) LFM 波形模糊函数为斜刀刃状，多普勒容限高，3dB 多普勒容限为 0.58Br。瞬时频率随时间线性变化，频谱类似矩形。匹配滤波下脉冲压缩主瓣展宽系数 0.89，PSLR 和 ISLR 分别约为 - 13.3dB 和 - 10dB，且可通过窗函数法进一步抑制脉冲压缩副瓣。

(2) OFDM - LFM 波形模糊函数为稀疏斜刀刃状，多普勒容限中等，频谱为矩形窗。匹配滤波下主瓣展宽系数为 0.89，PSLR 为 - 13dB 左右，ISLR 性能差于 LFM 波形。

(3) 非线性调频波形模糊函数类似图钉状，多普勒容限较差，且匹配滤波脉冲压缩的主瓣展宽系数及副瓣性能与非线性调频规则相关。

(4) 相位编码波形模糊函数为图钉状，多普勒容限差，频谱呈辛格滚降特性。匹配滤波下主瓣展宽系数为 0.6，副瓣性能可通过优化方法抑制，例如时宽带宽积为 1000 的波形 PSLR 和 ISLR 可分别达到 - 30dB 和 - 12dB 以下。并且，还可以在控制较小的 LPG 情况下，通过非匹配滤波器设计抑制其脉冲压缩副瓣电平。

当信号时宽为 25μs，带宽 40MHz 时，上述四类波形匹配滤波下的性能如表 2.2 所列。其中，OFDM - LFM 包括四个子脉冲，各子脉冲带宽和时宽分别为 10MHz 和 6.25μs；非线性调频波形采用正切调频规则；多相编码波形时宽带宽积 1000，利用 CAN 产生。由上述四类波形定义可知，多相编码波形设计具有更高的自由度，因而设计的波形能够获得更优的主瓣和副瓣性能。

表 2.2 波形特性对比

波形	展宽系数	PSLR/dB	ISLR/dB
LFM	0.89	- 13.24	- 9.63

续表

波形	展宽系数	PSLR/dB	ISLR/dB
OFDM - LFM	0.90	-13.31	-8.17
非线性调频	1.35	-30.88	-15.81
多相码	0.6	-34.89	-12.70

第3章 SAR成像

3.1 SAR 概念

SAR、干扰机和成像场景的空间几何关系如图 3.1 所示。SAR 平台沿着图中虚线所示轨迹以速度 V 匀速运动，并不断对地面发射电磁波，以期获得其测绘范围内的二维高分辨图像。

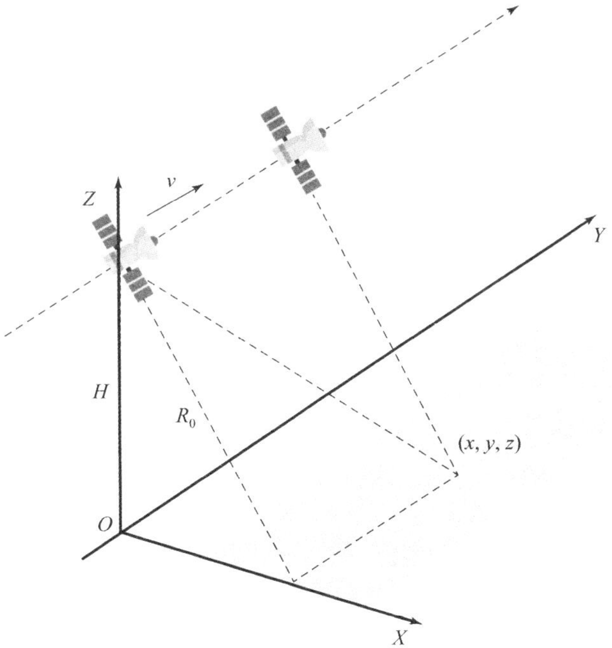

图 3.1　SAR 几何关系图

图3.1中的几个常用术语表示如下。

与传统搜索、跟踪雷达不同（其通常将地物反射描述为杂波），SAR的目标包括雷达波束照射区域内一切地物，而SAR的回波则是该照射区域内所有地物目标的后向散射回波积分。

方位向与运动平台速度矢量方向一致，如图3.1中平台沿Y轴方向直线运动，此时方位向即为Y轴方向。

随着平台运动，SAR平台与场景中点目标(x,y,z)在某一时刻距离最短，该距离即成为最短斜距，如图3.1中的R_0。

距离包括斜距或地距。其中斜距表示目标与平台之间的距离，在SAR的回波模拟和成像处理中均使用斜距定义。地距指斜距在地面的投影，即SAR图像表示成地图形式时需要将斜距投影转换为地距。

斜视角可以描述为斜距矢量与零多普勒平面之间的夹角。如图3.1所示，倘若波束指向固定，且假设目标正处于波形中心照射时刻，则斜视角可根据此时目标距离以及最短斜距计算。

3.1.1 SAR快时间信号

在快时间域，SAR发射大时宽带宽积的脉冲压缩信号，即

$$s(\tau)=w_{\mathrm{r}}(\tau)x(\tau)\exp(\mathrm{j}2\pi f_{\mathrm{c}}\tau) \tag{3.1}$$

式中：τ为快时间；$w_{\mathrm{r}}(\tau)$为快时间包络信号。距离向成像性能与波形$x(\tau)=\exp(\mathrm{j}\varphi(\tau))$的脉冲压缩性能相关，包括其调制样式、脉冲宽度$T_{\mathrm{p}}$和带宽$B_{\mathrm{r}}$等。无论采用何种发射波形，斜距分辨率均可以通过下式计算：

$$\delta R=\mathrm{IRW}\frac{c}{2B_{\mathrm{r}}} \tag{3.2}$$

式中：IRW为脉冲压缩的展宽系数。例如LFM和OFDM－LFM波形加矩形窗匹配滤波时展宽系数为0.89，而采用汉明、汉宁或凯瑟等窗函数抑制副瓣时，通常会导致该展宽系数大于1，此时SAR距离向分辨率下降。此外，非线性调频波形的展宽系数通常也大于1，而相位编码波形的展宽系数则为0.6左右。

当接收快时间回波时，为了避免混叠，通常要求快时间采样率f_{s}大于发射波形带宽，通常在LFM波形、OFDM－LFM和非线性调频波形中，过采样率为1.1～1.2即可。而雷达发射相位编码波形时，由于采样率为$1.1\sim1.2B_{\mathrm{r}}$时，每个码元内采样的数据量不同，从而导致码元失配而降低脉冲压缩性能。因此，若SAR发射相位编码波形，则要求其采样率设置为带宽整数倍，即过采

样率设置为大于 1 的整数。

快时间信号脉冲压缩的副瓣性能是决定 SAR 距离向成像质量的关键因素之一。例如传统 LFM 波形匹配滤波脉冲压缩的峰值旁瓣为 –13.3dB，可能会导致强散射目标副瓣遮盖弱散射目标。为了避免这一问题，SAR 快时间信号脉冲压缩的副瓣中 PSLR 应低于 –30dB，而 ISLR 则小于 –10dB。

此外，由于 SAR 平台与目标之间的相对运动，还会引入多普勒效应。尽管快时间多普勒效应与慢时间多普勒历程均由目标与平台之间相对运动引起，但是其对成像质量的影响却是相反的。慢时间的多普勒历程是方位向脉冲压缩的基础，而快时间的多普勒效应引起距离向脉冲压缩的多普勒失配，会导致脉压主瓣展宽、副瓣电平抬高等问题。尤其是雷达发射多普勒敏感的波形时，该问题需引起重视，同时这也对 SAR 发射波形的多普勒容限提出约束，3.2.2 节将详细阐述该问题。

3.1.2　回波的获取

在图 3.1 所示的直线几何 SAR 模型中，平台以特定斜视角 θ_{rc} 沿着方位向运动，以获取二维回波。波束中心穿越时刻为

$$\eta_c = -\frac{R_0 \tan\theta_{rc}}{V} \tag{3.3}$$

在慢时刻 η，目标位置 (x,y,z) 到 SAR 平台的斜距可表示为

$$R(\eta) = \sqrt{x^2 + (y - V\eta)^2 + (z - H)^2} \tag{3.4}$$

点目标最短斜距为

$$R_0 = \sqrt{x^2 + (z - H)^2} \tag{3.5}$$

点目标到 SAR 平台斜距可进一步表示为

$$R(\eta) = \sqrt{R_0^2 + (y - V\eta)^2} \tag{3.6}$$

假设点目标中 $y = 0$，则斜距可进一步简化为

$$R(\eta) = \sqrt{R_0^2 + (V\eta)^2} \tag{3.7}$$

假设 SAR 发射 LFM 波形，忽略 SAR 波束方向图引入的幅度调制以及快时间多普勒效应，则 SAR 接收的正交解调信号为

$$\begin{aligned} s_r(\tau,\eta) = {} & \sigma(x,y,z)\, w_r\left(\tau - \frac{2R(\eta)}{c}\right) w_a(\eta - \eta_c) \\ & x\left(\tau - \frac{2R(\eta)}{c}\right) \exp\left(-\frac{j4\pi f_c R(\eta)}{c}\right) \end{aligned} \tag{3.8}$$

式中：$\sigma(x,y,z)$为目标的后向散射系数；$w_a(\eta)$为慢时间包络函数；η_c为波束中心穿越目标的时刻：

$$\eta_c = -\frac{R(\eta_c)\sin\theta_{rc}}{V} \tag{3.9}$$

多普勒中心频率为波束中心穿越目标时对应的多普勒频率：

$$f_{\eta_c} = -\frac{2f_c dR(\eta)}{cd\eta} = \frac{2\sin\theta_{rc} Vf_c}{c} \tag{3.10}$$

多普勒带宽表示整个波束扫描目标过程中，多普勒频率所产生的变化，即：

$$\Delta f_{dop} = \frac{2Vf_c\cos\theta_{rc}}{c}\theta_{bw} \tag{3.11}$$

式中：θ_{bw}为方位向的波束宽度，其与天线尺寸 L_a 之间的关系为

$$\theta_{bw} = 0.886\frac{\lambda}{L_a} \tag{3.12}$$

代入式（3.11）可得

$$\Delta f_{dop} = 0.886\frac{2V\cos\theta_{rc}}{L_a} \tag{3.13}$$

因此，多普勒频率范围为

$$\left[\frac{2\sin\theta_{rc} Vf_c}{c} - 0.886\frac{V\cos\theta_{rc}}{L_a}, \frac{2\sin\theta_{rc} Vf_c}{c} - 0.886\frac{V\cos\theta_{rc}}{L_a}\right] \tag{3.14}$$

目标照射时宽是目标处于天线波束 3dB 范围内的时间。根据 $R(\eta_c)$ 与 3dB 波束宽度计算斜视角为零时的地面投影长度为 $0.886\lambda R(\eta_c)/L_a$，同时考虑斜视角因子 $1/\cos\theta_{rc}$ 即可得到斜视角下的地面投影长度。其可写为

$$T_\eta = 0.886\frac{\lambda R(\eta_c)}{VL_a\cos\theta_{rc}} \tag{3.15}$$

此外，方位的调频率为多普勒带宽和目标照射时宽之比：

$$K_\eta = \frac{2V^2\cos^2\theta_{rc}}{\lambda R(\eta_c)} \tag{3.16}$$

由上述分析可知，平台与目标之间的相对运动使得慢时间信号频率随时间变化，而多普勒历程近似为线性调频过程。为了获得方位向的高分辨率，SAR 处理过程中在慢时间域也会采用脉冲压缩处理，且方位向分辨率为

$$\delta A = 0.886\frac{V\cos\theta_{rc}}{\Delta f_{dop}} = 0.886\frac{L_a}{2} \tag{3.17}$$

3.1.3 SAR 波形基本参数设计

本节阐述 SAR 波形中脉冲重复周期和多普勒容限等参数设计。以机载 SAR 为例，假设平台速度为 300m/s，天线方位向长度 1m，斜视角 0°情况下多普勒频率约为 532Hz，相较于其百兆量级信号带宽十分小。以星载 SAR 为例，假设平台速度为 7062m/s，天线方位向长度为 6m，斜视角 0°情况下多普勒频率约为 2085Hz，其相较于几十兆赫兹的信号带宽也十分小。当 SAR 发射 LFM 波形时，由于其具有高多普勒容限，通常可以忽略快时间的多普勒效应。而当 SAR 发射低多普勒容限波形时，应保证其多普勒容限满足 SAR 成像的多普勒带宽要求。以相位编码波形为例，其多普勒容限应满足

$$\frac{1}{4T_{\mathrm{p}}} \geqslant 0.886\frac{2V\cos\theta_{\mathrm{rc}}}{L_{\mathrm{a}}} \tag{3.18}$$

即 SAR 的时宽应满足：

$$T_{\mathrm{p}} \leqslant \frac{L_{\mathrm{a}}}{7.088V\cos\theta_{\mathrm{rc}}} \tag{3.19}$$

SAR 系统的脉冲重复周期同时受测绘带宽和分辨率制约。在 SAR 系统中，为避免方位模糊，脉冲重复频率和多普勒带宽之间应该满足：

$$\mathrm{PRF} \geqslant (1.1 \sim 1.4)\Delta f_{\mathrm{dop}} \tag{3.20}$$

由式（3.17）可知，为提高 SAR 方位向分辨率，则要求多普勒带宽增加，相应的脉冲重复频率也需要增加。在确定脉冲重复周期和脉宽后，SAR 波门最大时宽为

$$\frac{1}{\mathrm{PRF}} - T_{\mathrm{p}} \tag{3.21}$$

此时斜距最大范围为

$$\frac{c}{2}\left(\frac{1}{\mathrm{PRF}} - T_{\mathrm{p}}\right) \tag{3.22}$$

式（3.22）表明若要获得宽测绘带，就要降低脉冲重复频率。综上可知，SAR 脉冲重复频率受到高分辨率与宽测绘带约束，且二者对脉冲重复频率的约束是矛盾的。若要提高 SAR 的分辨率，则必须设计大的脉冲重复频率以避免方位向混叠，反之亦然。表 3.1 给出了一组 C 波段星载 SAR 仿真参数值，其信号时宽和带宽均为 radarsat－1 典型参数。

表 3.1　C 波段星载 SAR 仿真参数

参数	数值	单位
飞机高度	755	km
时宽	41.75	μs
脉宽	30.12	MHz
等效速度	7140	m/s
工作频率	5.3	GHz
雷达波长	0.057	m
天线长度	10	m
合成孔径长度	6.5	km
多普勒带宽	1265	Hz
方位采样率	1700	Hz
斜视角	<4	度

3.2　非捷变波形 SAR 成像

在非捷变波形 SAR 成像方法中，主要基于距离多普勒解耦合成像算法阐述高多普勒容限和低多普勒容限两类波形。在高多普勒容限波形中，以 LFM 波形为例，而低多普勒容限波形则以相位编码波形、非线性调频波形和 OFDM LFM 波形为例。

3.2.1　LFM 波形

SAR 发射信号为

$$s(\tau)=w_{\mathrm{r}}(\tau)\exp(\mathrm{j}\pi K\tau^2)\exp(\mathrm{j}2\pi f_{\mathrm{c}}\tau),\ |\tau|\leqslant\frac{T_{\mathrm{p}}}{2} \tag{3.23}$$

结合式（3.8）可知，点目标(x,y,z)的回波为

$$s_{\mathrm{r}}(\tau,\eta)=\sigma(x,y,z)w_{\mathrm{r}}\left(\tau-\frac{2R(\eta)}{c}\right)w_{\mathrm{a}}(\eta-\eta_{\mathrm{c}})\times\left(\tau-\frac{2R(\eta)}{c}\right)\exp\left(-\frac{\mathrm{j}4\pi f_{\mathrm{c}}R(\eta)}{c}\right) \tag{3.24}$$

基于驻定相位原理可得快时间域傅里叶变换为

$$S_{\mathrm{r}}(f_\tau,\eta)=\sigma(x,y,z)A_0W_{\mathrm{r}}(f_\tau)w_{\mathrm{a}}(\eta-\eta_{\mathrm{c}})\exp\left(-\frac{\mathrm{j}\pi f_\tau^2}{K}\right)\exp\left(-\frac{\mathrm{j}4\pi(f_{\mathrm{c}}+f_\tau)R(\eta)}{c}\right) \tag{3.25}$$

利用驻定相位原理可得慢时间域傅里叶变换为

$$S_{\mathrm{r}}(f_\tau,f_\eta)=\int_{-\infty}^{\infty}S_{\mathrm{r}}(f_\tau,\eta)\exp(-\mathrm{j}2\pi f_\eta\eta)\mathrm{d}\eta \tag{3.26}$$

慢时间相位项可表示为

$$\theta(\eta)=-\frac{4\pi(f_{\mathrm{c}}+f_\tau)R(\eta)}{c}-2\pi f_\eta\eta \tag{3.27}$$

对式（3.27）求导，得

$$\frac{\mathrm{d}\theta(\eta)}{\mathrm{d}\eta}=-\frac{4\pi(f_{\mathrm{c}}+f_\tau)V^2\eta}{cR(\eta)}-2\pi f_\eta \tag{3.28}$$

令式（3.28）等于零，可得

$$\eta=-\frac{cR_0f_\eta}{2V^2(f_{\mathrm{c}}+f_\tau)\sqrt{1-\dfrac{c^2f_\eta^2}{4V^2(f_{\mathrm{c}}+f_\tau)^2}}} \tag{3.29}$$

将式（3.29）代入式（3.7），得

$$R(\eta)=\frac{R_0}{\sqrt{1-\dfrac{c^2f_\eta^2}{4V^2(f_{\mathrm{c}}+f_\tau)^2}}} \tag{3.30}$$

因此，SAR 回波二维频谱为

$$S_{\mathrm{r}}(f_\tau,f_\eta)=\sigma(x,y,z)A_0W_{\mathrm{r}}(f_\tau)W_{\mathrm{a}}(f_\eta-f_{\eta\mathrm{c}})\exp\left(-\frac{\mathrm{j}\pi f_\tau^2}{K}\right)\exp\left(-\frac{\mathrm{j}4\pi(f_{\mathrm{c}}+f_\tau)R_0}{c}\sqrt{1-\frac{c^2f_\eta^2}{4V^2(f_{\mathrm{c}}+f_\tau)^2}}\right) \tag{3.31}$$

式中

$$W_{\mathrm{a}}(f_\eta)=w_{\mathrm{a}}\left(-\frac{cR_0f_\eta}{2V^2(f_{\mathrm{c}}+f_\tau)\sqrt{1-\dfrac{c^2f_\eta^2}{4V^2(f_{\mathrm{c}}+f_\tau)^2}}}\right) \tag{3.32}$$

求快时间逆傅里叶变换，得

$$S_{\mathrm{r}}(\tau,f_\eta)=\int_{-\infty}^{\infty}S_{\mathrm{r}}(f_\tau,f_\eta)\exp(\mathrm{j}2\pi f_\tau\tau)\mathrm{d}\tau \tag{3.33}$$

将式（3.30）中第二项中根号下关于 f_τ 展开泰勒级数，并保留前两项的快时间相位项为

$$\begin{aligned}\theta(f_\tau) &= -\frac{\pi f_\tau^2}{K} - \frac{4\pi(f_c+f_\tau)R_0}{c}\sqrt{1-\frac{c^2f_\eta^2}{4V^2(f_c+f_\tau)^2}} + 2\pi f_\tau\tau \\ &= -\frac{\pi f_\tau^2}{K} - \frac{4\pi f_c R_0}{c}\sqrt{1-\frac{c^2f_\eta^2}{4V^2f_c^2}+\frac{2f_\tau}{f_c}+\frac{f_\tau^2}{f_c^2}} + 2\pi f_\tau\tau \\ &= -\frac{4\pi f_c R_0}{c}\left(D(f_\eta,V)+\frac{f_\tau}{f_cD(f_\eta,V)}-\frac{f_\tau^2}{2f_c^2D^3(f_\eta,V)}\frac{c^2f_\eta^2}{4V^2f_c^2}\right) \\ &\quad -\frac{\pi f_\tau^2}{K}+2\pi f_\tau\tau \end{aligned} \tag{3.34}$$

式中

$$D(f_\eta,V) = \sqrt{1-\frac{c^2f_\eta^2}{4V^2f_c^2}} \tag{3.35}$$

对式（3.33）求导，并令其等于零，有

$$-\frac{2\pi\tau}{K}+2\pi\tau-\frac{4\pi f_cR_0}{c}\left(\frac{1}{f_cD(f_\eta,V)}-\frac{2f_\tau}{2f_c^2D^3(f_\eta,V)}\frac{c^2f_\eta^2}{4V^2f_c^2}\right)=0 \tag{3.36}$$

得

$$f_\tau = \frac{K}{1-KZ}\left(\tau-\frac{2R_0}{cD(f_\eta,V)}\right) \tag{3.37}$$

式中

$$Z = \frac{cR_0f_\eta^2}{2V^2f_c^3D^3(f_\eta,V)} \tag{3.38}$$

则距离多普勒域信号为

$$\begin{aligned} S_r(\tau,f_\eta) &= \sigma(x,y,z)A_0w_r\left(\frac{1}{1-KZ}\left(\tau-\frac{2R_0}{cD(f_\eta,V)}\right)\right)W_a(f_\eta-f_{\eta c}) \\ &\quad \exp\left(\frac{j\pi K}{1-KZ}\left(\tau-\frac{2R_0}{cD(f_\eta,V)}\right)^2\right)\exp\left(-\frac{j4\pi f_cR_0D(f_\eta,V)}{c}\right) \end{aligned} \tag{3.39}$$

由于 $|KZ|\ll 1$，脉冲包络长度被 $1/1-KZ$ 的改变量可以忽略。而 LFM 波形的调频率受该参数影响较大，且对其脉冲压缩性能影响较大，因此，需通过二次距离压缩将其补偿。

SAR 距离向脉冲压缩滤波器为

$$H(f_\tau) = \exp\left(\frac{\mathrm{j}\pi f_\tau^2}{K}\right) \tag{3.40}$$

而二次距离向脉冲压缩滤波器为

$$H_{\mathrm{src}}(f_\tau) = \exp(-\mathrm{j}\pi Z f_\tau^2) \tag{3.41}$$

距离向脉冲压缩及二次脉冲压缩补偿后信号为

$$S_{\mathrm{r}}(\tau, f_\eta) = \sigma(x,y,z)A_0 \mathrm{sinc}\left(\tau - \frac{2R_0}{cD(f_\eta, V)}\right) W_{\mathrm{a}}(f_\eta - f_{\eta\mathrm{c}}) \exp\left(-\frac{\mathrm{j}4\pi f_{\mathrm{c}} R_0 D(f_\eta, V)}{c}\right) \tag{3.42}$$

距离徙动校正量为

$$\frac{R_0}{D(f_\eta, V)} - R_0 = R_0\left(\frac{1 - D(f_\eta, V)}{D(f_\eta, V)}\right) \tag{3.43}$$

距离徙动校正后信号为

$$S_{\mathrm{r}}(\tau, f_\eta) = \sigma(x,y,z)A_0 \mathrm{sinc}\left(\tau - \frac{2R_0}{c}\right) W_{\mathrm{a}}(f_\eta - f_{\eta\mathrm{c}}) \exp\left(-\frac{\mathrm{j}4\pi f_{\mathrm{c}} R_0 D(f_\eta, V)}{c}\right) \tag{3.44}$$

方位向脉冲压缩滤波器为

$$H_{\mathrm{a}}(f_\eta) = \exp\left(\frac{\mathrm{j}4\pi f_{\mathrm{c}} R_0 D(f_\eta, V)}{c}\right) \tag{3.45}$$

将方位向脉冲压缩滤波器与式（3.44）相乘，然后慢时间域求逆傅里叶变换处理即可得到 SAR 图像。上述成像处理流程又称为距离多普勒成像算法，除此之外，LFM 波形下常用的成像算法还包括 ω - K、chirp scaling 和极坐标算法。

基于表 3.1 给出的 C 波段仿真参数值，假设星载 SAR 发射 LFM 波形，斜视角设置为 0°，场景中设置 1 个点目标，利用距离多普勒成像算法获取点目标 SAR 图像。选择目标峰值点附近 8 × 8 采样单元数据并进行 8 倍升采样分析，结果如图 3.2 所示。由于距离向和方位向脉冲压缩过程未加窗，因此，其距离向和方位向切片为辛格状。

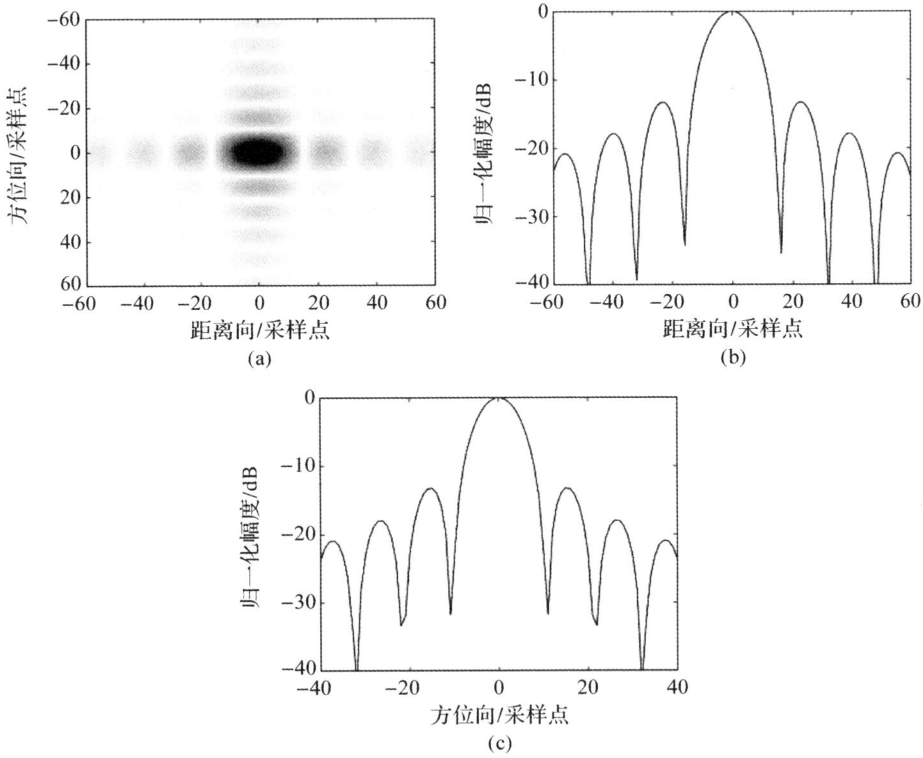

图 3.2　点目标成像结果（LFM 波形）

（a）点目标图像；（b）距离向切片；（c）方位向切片。

3.2.2　低多普勒容限波形

考虑 SAR 发射低多普勒容限波形，例如相位编码波形、非线性调频波形和 OFDM－LFM 波形等，令发射波形 $x(\tau)=\exp(\mathrm{j}2\pi\varphi(\tau))$。SAR‘停－走－停’假设不再成立，即必须考虑脉内多普勒效应。SAR 正交解调后回波为

$$s_{\mathrm{r}}(\tau,\eta)=\sigma(x,y,z)w\left(\tau-\frac{2R(\eta)}{c}\right)w(\eta-\eta_{\mathrm{c}})x\left(\tau-\frac{2R(\eta)}{c}\right)$$
$$\exp\left(-\frac{\mathrm{j}4\pi f_{\mathrm{c}}R'(\eta)}{c}\left(\tau-\frac{2R(\eta)}{c}\right)\right)\exp\left(-\frac{\mathrm{j}4\pi f_{\mathrm{c}}R(\eta)}{c}\right)\quad(3.46)$$

基于驻定相位原理可得快时间域傅里叶变换为

$$S_{\mathrm{r}}(f_{\tau},\eta)=\sigma(x,y,z)W_{\mathrm{r}}(f_{\tau})w_{\mathrm{a}}(\eta-\eta_{\mathrm{c}})\exp\left(\mathrm{j}2\pi\Phi\left(f_{\tau}+\frac{2f_{\mathrm{c}}R'(\eta)}{c}\right)\right)\exp\left(-\frac{\mathrm{j}4\pi(f_{\mathrm{c}}+f_{\tau})R(\eta)}{c}\right) \tag{3.47}$$

式中：第一个指数项中的多普勒频移可表示为

$$f_{\eta}=-\frac{2f_{\mathrm{c}}R'(\eta)}{c} \tag{3.48}$$

令 θ_{r} 表示慢时刻 η 平台与目标之间斜视角，则目标与平台之间的径向相对速度也可表示为

$$R'(\eta)=\frac{\mathrm{d}R(\eta)}{\mathrm{d}\eta}=V\sin\theta_{\mathrm{r}} \tag{3.49}$$

由于上述低多普勒容限波形的频谱无法通过傅里叶变换得到类似线性调频波形的解析表达式，所以首先消除式（3.47）中的 $\exp\left(\mathrm{j}2\pi\Phi\left(f_{\tau}+\frac{2f_{\mathrm{c}}R'(\eta)}{c}\right)\right)$ 从而获取 SAR 信号的二维频谱。该过程也可理解为 SAR 回波的距离向脉冲压缩，该处理过程包括两种处理方式。

方式 1 是在距离频域方位时域处理。根据 SAR 多普勒中心频率和多普勒带宽可知，快时间多普勒频移满足：

$$\frac{2\sin\theta_{\mathrm{rc}}Vf_{\mathrm{c}}}{c}-\frac{Vf_{\mathrm{c}}\cos\theta_{\mathrm{rc}}}{c}\theta_{\mathrm{bw}}\leqslant f_{\eta}\leqslant\frac{2\sin\theta_{\mathrm{rc}}Vf_{\mathrm{c}}}{c}+\frac{Vf_{\mathrm{c}}\cos\theta_{\mathrm{rc}}}{c}\theta_{\mathrm{bw}} \tag{3.50}$$

由式（3.50）可知，多普勒频率范围由多普勒带宽决定，偏移零多普勒的值主要由中心多普勒频率决定。由于 SAR 的多普勒带宽相较于信号带宽而言十分小，例如，radarsat－1 的 10m 分辨率星载 SAR 多普勒带宽约为 1257Hz，信号带宽约 30MHz；高分 3 号星载 SAR 多普勒带宽约 2000Hz，信号带宽为 80MHz；机载 0.5m 分辨率 SAR 多普勒带宽为，而信号带宽为 250MHz。此外，上述三种情况的发射信号时宽典型值约 40μs、55μs 和 10μs，以多普勒容限最低相位编码波形为例，其多普勒容限分别为 6250Hz、4546Hz 和 25000Hz，其明显大于其多普勒带宽，因此，方式一的处理中仅考虑补偿其中心多普勒频率。即在距离频域方位时域进行距离向脉冲压缩的滤波器为

$$H(f_{\tau})=W'_{\mathrm{r}}(f_{\tau})\exp(-\mathrm{j}2\pi\Phi(f_{\tau}-f_{\eta\mathrm{c}})) \tag{3.51}$$

将式（3.51）和式（3.47）相乘即可实现距离向脉冲压缩，忽略常数项可得

$$S_{\mathrm{r}}(f_{\tau},\eta)=\sigma(x,y,z)W''_{\mathrm{r}}(f_{\tau})w(\eta-\eta_{\mathrm{c}})\\ \exp\left(-\frac{\mathrm{j}4\pi(f_{\mathrm{c}}+f_{\tau})R(\eta)}{c}\right) \tag{3.52}$$

$W''_{\mathrm{r}}(f_{\tau})$可近似认为与$W'_{\mathrm{r}}(f_{\tau})$一致。式（3.53）相位项为

$$\theta(\eta)=-\frac{4\pi(f_{\mathrm{c}}+f_{\tau})R(\eta)}{c} \tag{3.53}$$

利用驻定相位原理进行方位向傅里叶变换，该过程与3.2.1节基本一致，此处不再赘述，直接给出二维频谱为

$$S_{\mathrm{r}}(f_{\tau},f_{\eta})=\sigma(x,y,z)W''_{\mathrm{r}}(f_{\tau})W_{\mathrm{a}}(f_{\eta}-f_{\eta\mathrm{c}})\\ \exp\left(-\frac{\mathrm{j}4\pi(f_{\mathrm{c}}+f_{\tau})R_0}{c}\sqrt{1-\frac{c^2f_{\eta}^2}{4V^2(f_{\mathrm{c}}+f_{\tau})^2}}\right) \tag{3.54}$$

将式（3.54）中相位展开泰勒级数，并保留至二次项得

$$-\frac{4\pi f_{\mathrm{c}}R_0}{c}\left(D(f_{\eta},V)+\frac{f_{\tau}}{f_{\mathrm{c}}D(f_{\eta},V)}-\frac{f_{\tau}^2}{2f_{\mathrm{c}}^2D^3(f_{\eta},V)}\frac{c^2f_{\eta}^2}{4V^2f_{\mathrm{c}}^2}\right) \tag{3.55}$$

式（3.55）中第三项是由于距离多普勒耦合引起的二次距离向脉冲压缩问题，可直接利用式（3.41）在二维频域补偿处理。在此基础上进行距离向逆傅里叶变换，得

$$S_{\mathrm{r}}(\tau,f_{\eta})=\sigma(x,y,z)p_{\tau}\left(\tau-\frac{2R_0}{cD(f_{\eta},V)}\right)W_{\mathrm{a}}(f_{\eta}-f_{\eta\mathrm{c}})\\ \exp\left(-\frac{\mathrm{j}4\pi f_{\mathrm{c}}R_0}{c}D(f_{\eta},V)\right) \tag{3.56}$$

对式（3.56）距离徙动校正和方位脉冲压缩后即可得到聚焦的SAR图像，该过程与传统距离多普勒算法一致，此处不再赘述。

方式2是在二维频域处理，变换至二维频域的处理过程可基于驻定相位原理实现，此处直接给出二维频谱如下：

$$S_{\mathrm{r}}(f_{\tau},f_{\eta})=\sigma(x,y,z)W_{\mathrm{r}}(f_{\tau})W_{\mathrm{a}}(f_{\eta})\exp(-\mathrm{j}2\pi\Theta(f_{\tau},f_{\eta}))\\ \exp\left(\mathrm{j}2\pi\Phi\left(f_{\tau}+\frac{2f_{\mathrm{c}}R'(\eta)}{c}\right)\right) \tag{3.57}$$

式中

$$\Theta(f_{\tau},f_{\eta})=\frac{2R_0f_{\mathrm{c}}}{c}\sqrt{1-\frac{c^2f_{\eta}^2}{4V^2f_{\mathrm{c}}^2}-\frac{2f_{\tau}}{f_{\mathrm{c}}}+\frac{f_{\tau}^2}{f_{\mathrm{c}}^2}} \tag{3.58}$$

展开泰勒级数可得

$$\Theta(f_\tau,f_\eta)=\frac{2R_0f_c}{c}\left(D^2(V,f_\eta)+\frac{f_\tau}{D(V,f_\eta)f_c}-\frac{f_\tau^2c^2f_\eta^2}{2f_c^2D^3(V,f_\eta)4V^2}\right)\quad(3.59)$$

因此，距离向脉冲压缩滤波器为

$$H(f_\tau)=W'_r(f_\tau)\exp(-j2\pi\Phi(f_\tau-f_\eta))\quad(3.60)$$

由于 f_η 的变化，该滤波器在不同的多普勒频率处均变化，因此，能够精确补偿快时间多普勒效应，但同时也引入额外的计算量。在上述处理过程后，可通过二次距离压缩、距离徙动校正和方位脉冲压缩处理获取 SAR 图像，该过程与传统距离多普勒解耦合算法一致。

假设 SAR 发射相位编码波形和正切非线性调频波形，其余参数与表 3.1 相同。正侧视情况下，点目标峰值附近 8 ×8 采样数据并进行 8 倍上采样的距离多普勒成像结果如图 3.3 和图 3.4 所示。SAR 成像结果中目标的方位向切片

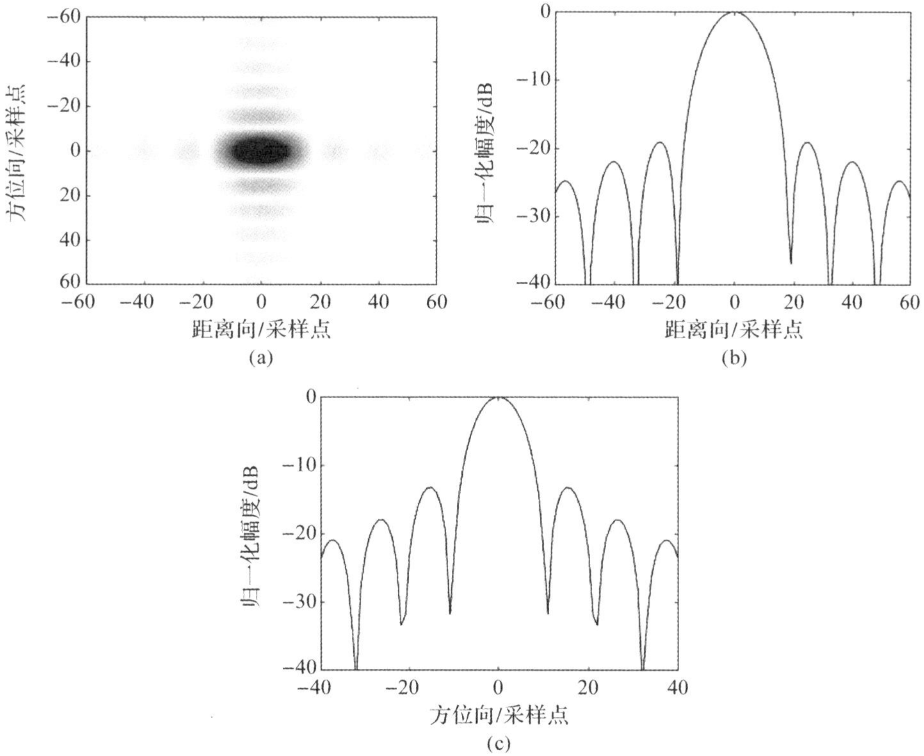

图 3.3　点目标成像结果（非线性调频波形）

（a）点目标图像；（b）距离向切片；（c）方位向切片。

仍为辛格状，即第一副瓣为 -13.3dB，而距离向切片中副瓣水平明显降低。非线性调频波形成像结果中的距离向第一副瓣为 -19.01dB，而相位编码波形成像结果的距离第一副瓣为 -44.12dB。上述结果表明，SAR 通过发射低脉冲压缩副瓣波形能够有效改善距离向成像性能。

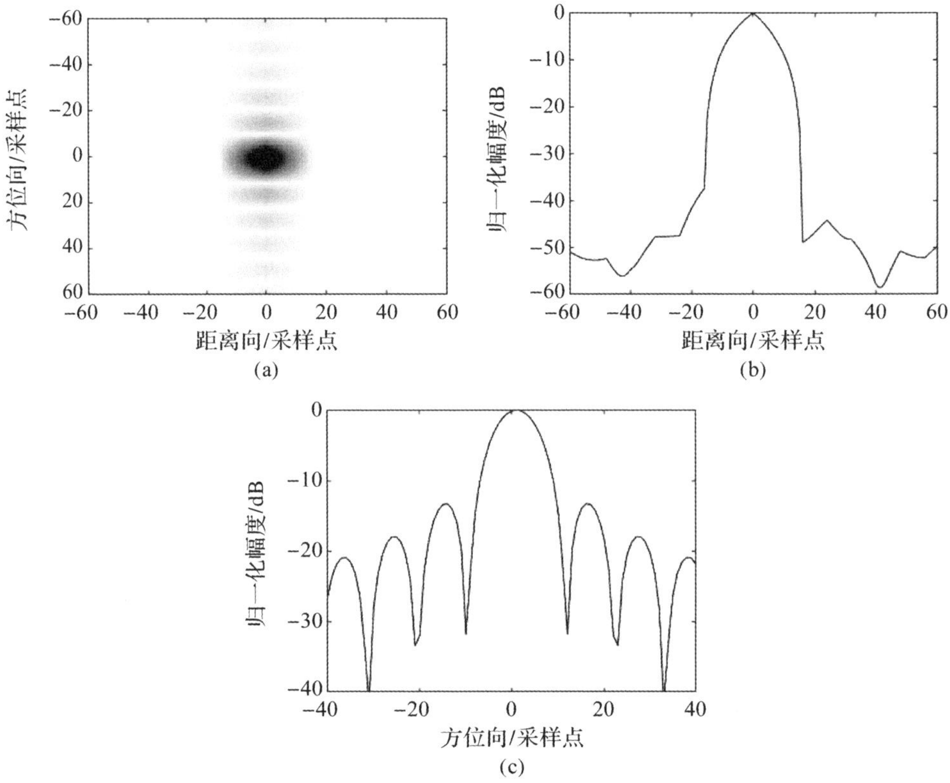

图 3.4　点目标成像结果（相位编码波形）

（a）点目标图像；（b）距离向切片；（c）方位向切片。

考虑斜视角为 1.9°，SAR 发射相位编码波形，其余参数与表 3.1 相同，分别利用方式 1 和方式 2 获取点目标成像结果。图 3.5（a）所示的快时间多普勒效应补偿前成像结果距离向切片，其峰值副瓣为 -27.63dB，且整体副瓣电平高于理论值。图 3.5（b）和图 3.5（c）分别为方式 1 和方式 2 快时间多普勒效应补偿后的距离向切片结果，其 PSLR 均小于 -44dB。

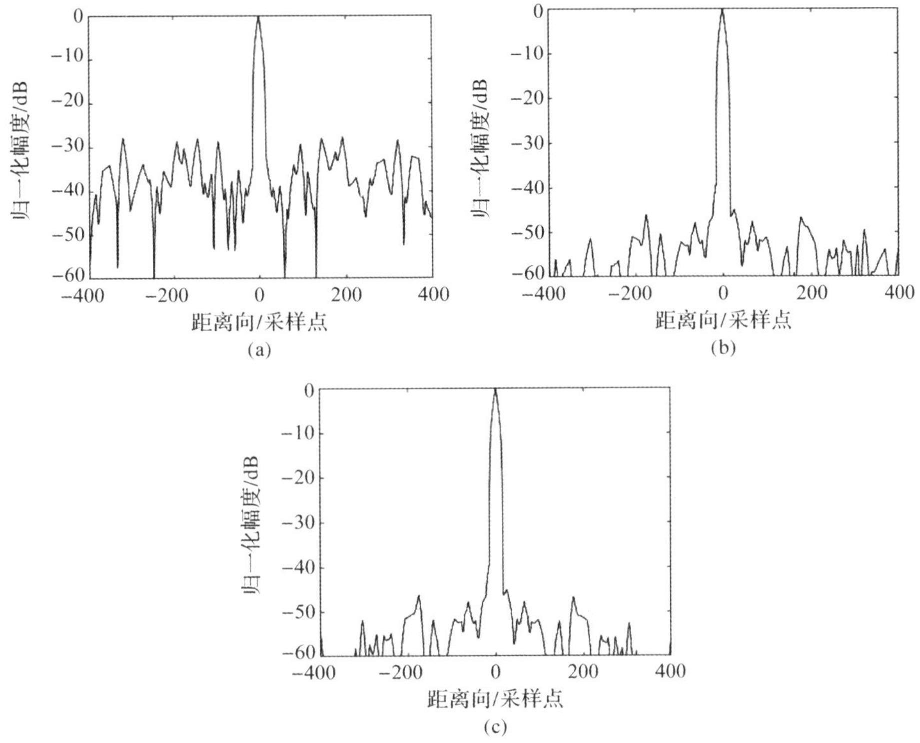

图 3.5　快时间多普勒补偿前后距离向切片结果

（a）无多普勒补偿；（b）方式 1；（c）方式 2。

3.3　捷变波形 SAR 成像

假设 SAR 发射捷变波形，例如调制样式捷变、调频斜率或初始相位等参数捷变。在本书中除非特别说明频率捷变波形，否则不考虑脉间频率捷变。第 m 个发射波形 $x_m(\tau)$ 对应的点目标回波为

$$
\begin{aligned}
s_{\mathrm{r}}(\tau,\eta) = {}& \sigma(x,y,z)\, w_{\mathrm{r}}\left(\tau - \frac{2R(\eta)}{c}\right) w_{\mathrm{a}}(\eta - \eta_{\mathrm{c}})\, x_m\left(\tau - \frac{2R(\eta)}{c}\right) \\
& \exp\left(-\frac{\mathrm{j}4\pi f_{\mathrm{c}} R'(\eta)}{c}\left(\tau - \frac{2R(\eta)}{c}\right)\right) \exp\left(-\frac{\mathrm{j}4\pi f_{\mathrm{c}} R(\eta)}{c}\right)
\end{aligned}
\tag{3.61}
$$

对式（3.61）快时间域傅里叶变换，得

$$
\begin{aligned}
S_{\mathrm{r}}(f_\tau,\eta) = {}& \sigma(x,y,z)\, W_{\mathrm{r}}(f_\tau)\, w(\eta - \eta_{\mathrm{c}}) \\
& \exp\left(\mathrm{j}2\pi \Phi_m\left(f_\tau + \frac{2 f_{\mathrm{c}} R'(\eta)}{c}\right)\right)
\end{aligned}
$$

$$\exp\left(-\frac{j4\pi(f_c+f_\tau)R(\eta)}{c}\right) \tag{3.62}$$

由于式（3.62）中的第二个指数项随慢时间变化，通过距离向脉冲压缩消除 $\exp\left(j2\pi\Phi_m\left(f_\tau+\frac{2f_cR'(\eta)}{c}\right)\right)$，从而获取回波二维频谱。距离向脉冲压缩滤波器为

$$H(f_\tau)=W'_r(f_\tau)\exp(-j2\pi\Phi_m(f_\tau-f_{\eta c})) \tag{3.63}$$

将式（3.62）和式（3.63）相乘后进行方位向傅里叶变换，即可得到回波二维频谱为

$$S_r(f_\tau,f_\eta)=\sigma(x,y,z)W''_r(f_\tau)W_a(f_\eta-f_{\eta c})$$
$$\exp\left(-\frac{j4\pi(f_c+f_\tau)R_0}{c}\sqrt{1-\frac{c^2f_\eta^2}{4V^2(f_c+f_\tau)^2}}\right) \tag{3.64}$$

利用距离多普勒解耦合算法中的距离徙动校正和方位脉冲压缩等处理即可得到SAR图像。

假设SAR发射相位编码捷变波形，其中100组捷变波形采用CAN算法设计。图3.6（a）和图3.6（b）分别为波形捷变数量10和100情况时SAR点目标成像结果。其中，两个成像结果中目标方位向切片仍然为辛格状，方位第一副瓣为 -13.3dB。相较于捷变波形数量为100时SAR成像结果，捷变波形数量为10时SAR成像结果的距离向切片中栅瓣峰值水平更高，这表明可以增加捷变数量以避免栅瓣效应。

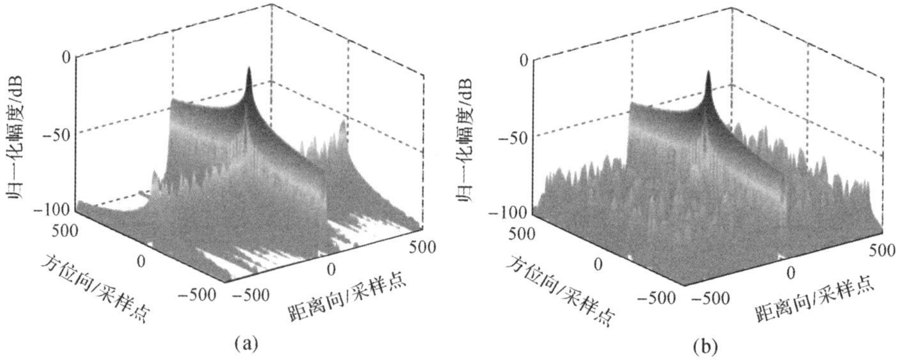

图3.6 捷变波形SAR点目标成像结果（见彩插）

（a）捷变数量10；（b）捷变数量100。

3.4　频率捷变 SAR 工作原理

频率步进捷变 SAR 载频时序如图 3.7 所示，图中不同载频呈步进规则变化。随着慢时间变化，信号的载频捷变，其最大带宽范围为 B。假设载频随慢时间变化关系如下：

$$f(\eta)=f_c+\Delta f F_{vc}(\eta) \tag{3.65}$$

式中：$F_{vc}(\eta)$表示载频是关于慢时间的锯齿函数；Δf 为频率捷变幅度。

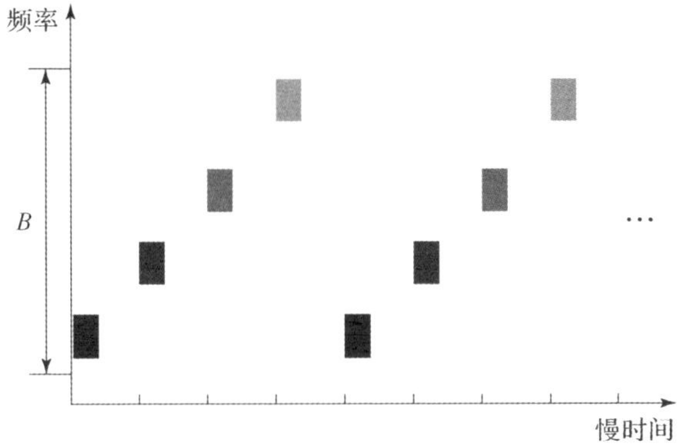

图 3.7　步进频率捷变 SAR 波形

假设 SAR 发射 LFM 波形，则 SAR 目标回波为

$$\begin{aligned} s_r(\tau,\eta) &= \sigma(x,y,z)w_r\left(\tau-\frac{2R(\eta)}{c}\right)w_a(\eta-\eta_c) \\ &\quad x\left(\tau-\frac{2R(\eta)}{c}\right)\exp\left(-\frac{j4\pi f(\eta)R(\eta)}{c}\right) \end{aligned} \tag{3.66}$$

观测区域内的所有目标回波则可以表示为

$$\begin{aligned} Y(\tau,\eta) &= \iiint\sigma(x,y,z)w_r\left(\tau-\frac{2R(\eta)}{c}\right)w_a(\eta-\eta_c) \\ &\quad x\left(\tau-\frac{2R(\eta)}{c}\right)\exp\left(-\frac{j4\pi f(\eta)R(\eta)}{c}\right)dxdydz \end{aligned} \tag{3.67}$$

以点目标为例，其慢时间变化的相位可表示为

$$\phi(\eta) = -2\pi f(\eta)\tau(\eta)+\phi_0 \tag{3.68}$$

式中：$\tau(\eta)=2R(\eta)/c$，表示点目标到平台的时延。点目标的多普勒历程为

$$
\begin{aligned}
f_{\mathrm{d}}(\eta) &= \frac{1}{2\pi}\frac{\partial}{\partial\eta}\phi(\eta) \\
&= -\left[f(\eta)\frac{\partial}{\partial\eta}\tau(\eta) + \tau(\eta)\frac{\partial}{\partial\eta}f(\eta)\right] \\
&= -\frac{2f(\eta)V^2\eta}{cR_{\mathrm{c}}(\eta)} - \Delta f\left(\frac{\partial}{\partial\eta}F_{\mathrm{vc}}(\eta)\right)\tau(\eta)
\end{aligned}
\tag{3.69}
$$

式中：第一项表示传统固定载频 SAR 多普勒历程变化；第二项是由频率捷变引入的，且导致多普勒历程随慢时间非线性变化。为获取载频捷变对 SAR 成像性能的影响，分别分析载频对 SAR 多普勒带宽和多普勒中心频率的影响。由于方位向波束宽度为 $\theta_{\mathrm{bw}} = 0.886\lambda/L_{\mathrm{a}}$，因此载频捷变将导致波束宽度变化，引起合成孔径长度变化。由式（3.13）可知，多普勒带宽仅与目标速度、天线尺寸和斜视角相关，载频捷变不会引起多普勒带宽变化。此外，等效多普勒中心频率和斜视中心角均与载频相关，因此多普勒中心频率也会随载频捷变而变化。

3.4.1 单通道稀疏微波成像

由上述分析可知，频率捷变导致多普勒历程中出现非线性的变化，因而传统的距离多普勒解耦合算法无法直接处理频率捷变 SAR 数据。微波稀疏成像充分利用观测场景的稀疏特性，可以利用正则化方法从欠采样数据获得稀疏场景图像。在单通道稀疏 SAR 中，雷达的回波与二维重构图像向量化模型可以表示为

$$
\boldsymbol{y} = \boldsymbol{A}\boldsymbol{z} + \boldsymbol{n} \tag{3.70}
$$

式中：$\boldsymbol{y}$ 表示回波数据；$\boldsymbol{z}$ 表示观测场景；$\boldsymbol{A}$ 表示观测矩阵；$\boldsymbol{n}$ 表示加性高斯白噪声。当观测场景足够稀疏，且观测矩阵满足等距性质时，观测场景 $\boldsymbol{z}$ 通过求解正则化问题得到。

$$
\min_{\boldsymbol{z}}\left\{\|\boldsymbol{y} - \boldsymbol{A}\boldsymbol{z}\|_2^2 + \lambda\|\boldsymbol{z}\|_q^q\right\} \tag{3.71}
$$

式中：λ 为正则化系数。上述问题可以通过迭代软阈值算法求解得到，即

$$
\boldsymbol{z}^{k+1} = H_{\lambda,\mu,q}\left[\boldsymbol{z}^k + \mu\boldsymbol{A}^{\mathrm{H}}(\boldsymbol{y} - \boldsymbol{A}\boldsymbol{z}^k)\right] \tag{3.72}
$$

式中：μ 为算法收敛的关键参数。

在实际工程应用中，由于空间尺度较大时，构建观测矩阵需要海量内存，因此基于精确观测矩阵的稀疏成像方法应用受限。为了解决上述问题，基于近

似观测的 SAR 微波稀疏成像方法被提出，其核心思想是从匹配滤波距离多普勒解耦合成像算法入手，通过逆成像算法求解得到近似观测矩阵。

$$\boldsymbol{Y} = \boldsymbol{H}C(\boldsymbol{Z}) + \boldsymbol{N} \tag{3.73}$$

简言之，通过求解下述正则化问题来解决稀疏 SAR 成像问题：

$$\min_{\boldsymbol{Z}} \left\{ \| \boldsymbol{Y} - \boldsymbol{H}C(\boldsymbol{Z}) \|_2^2 + \lambda \| \boldsymbol{Z} \|_q^q \right\} \tag{3.74}$$

式中：$\boldsymbol{Y}$ 为回波二维矩阵；$\boldsymbol{Z}$ 为矢量稀疏矩阵；$\boldsymbol{H}$ 为方位向欠采样矩阵；算子 $C(\cdot)$ 为 chirp scaling 算法的逆成像算子，即

$$C(\boldsymbol{Z}) = \boldsymbol{F}_{\mathrm{a}}^{-1}(\boldsymbol{F}_{\mathrm{a}}\boldsymbol{Z} \odot \boldsymbol{\Theta}_{\mathrm{ac}}^{*}\boldsymbol{F}_{\mathrm{r}} \odot \boldsymbol{\Theta}_{\mathrm{rc}}^{*}\boldsymbol{F}_{\mathrm{r}}^{-1} \odot \boldsymbol{\Theta}_{\mathrm{sc}}^{*}) \tag{3.75}$$

而 chirp scaling 成像算子为

$$I(\boldsymbol{Y}) = \boldsymbol{F}_{\mathrm{a}}^{-1}(\boldsymbol{F}_{\mathrm{a}}\boldsymbol{Y} \odot \boldsymbol{\Theta}_{\mathrm{sc}}\boldsymbol{F}_{\mathrm{r}} \odot \boldsymbol{\Theta}_{\mathrm{rc}}\boldsymbol{F}_{\mathrm{r}}^{-1} \odot \boldsymbol{\Theta}_{\mathrm{ac}}) \tag{3.76}$$

式中：$\boldsymbol{\Theta}_{\mathrm{sc}}$ 为 chirp scaling 算子；$\boldsymbol{\Theta}_{\mathrm{rc}}$ 完成距离向脉冲压缩和一致距离徙动校正；$\boldsymbol{\Theta}_{\mathrm{ac}}$ 完成方位压缩；$\boldsymbol{F}_{\mathrm{a}}$ 和 $\boldsymbol{F}_{\mathrm{r}}$ 为慢时间和快时间域的傅里叶变换；$\boldsymbol{F}_{\mathrm{a}}^{-1}$ 和 $\boldsymbol{F}_{\mathrm{r}}^{-1}$ 为慢时间和快时间域的逆傅里叶变换。迭代软阈值算法的表达式为

$$\boldsymbol{Z}^{k+1} = H_{\lambda,\mu,q}[\boldsymbol{Z}^{k} + \mu I(\boldsymbol{H}^{\mathrm{T}}(\boldsymbol{Y} - \boldsymbol{H}C(\boldsymbol{Z}^{k})))] \tag{3.77}$$

式中：为了保证算法的收敛，一般要求 λ 和 μ 分别满足严格的数学条件。假设 SAR 发射 LFM 波形，方位向欠采样率为 10%，场景中设置 9 个点目标，其余参数与表 3.1 一致。如图 3.8 所示，稀疏微波成像方法获取了 9 个点目标的图像。

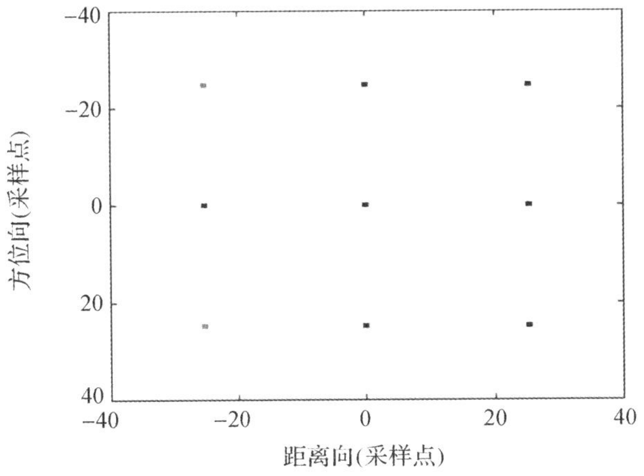

图 3.8　点目标单通道稀疏微波成像（10%）

3.4.2 多通道稀疏微波成像

在捷变频 SAR 中，随着频点的增加，各频点的对应数据量将会减少。然而，若采用一个频点数据进行稀疏微波成像，则可能由于数据量不足而失败。针对上述问题，本节阐述利用多频点数据进行稀疏微波成像，后面章节也称为多通道 SAR 稀疏成像方法。首先基于欠采样原理，分析了不同载频目标和方位向模糊分量的位置关系，提出了一种多通道融合 SAR 稀疏成像方法；其次，分析了不同频点得到的目标相位关系，并提出一种多通道 SAR 稀疏成像相位补偿方法。

3.4.2.1 多通道 SAR 稀疏成像

多通道 SAR 成像方法包括两个步骤，①重构回波多普勒历程；②利用单通道 SAR 成像方法处理重构数据。然而，频率捷变 SAR 中，通道的多普勒历程存在差异，难以得到无模糊方位多普勒重构数据。因此，本节直接基于多频率通道数据进行 SAR 稀疏成像，其模型为

$$\hat{Z} = \underset{Z}{\operatorname{argmin}} \sum_{i} \| \boldsymbol{Y}_i - \boldsymbol{H}_i C_i(\boldsymbol{Z}) \|_2^2 + \mu \| \boldsymbol{Z} \|_q \tag{3.78}$$

式中：算子 $C_i(\boldsymbol{X})$ 和 $I_i(\boldsymbol{X})$ 分别为第 i 个频率通道基于 chirp scaling 算法对应的逆成像和成像算子，其可根据第 i 个频率通道的多普勒等成像参数分别利用式（3.75）和式（3.76）得到。相应的迭代表达式如下：

$$\boldsymbol{Z}^{k+1} = H_{\lambda,\mu,q}\left[\boldsymbol{Z}^k + \mu \sum_i I_i(\boldsymbol{H}_i^{\mathrm{T}}(\boldsymbol{Y}_i - \boldsymbol{H}_i C_i(\boldsymbol{Z}^k)))\right] \tag{3.79}$$

式中：第 i 个频率通道的采样数据如下：

$$\boldsymbol{Y}_i = \boldsymbol{H}_i C(\boldsymbol{Z}) + \boldsymbol{N}_i \tag{3.80}$$

通过对式（3.80）左右两侧使用成像算子，则可以表示为

$$\boldsymbol{Z}_{\mathrm{MF}\_i} = I_i(\boldsymbol{H}_i C_i(\boldsymbol{Z})) + \boldsymbol{N}_{0i} \tag{3.81}$$

式中：$\boldsymbol{Z}_{\mathrm{MF}\_i} = I_i(\boldsymbol{Y}_i)$ 表示第 i 个频率通道的欠采样数据匹配滤波 SAR 成像结果。因此，单通道稀疏恢复问题可以等价为

$$\hat{\boldsymbol{Z}} = \underset{\boldsymbol{X}}{\operatorname{argmin}} \sum_i \| \boldsymbol{Z}_{\mathrm{MF}\_i} - I_i(\boldsymbol{H}_i C_i(\boldsymbol{Z})) \|_{\mathrm{F}}^2 + \mu_1 \| \boldsymbol{Z} \|_q^q \tag{3.82}$$

此时，迭代表达式为

$$\boldsymbol{Z}^{k+1} = H_{\lambda,\mu,q}\left[\boldsymbol{Z}^k + \mu \sum_i I_i(\boldsymbol{H}_i^{\mathrm{T}} C_i(\boldsymbol{Z}_{\mathrm{MF}\_i} - I_i(\boldsymbol{H}_i C_i(\boldsymbol{Z}^k))))\right] \tag{3.83}$$

由于逆成像算子和成像算子都是线性的，因此可以将式（3.83）进一步分解为

$$\boldsymbol{Z}^{k+1}=H_{\lambda,\mu,q}\left[\boldsymbol{Z}^{k}+\mu\sum_{i}I_{i}(\boldsymbol{H}_{i}^{\mathrm{T}}C_{i}(\boldsymbol{Z}_{\mathrm{MF}\_i}))-\mu\sum_{i}I_{i}(\boldsymbol{H}_{i}^{\mathrm{T}}C_{i}(I_{i}(\boldsymbol{H}_{i}C_{i}(\boldsymbol{Z}^{k}))))\right] \tag{3.84}$$

此外，由于成像算子和逆成像算子之间关系满足 $I_i(\boldsymbol{Z})=C_i^{-1}(\boldsymbol{Z})$，式（3.84）第二项为 $I_i(\boldsymbol{H}_i^{\mathrm{T}}C_i(\boldsymbol{Z}_{\mathrm{MF}\_i}))=\boldsymbol{Z}_{\mathrm{MF}\_i}$。

$$\boldsymbol{Z}^{k+1}=H_{\lambda,\mu,q}\left[\boldsymbol{Z}^{k}+\mu\sum_{i}\boldsymbol{Z}_{\mathrm{MF}\_i}-\mu\sum_{i}I_{i}(\boldsymbol{H}_{i}C_{i}(\boldsymbol{Z}^{k}))\right] \tag{3.85}$$

式中：第三项表示基于第 k 次迭代稀疏恢复的场景数据，其首先利用逆成像算子生成回波，再利用各通道欠采样矩阵进行处理，最后利用欠采样数据成像。由于方位欠采样数据不会对成像目标的位置和相位造成影响，忽略各通道模糊分量影响，可假设每个通道恢复出来的目标位置和相位与第 k 次稀疏恢复的图像中的目标基本一致。而第二项中，不同通道成像算子差异导致 $\boldsymbol{Z}_{\mathrm{MF}\_i}$ 的差异性。结合式（3.84），分别利用各通道 $\boldsymbol{Z}_{\mathrm{MF}\_i}$ 稀疏恢复得到的场景是存在差异的，即各通道稀疏恢复可表示为如下方程组形式：

$$\begin{cases}\boldsymbol{Z}_{\mathrm{MF}\_1}=I_1(\boldsymbol{H}_1C_1(\boldsymbol{Z}_1))+\boldsymbol{N}_{01}\\ \boldsymbol{Z}_{\mathrm{MF}\_2}=I_2(\boldsymbol{H}_2C_2(\boldsymbol{Z}_2))+\boldsymbol{N}_{02}\\ \quad\vdots\\ \boldsymbol{Z}_{\mathrm{MF}\_I}=I_I(\boldsymbol{H}_IC_I(\boldsymbol{Z}_I))+\boldsymbol{N}_{0I}\end{cases} \tag{3.86}$$

由于各通道最优稀疏解不一致，此时直接将多个通道模型欠采样数据进行SAR稀疏成像得到是次优解。因此，利用多个通道数据提高稀疏恢复成像性能的重要前提是解决各通道稀疏解的一致性，即保证各通道 $\boldsymbol{Z}_{\mathrm{MF}\_i}$ 的相参性。例如，在传统SAR中，各个通道成像算子和回波仿真算子一致，所以各通道可以直接组合。利用多通道数据提高稀疏恢复性能的关键是多通道的稀疏解的一致性，即多通道的近似观测模型可以写成以下形式：

$$\begin{cases}\boldsymbol{Y}_1=\boldsymbol{H}_1C_1(\boldsymbol{Z})+\boldsymbol{N}_1\\ \boldsymbol{Y}_2=\boldsymbol{H}_2C_2(\boldsymbol{Z})+\boldsymbol{N}_2\\ \quad\vdots\\ \boldsymbol{Y}_I=\boldsymbol{H}_IC_I(\boldsymbol{Z})+\boldsymbol{N}_I\end{cases} \tag{3.87}$$

为解决不同频率通道数据之间的相参性问题，对不同频点数据成像后目标、方位模糊分量位置关系，以及成像后的目标相位关系进行分析。下文将基于 chirp scaling 成像方法分别详细阐述上述三个关键问题。

3.4.2.2 目标位置分析

以 chirp scaling 算法为例，点目标成像结果为

$$S(\tau,\eta)=Ap_{\mathrm{r}}\left(\tau-\frac{2R_0}{cD(f_{\eta\mathrm{c}},V,\lambda)}\right)\cdot p_{\mathrm{a}}(\eta-\eta_{\mathrm{c}})\exp(\mathrm{j}\theta(\tau,\eta)) \tag{3.88}$$

式中：第三项指数项表示点目标图像的相位，即

$$\exp(\mathrm{j}\theta(\tau,\eta))=\exp\left(-\mathrm{j}\frac{4\pi f_{\mathrm{c}}R_0}{cD(f_{\eta\mathrm{c}},V,\lambda)}\right)\exp(-\mathrm{j}2\pi f_{\eta\mathrm{c}}(\eta-\eta_{\mathrm{c}})) \tag{3.89}$$

点目标成像后的距离徙动量由场景最短中心斜距和徙动因子决定。其中，徙动因子也可以化简为关于斜视角的函数：

$$D(f_{\eta\mathrm{c}},V,\lambda)=\sqrt{1-\frac{\lambda^2f_{\eta\mathrm{c}}^2}{4V^2}}=\sqrt{1-\sin^2\theta_{\mathrm{rc}}} \tag{3.90}$$

由于假设 SAR 等效斜视角是不变的，不同频率通道成像得到的目标位置相同。因此，就目标位置而言，可以通过频率多通道数据实现目标相参积累。

3.4.2.3 方位模糊分量分析

对第 i 个频率通道而言，当工作在满采样条件下时，其方位向多普勒历程可以近似等效为慢时间的线性关系，其可近似为

$$f_{\mathrm{d},i}(x,y,\eta)=\frac{2f_iV}{cR_{\mathrm{c}}(x,y)}y-\frac{2f_iv^2\eta}{cR_{\mathrm{c}}(x,y)} \tag{3.91}$$

式中：f_i 为该频率通道载频，点目标多普勒历程对应的 LFM 函数为

$$y_i(\eta)=w(\eta-\mathrm{TL}_i)\exp(\mathrm{j}\pi Ka_i\eta^2) \tag{3.92}$$

式中：TL_i 为慢时间域欠采样周期。假设慢时间域等效的欠采样周期为 $T_{\mathrm{sa},i}$，该采样周期大于 SAR 脉冲重复周期。等效采样信号为

$$q_i(\eta)=\mathrm{rect}\left(\frac{\eta}{TL_i}\right)*\sum_{-\infty}^{\infty}\delta(\eta-nT_{\mathrm{sa},i}) \tag{3.93}$$

而慢时间欠采样信号为

$$z_i(\eta)=y_i(\eta)q_i(\eta) \tag{3.94}$$

为了简化分析，忽略指数项，则欠采样信号方位向匹配滤波结果为

$$\begin{aligned} Z_i(\eta) = \sum_{n=-\infty}^{\infty}\Bigg\{&\frac{1}{2}\operatorname{sinc}\left(\frac{n\pi}{2}\right)\left(1-\frac{|\eta|}{\mathrm{TL}_i}\right)\exp(\mathrm{j}n\pi f_{\mathrm{sa},i}\eta) \\ &\operatorname{sinc}[\pi(nf_{\mathrm{sa},i}+Ka_i\eta)(\mathrm{TL}_i-|\eta|)]\Bigg\} \end{aligned} \tag{3.95}$$

式中：$f_{\mathrm{sa},i}$表示第 i 个频点对应的欠采样频率。

方位第一模糊分量与目标之间的距离为

$$\Delta x_{\mathrm{a}}=v\frac{f_{\mathrm{sa},i}}{\Delta f_{\mathrm{d}}}\mathrm{TL}_i \tag{3.96}$$

$\eta=nf_{\mathrm{sa},i}/Ka_i$ 第 i 和 j 个频点成像后第一模糊分量之间的距离为

$$\Delta y_{ij}=v\frac{f_{\mathrm{sa},i}}{\Delta f_{\mathrm{d}}}\mathrm{TL}_i-v\frac{f_{\mathrm{sa},j}}{\Delta f_{\mathrm{d}}}\mathrm{TL}_j \tag{3.97}$$

由于 SAR 频率捷变后多普勒带宽可近似不变，而合成孔径时间则由于波束角的变化差异较大。假设慢时间等效采样频率相同，则不同频点目标成像后的第一模糊分量之间位置不同。因此，不同频率通道数据成像后的方位向模糊分量由于位置差异无法积累。

3.4.2.4　目标相位分析与补偿

在 SAR 成像中，扩展面目标的回波为

$$\begin{aligned} S(\tau,\eta) = \iint &A\sigma(x',y')p_{\mathrm{r}}\left(\tau-\frac{2R_0(x')}{cD(f_{\eta\mathrm{c}},V,\lambda)}\right) \\ &p_{\mathrm{a}}(\eta-\eta_{\mathrm{c}})\exp(\mathrm{j}\theta(\tau,\eta))\mathrm{d}x'\mathrm{d}y' \end{aligned} \tag{3.98}$$

因此，不同位置目标的相位相互影响。对车辆舰船等强散射目标而言，可以忽略其他位置目标对这些强散射点目标的相位影响。由式（3.97）可知，目标聚焦成像后相位与目标位置、载频和方位多普勒中心频率相关，其中相位与载频关系为

$$\theta(\tau,\eta)=\left[\frac{4V\eta\sin\theta_{\mathrm{rc}}}{c}-\frac{4R_0}{c\cos\theta_{\mathrm{rc}}}\right]\pi f \tag{3.99}$$

此外，由于点目标成像结果的相位不受慢时间影响，所以不同频率通道下成像结果的相位差异主要由式（3.99）的频率变化差异引起。假设三个频率通道对应的频点分别为 $f_{\mathrm{c}}-\Delta f$、f_{c} 和 $f_{\mathrm{c}}+\Delta f$，那么第一和第二频率通达之间的相位差值可以表示为

$$\left[\frac{4V\eta\sin\theta_{\mathrm{rc}}}{c}-\frac{4R_0}{c}\right]\pi\Delta f \tag{3.100}$$

而第二和第三个频率通道之间的相位差为

$$-\left[\frac{4V\eta\sin\theta_{\mathrm{rc}}}{c}-\frac{4R_0}{c}\right]\pi\Delta f \tag{3.101}$$

相较于基准频率通道 f_c 而言，上述相位差相反。不妨假设基准频率通道的相位为0，而频率通道 $f_c-\Delta f$ 和 $f_c+\Delta f$ 处相位为 ϑ 和 $-\vartheta$，$0<\vartheta\leqslant 2\pi$。两个频率通道直接融合后的点目标增益可以表示为 $1+\cos\vartheta+\mathrm{j}\sin\vartheta$，若 $\vartheta=\pi$ 时，点目标融合后的相位幅度为0，这意味着使用双频率通道数据融合稀疏成像时，将无法避免目标对消情况。三个频率通道直接积累后的相位可以表示为 $1+2\cos\vartheta$，此时仍然存在对消情况。在频率通道 $f_c+\Delta f$ 处的回波整体补偿相位 π，三通道经过积累后的相位可以表示为 $|1+2\mathrm{j}\sin\vartheta|$。图3.9所示为随着 ϑ，三通道积累后目标幅度放大倍数。由图可知，在相位补偿前，当 $\pi/2<\vartheta<3\pi/2$ 时三个频率通道积累后目标幅度减弱，而其余目标相位可以得到积累增强，且最大积累倍数为3倍。相位补偿后，无论目标相位差值如何变化，目标总是能够得到积累，且积累的倍数最大可达 $\sqrt{5}$ 倍。

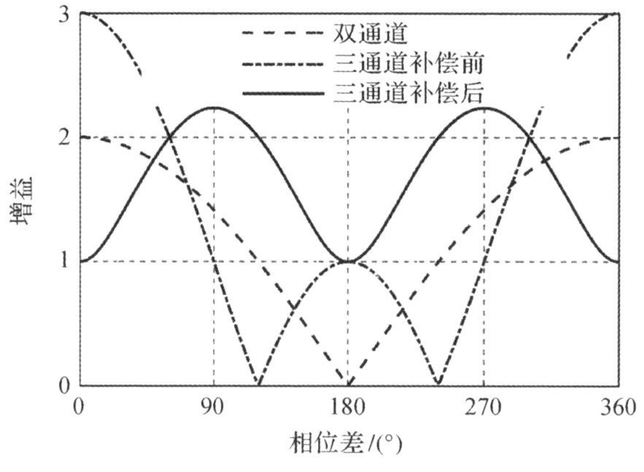

图3.9　三通道相位补偿前后幅度增益示意图

综上所述，通过相位补偿后各通道成像的目标可以得到积累增强，而方位模糊分量由于位置差异无法积累。基于此，可通过正则化得稀疏微波成像方法将方位模糊分量与弱背景抑制，而实现对感兴趣稀疏目标的成像，其稀疏成像模型为

$$\begin{cases} \boldsymbol{Y}_1 = \boldsymbol{H}_1 C_1(\boldsymbol{Z}_1) + \boldsymbol{N}_1 \\ \boldsymbol{Y}_2 = \boldsymbol{H}_2 C_2(\boldsymbol{Z}_2) + \boldsymbol{N}_2 \\ \exp(\mathrm{j}\pi)\boldsymbol{Y}_3 = \boldsymbol{H}_3 C_3(\boldsymbol{Z}_3) + \boldsymbol{N}_3 \end{cases} \tag{3.102}$$

假设 SAR 载频分别为 5.25GHz、5.3GHz 和 5.35GHz，各频点的欠采样率分别为 10%。选择 radarsat－1 舰船数据构建稀疏场景，其原始图像如图 3.10（a）所示，三通道稀疏微波成像结果如图 3.10（b）和图 3.10（c）所示。由于方位向的欠采样影响，三通道稀疏微波成像结果方位向均存在鬼影。相位补偿前舰船结构被破坏，图像为明显交替条纹状。而相位补偿后，舰船目标图像结构更加连续。

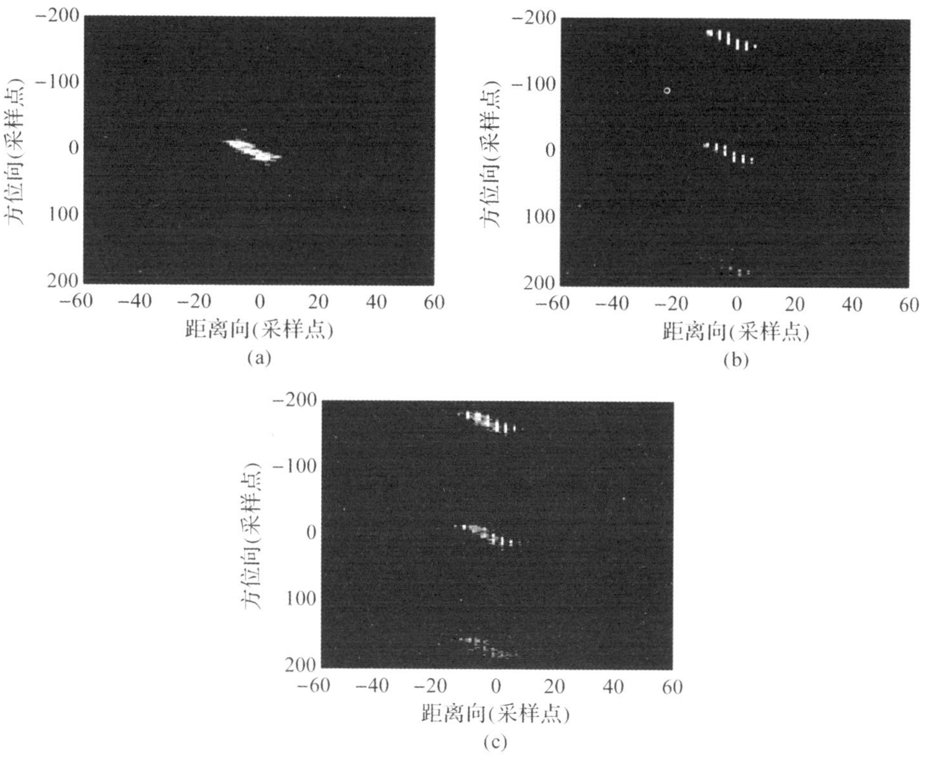

图 3.10　捷变波形 SAR 点目标成像结果

（a）原始图像；（b）直接三通道稀疏微波成像；

（c）相位补偿后三通道稀疏微波成像。

3.5 SAR 图像质量

SAR 的图像评估主要包括分辨能力、PSLR 和 ISLR 三个方面，分别与 SAR 分辨率、对弱目标成像能力和扩展目标创新能力相关。

在经过距离和方位聚焦得到的 SAR 图像中，通常使用分辨率来刻画区分两个目标最小间距能力。在传统 LFM 波形 SAR 中，理想点目标的距离和方位切片均为辛格函数，分辨率可以定义为辛格函数的 3dB 宽度，例如距离向的分辨率为 $c/2B$。在相位编码或噪声波形 SAR 中，其方位向分辨能力仍为辛格函数的 3dB 宽度。由于相位编码和噪声波形脉压输出不是辛格函数，因此，距离向分辨率需根据其匹配滤波或非匹配滤波输出的 3dB 宽度描述。在稀疏微波成像中，理想点目标的成像结果不再是带限信号，传统基于冲激函数 3dB 宽度计算分辨方法不再适用，且其分辨率定义为区分两个散射点之间最小距离。

PSLR 是指最大副瓣功率 P_s 和主瓣功率 P_m 之比，其以分贝（dB）表示。

$$\mathrm{PSLR} = 10\lg\left(\frac{P_s}{P_m}\right) \tag{3.103}$$

在 LFM 波形 SAR 中，点目标匹配滤波成像距离向和方位向 PSLR 为 -13.3dB。随着对图像质量要求的提高，SAR 的 PSLR 通常要求小于 -30dB，通过对 LFM 波形加锐化窗函数处理可使得 PSLR 满足该要求。而相位编码波形则可以通过优化处理方法使 PSLR 远小于 -30dB。

ISLR 定义为旁瓣功率和主瓣功率之比，即

$$\mathrm{ISLR} = 10\lg\left(\frac{P_t - P_m}{P_m}\right) \tag{3.104}$$

式中：P_t 为总功率。LFM 波形 SAR 匹配滤波成像结果中，ISLR 的典型值约为 -10dB。而非线性调频波形和相位编码波形 SAR 的成像结果中，ISLR 可达到更低水平。

除此之外，目标背景比定义为强目标峰值与背景平均能量比，进而描述强散射目标在其周围背景中的突出程度。均方误差则指成像结果和真实场景后向散射系数图像之间的均方误差，描述成像结果和真实场景之间的偏离程度。

3.6　本章小结

本章介绍了 SAR 基础理论、成像方法和性能评估三个方面的内容。首先介绍了 SAR 距离向信号和成像几何模型等相关内容，特别指出了 SAR 波形基本参数设计原则；然后以条带 SAR 为例，分别介绍了非捷变波形 SAR、捷变波形 SAR 和脉间频率捷变 SAR 的成像方法；最后，介绍了 SAR 成像的评估方法，并指出了不同波形 SAR 成像之间的差异。

第4章 SAR相参干扰

本章首先介绍 SAR 相参干扰原理，然后对典型 SAR 相参干扰信号建模，并基于 LFM 波形详细分析相参干扰成像原理以及干扰图像特性，最后总结 SAR 相参干扰特性。

基于射频存储转发技术的 SAR 相参干扰包括截获、调制和转发三个过程，其系统原理如图 4.1 所示。相参干扰通过获得部分或全部 SAR 成像处理增益，从而形成稳健干扰图像，并降低干扰功率需求。因此，实现相参干扰关键之一是截获 SAR 脉冲信号，包括部分脉冲信号截获和全脉冲完整信号截获。例如，间歇采样转发干扰机以低速率采样截获部分 SAR 脉冲信号并转发，而移频干扰、有源运动调制干扰和卷积调制干扰机则需截获完整的 SAR 脉冲信号。

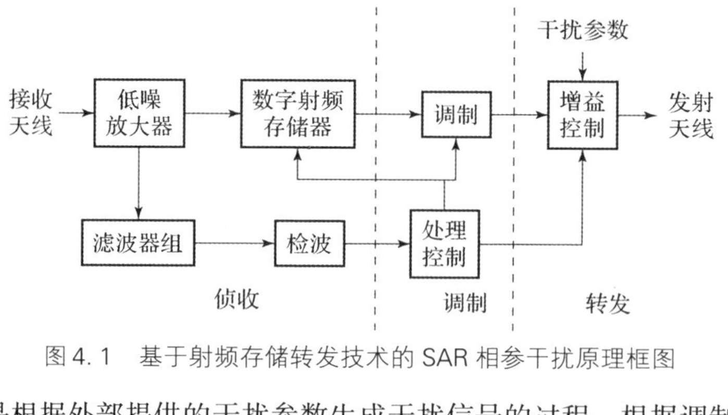

图 4.1　基于射频存储转发技术的 SAR 相参干扰原理框图

调制是根据外部提供的干扰参数生成干扰信号的过程。根据调制方式的差异，典型的有源相参干扰则可以分为间歇采样转发干扰、移频干扰、有源运动调制干扰、卷积调制干扰以及基于上述四种样式的复合调制干扰技术。其中，干扰参数是干扰方根据战情和预期干扰效果需要为干扰机提供的外部参数，也是进一步区分相参干扰类型的重要依据。例如，在间歇采样转发干扰中，根据转发方式，可以将其分为间歇采样直接转发干扰、间歇采样重复转发干扰和间歇采样循环转发干扰。根据移频量随慢时间的变化规则可将其分为固定移频、步进移频和随机移频干扰。根据方位慢时间附加相位特性的差异，有源运动调制干扰则可以分为微动调制干扰、匀速运动调制干扰和匀加速运动调制干扰等。卷积调制干扰中根据提供的干扰模板则可以区分为大场景欺骗干扰和灵巧噪声压制干扰等。

转发过程是将干扰机生成的信号通过数模变换、滤波和上变频等处理过程实现干扰信号的发射，其关键参数为转发次数。

4.1　SAR 相参干扰信号模型

SAR 和干扰机以及成像场景的空间三维关系如图 4.2 所示。场景内存在一转发式干扰机，其坐标为(x_j, y_j, z_j)，通过截获 SAR 信号并调制形成相参干扰信号，然后转发使干扰信号进入 SAR 接收机中，意图形成欺骗或压制的干扰效果。随着 SAR 平台运动，SAR 平台到干扰机的瞬时斜距为

$$R_j(\eta) = \sqrt{x_j^2 + + (V\eta - y_j)^2 (H - z_j)^2} \tag{4.1}$$

假设 SAR 干扰机处在空置状态，即干扰机仅截获和转发 SAR 信号而不调制，此时的干扰机可看作一个特殊的散射点。忽略干扰机和 SAR 波束引入的幅度调制，则经过下变频后 SAR 接收的归一化相参干扰信号为

$$\begin{aligned} s_j(\tau,\eta) = {} & w_r\left(\tau - \frac{2R_j(\eta)}{c}\right) w_a(\eta - \eta_{jc}) \\ & x\left(\eta - \frac{2R_j(\eta)}{c}\right) \exp\left(-j\pi f_c \frac{4R_j(\eta)}{c}\right) \end{aligned} \tag{4.2}$$

式中：η_{jc}表示干扰机方位中心时刻。

此外，在考虑干扰机截获、调制和转发三个过程推导 SAR 接收的干扰信号，并由此给出移频干扰、间歇采样转发干扰、有源运动调制干扰和卷积调制干扰信号模型。SAR 发射信号到干扰机截获过程经过了单程的时延，因此，干扰机截获的 SAR 脉冲信号为

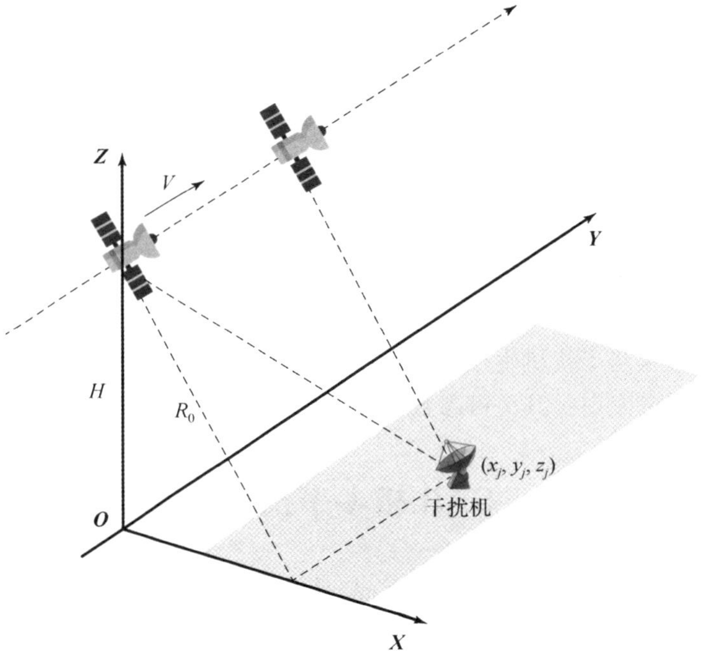

图 4.2　雷达和干扰机空间几何关系图

$$s_{\mathrm{j}}(\tau,\eta)=w_{\mathrm{r}}\left(\tau-\frac{R_{\mathrm{j}}(\eta)}{c}\right)w_{\mathrm{a}}(\eta-\eta_{\mathrm{jc}})\,x\left(\tau-\frac{R_{\mathrm{j}}(\eta)}{c}\right)\exp\left(\mathrm{j}2\pi f_{\mathrm{c}}\left(\tau-\frac{R_{\mathrm{j}}(\eta)}{c}\right)\right) \tag{4.3}$$

4.1.1　间歇采样转发干扰

间歇采样转发干扰机检测到 SAR 信号上升沿后，以低速率采样信号 $p(\tau)$ 对其进行间歇采样转发处理，如此循环重复上述过程，直至 SAR 信号结束。通常而言，间歇采样函数是脉宽为 τ_{isrj}、重复周期为 T_{isrj} 的矩形脉冲串，即

$$p(\tau)=\mathrm{rect}\left(\frac{\tau}{\tau_{\mathrm{isrj}}}\right)*\sum_{-\infty}^{+\infty}\delta(\tau-nT_{\mathrm{isrj}}) \tag{4.4}$$

如图 4.3 所示，脉宽为 T_{p} 的 SAR 信号被间歇采样为多段干扰信号。由于干扰机检测是否侦收到信号而采样的过程等效于附加时延效应，因此间歇采样信号为

$$p\left(\tau-\frac{R_{\mathrm{j}}(\eta)}{c}\right) \tag{4.5}$$

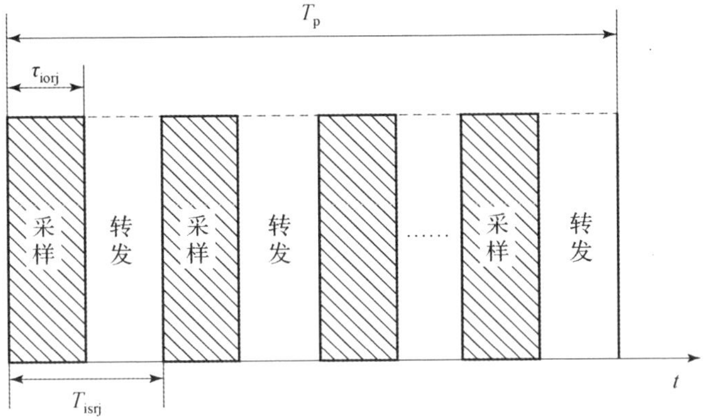

图4.3 间歇采样转发干扰示意图

间歇采样转发干扰机截获信号为

$$s_{rj}(\tau,\eta)=w_r\left(\tau-\frac{R_j(\eta)}{c}\right)x\left(\tau-\frac{R_j(\eta)}{c}\right)p\left(\tau-\frac{R_j(\eta)}{c}\right) \tag{4.6}$$

考虑干扰机采样时延 τ_j，以及干扰信号至SAR的单程时延，SAR接收间歇采样干扰信号为

$$\begin{aligned}s_{isrj}(\tau,\eta)=&w_r\left(\tau-\frac{2R_j(\eta)}{c}-\tau_j\right)w_a(\eta-\eta_{jc})\\&x\left(\tau-\frac{2R_j(\eta)}{c}-\tau_j\right)p\left(\tau-\frac{2R_j(\eta)}{c}-\tau_j\right)\\&\exp\left(-j2\pi f_c\left(\frac{2R_j(\eta)}{c}+\tau_j\right)\right)\end{aligned} \tag{4.7}$$

4.1.2 移频干扰

干扰机截获到SAR信号后，将SAR信号作移频处理，其中移频量随慢时间变化，即 $\Delta f(\eta)$。根据移频干扰的频移量和慢时间的关系，移频干扰可以分为固定移频干扰、随机移频干扰和步进移频干扰等。其中，固定移频干扰的频移量不随慢时间变化，因而可用 Δf_d 表示。而随机移频干扰的频移量随慢时间变化函数如下：

$$\Delta f(\eta)=a+(b-a)\mathrm{rand}(0,1) \tag{4.8}$$

式中：rand(0,1)为取［0,1］范围内的随机数；a 和 b 为移频量的下界和上界。步进移频干扰的频移量随慢时间变化函数为

$$\Delta f(\eta) = a + (b - a)\frac{\mathrm{mod}(\eta, T_{\mathrm{fd}})}{T_{\mathrm{fd}}} \tag{4.9}$$

式中：$\mathrm{mod}(\eta, T_{\mathrm{fd}})$表示慢时间 η 对移频周期 T_{fd} 取余。经过移频调制后的信号为

$$s_{\mathrm{sfj}}(\tau,\eta) = s_{\mathrm{j}}(\tau,\eta)\exp\left(\mathrm{j}2\pi\Delta f(\eta)\left(\tau - \frac{R_{\mathrm{j}}(\eta)}{c}\right)\right) \tag{4.10}$$

此外，考虑干扰机时延 τ_{j}，则 SAR 接收移频干扰信号为

$$\begin{aligned} y_{\mathrm{sfj}}(\tau,\eta) = {} & w_{\mathrm{r}}\left(\tau - \frac{2R_{\mathrm{j}}(\eta)}{c} - \tau_{\mathrm{j}}\right)x\left(\tau - \frac{2R_{\mathrm{j}}(\eta)}{c} - \tau_{\mathrm{j}}\right) \\ & w_{\mathrm{a}}(\eta - \eta_{\mathrm{jc}})\exp\left(\mathrm{j}2\pi\Delta f(\eta)\left(\tau - \frac{2R_{\mathrm{j}}(\eta)}{c} - \tau_{\mathrm{j}}\right)\right) \\ & \exp\left(-\mathrm{j}2\pi f_{\mathrm{c}}\left(\frac{2R_{\mathrm{j}}(\eta)}{c} + \tau_{\mathrm{j}}\right)\right) \end{aligned} \tag{4.11}$$

4.1.3 有源运动调制干扰

有源运动调制干扰在截获信号中调制随慢时间变化的相位，使得干扰信号呈现出与运动目标类似的多普勒历程，进而在 SAR 图像中产生类似运动目标的干扰效果。假设干扰机调制的相位随慢时间变换的关系为 $\phi(\eta)$，根据调制相位的特性可分为微动干扰和有源运动调制干扰。其中，微动干扰的调制相位函数为

$$\phi(\eta) = \exp(\mathrm{j}\beta_{\mathrm{m}}\cos(\omega_{\mathrm{m}}\eta)) \tag{4.12}$$

式中：β_{m} 和 ω_{m} 分别为调制系数和微动频率。有源运动调制的相位为

$$\phi(\eta) = \exp(\mathrm{j}(k_1\eta + k_2\eta^2 + k_3\eta^3 + k_4\eta^4)) \tag{4.13}$$

式中：k_m 表示 m 次调制系数，且表达式如下：

$$k_1 = -\frac{2k(x_{\mathrm{j}}v_x + y_{\mathrm{j}}v_y)}{R_0} \tag{4.14}$$

$$k_2 = -\frac{k(v_x^2 + v_y^2 - 2v_xv_y + x_{\mathrm{j}}a_x + y_{\mathrm{j}}a_y)}{R_0} \tag{4.15}$$

$$k_3 = -\frac{k(v_xa_x - va_x + v_ya_y)}{R_0} \tag{4.16}$$

$$k_4 = -\frac{k(a_x^2 + a_y^2)}{4R_0} \tag{4.17}$$

式（4.14）~式（4.17）中：$k = 2\pi f_{\mathrm{c}}/c$；$v_x$、$v_y$、$a_x$ 和 a_y 分别为地距和方位向

的速度和加速度。当地距和方位向加速度项为零时，式（4.13）模拟匀速直线运动。考虑干扰机的时延，有源运动调制干扰信号为

$$y_{m}(\tau,\eta)=w_{r}\left(\tau-\frac{2R_{j}(\eta)}{c}-\tau_{j}\right)w_{a}(\eta-\eta_{jc})$$
$$x\left(\tau-\frac{2R_{j}(\eta)}{c}-\tau_{j}\right)\phi(\eta)$$
$$\exp\left(-j2\pi f_{c}\left(\frac{2R_{j}(\eta)}{c}+\tau_{j}\right)\right) \tag{4.18}$$

4.1.4　卷积调制干扰

卷积调制干扰将截获的 SAR 信号与干扰模板卷积调制后转发，其中干扰模板为实际场景或噪声，以期实现欺骗或压制干扰效果。假设干扰冲激响应为 $hh_{cmj}(\tau,\eta)$，调制后的干扰信号为

$$s_{cmj}(\tau,\eta)=s_{j}(\tau,\eta)\otimes hh_{cmj}(\tau,\eta) \tag{4.19}$$

考虑干扰机时延，SAR 接收卷积调制干扰信号为

$$y_{cmj}(\tau,\eta)=s_{j}(\tau,\eta)\otimes hh_{cmj}(\tau,\eta)\otimes\delta\left(\tau-\tau_{j}-\frac{R_{j}(\eta)}{c}\right) \tag{4.20}$$

干扰模板决定了最终干扰的效果，推导不同模板的干扰冲激响应。在灵巧噪声干扰中，干扰机可通过卷积随慢时间变化的噪声信号形成干扰信号，灵巧噪声干扰系统冲激函数为随慢时间变化的噪声函数。同时，可设计干扰噪声模板实现特定的形状和大小压制干扰效果。例如，通过设计噪声模板的快时间宽度，可以控制 SAR 干扰图像距离向的宽度，而通过设计噪声模板的慢时间域带宽则可以控制方位向压制范围。

图 4.4 所示，以 S 为原点建立三维坐标系。假设卷积调制干扰在中心位置 $S(x_{s},y_{s},z_{s})$ 处的位置形成欺骗干扰效果，则理想情况下干扰机调制生成的干扰信号为干扰模板的空间积分形式：

$$y_{S}(\tau,\eta)=s(\tau)\otimes\iiint\sigma(u',v',w')\delta\left(\tau-\frac{2R_{S}(\eta,u',v',w')}{c}\right)$$
$$w_{a}(\eta-\eta_{aS}-\eta_{v'})\,d\Omega_{S} \tag{4.21}$$

式中

$$R_{S}(\eta,u',v',w')=\sqrt{(x_{S}+u')^{2}+(H-y_{S}-w')^{2}+(V_{r}\eta-z_{S}-v')^{2}} \tag{4.22}$$

为保证干扰机在 S 点获得干扰效果，则干扰机调制生成的信号应与上述信

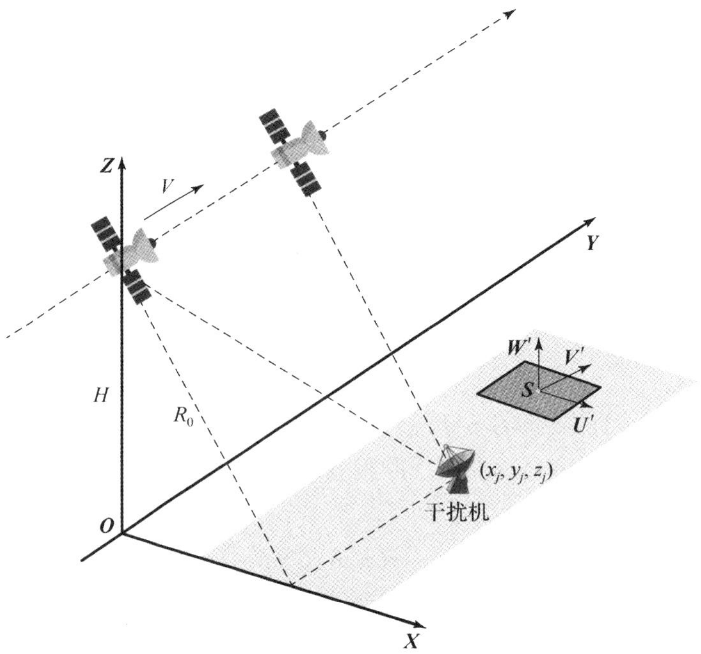

图 4.4　欺骗干扰态势图

号具有相同形式。因而，可以得到干扰机的冲激响应为

$$hh_{\mathrm{cmj}}(\tau,\eta)=\iiint\sigma(u',v',w')\delta\left(\tau-\frac{2\Delta R_{\mathrm{SJ}}(\eta,u',v',w')}{c}\right)w_{\mathrm{a}}(\eta-\eta_{\mathrm{aS}}-\eta_{v'})\mathrm{d}\Omega_{\mathrm{S}}\otimes\delta(\tau+\tau_{\mathrm{j}}) \tag{4.23}$$

式中：$\delta(\tau+\tau_{\mathrm{j}})$可以通过移频调制实现，且

$$\Delta R_{\mathrm{SJ}}(t_{\mathrm{a}})=R_{\mathrm{S}}(t_{\mathrm{a}},u',v',w')-R_{\mathrm{j}}(t_{\mathrm{a}}) \tag{4.24}$$

4.2　相参干扰 SAR 成像分析

本节基于距离多普勒成像算法分析上述典型相参干扰原理，结合成像结果分析干扰图像的特性及其与波形之间的关系，为抗干扰波形设计提供理论依据。

4.2.1　间歇采样转发干扰

根据转发方式，间歇采样转发干扰可以分为间歇采样直接转发干扰、间歇采样循环转发干扰和间歇采样重复转发干扰。不失一般性，以间歇采样直接转发干扰为例分析其干扰原理及特性。由间歇采样转发干扰信号模型可知其快时间相关项为

$$s_{\mathrm{isrj}}(\tau,\eta)=w_{\mathrm{r}}\left(\tau-\frac{2R_{\mathrm{j}}(\eta)}{c}-\tau_{\mathrm{j}}\right)x\left(\tau-\frac{2R_{\mathrm{j}}(\eta)}{c}-\tau_{\mathrm{j}}\right)p\left(\tau-\frac{2R_{\mathrm{j}}(\eta)}{c}-\tau_{\mathrm{j}}\right)\tag{4.25}$$

假设 SAR 发射脉冲信号 $w_{\mathrm{r}}(\tau)x(\tau)$ 的频谱为 $X(f)$，间歇采样脉冲串信号频谱为 $P(f)$。根据信号时域乘积与频域卷积之间的对应关系，间歇采样转发干扰信号 $w_{\mathrm{r}}(\tau)x(\tau)p(\tau)$ 频谱为

$$X_{\mathrm{p}}(f)=X(f)*P(f)\tag{4.26}$$

根据傅里叶变换基本性质，间歇采样信号傅里叶变换为若干个频域冲激函数加权之和，即

$$P(f)=\sum_{-\infty}^{+\infty}\tau_{\mathrm{isrj}}f_{\mathrm{isrj}}\mathrm{sinc}(n\pi f_{\mathrm{isrj}}\tau_{\mathrm{isrj}})\delta(f-nf_{\mathrm{isrj}})\tag{4.27}$$

由式（4.26）和式（4.27）可得间歇采样转发干扰信号频谱为

$$X_{\mathrm{p}}(f)=\sum_{-\infty}^{+\infty}\tau_{\mathrm{isrj}}f_{\mathrm{isrj}}\mathrm{sinc}(n\pi f_{\mathrm{isrj}}\tau_{\mathrm{isrj}})X(f-nf_{\mathrm{isrj}})\tag{4.28}$$

式（4.28）匹配滤波输出为

$$\mathrm{PC}(f)=\sum_{-\infty}^{+\infty}\tau_{\mathrm{isrj}}f_{\mathrm{isrj}}\mathrm{sinc}(n\pi f_{\mathrm{isrj}}\tau_{\mathrm{isrj}})X(f-nf_{\mathrm{isrj}})X^{*}(f)\tag{4.29}$$

由雷达模糊函数理论可知，$X(f-nf_{\mathrm{s}})X^{*}(f)$ 可视为多普勒频移为 nf_{s} 的目标回波匹配滤波输出的频谱。忽略时延项，根据时域信号乘积和频域信号卷积之间的对应关系，间歇采样转发干扰的快时间项脉冲压缩结果为

$$pc_{\mathrm{isrj}}(\tau,\eta)=\sum_{-\infty}^{+\infty}\tau_{\mathrm{isrj}}f_{\mathrm{isrj}}\mathrm{sinc}(n\pi f_{\mathrm{isrj}}\tau_{\mathrm{isrj}})\mathrm{ACF}(\tau,-nf_{\mathrm{isrj}})\tag{4.30}$$

因此，式（4.7）距离向匹配滤波输出为

$$y_{\mathrm{isrj}}(\tau,\eta)=w_{\mathrm{a}}(\eta-\eta_{\mathrm{jc}})\exp\left(-\mathrm{j}2\pi f_{\mathrm{c}}\left(\frac{2R_{\mathrm{j}}(\eta)}{c}+\tau_{\mathrm{j}}\right)\right)\sum_{-\infty}^{+\infty}f_{\mathrm{isrj}}\tau_{\mathrm{isrj}}\mathrm{sinc}(n\pi f_{\mathrm{isrj}}\tau_{\mathrm{isrj}})\mathrm{ACF}\left(\tau-\frac{2R_{\mathrm{j}}(\eta)}{c}-\tau_{\mathrm{j}},-nf_{\mathrm{isrj}}\right)\tag{4.31}$$

由于间歇采样干扰信号距离向脉冲压缩结果与干扰机的采样周期和占空比相关，而 SAR 成像处理中假目标的距离徙动量仅与干扰机位置相关，因而假目标在距离徙动校正后会存在残余误差。干扰机采样和转发引入的时延也会导致距离徙动校正的误差。另外，当假目标之间距离很小时，假目标的距离徙动量基本是一致的，残余误差可以忽略。在这一假设下，距离徙动校正后，距离向可近似为与快时间无关量 τ_0，式（4.31）可进一步表示为

$$y_{\mathrm{isrj2}}(\tau,\eta) = w_{\mathrm{a}}(\eta - \eta_{\mathrm{jc}})\exp\left(-\mathrm{j}2\pi f_{\mathrm{c}}\left(\frac{2R_{\mathrm{j}}(\eta)}{c} + \tau_{\mathrm{j}}\right)\right) \sum_{-\infty}^{+\infty} f_{\mathrm{isrj}}\tau_{\mathrm{isrj}}\mathrm{sinc}(n\pi f_{\mathrm{isrj}}\tau_{\mathrm{isrj}})\mathrm{ACF}(\tau - \tau_0, -nf_{\mathrm{isrj}}) \quad (4.32)$$

最后，忽略干扰机时延引入的固定相位和方位向脉冲压缩的常数相位，间歇采样转发干扰方位脉冲压缩结果为

$$y_{\mathrm{isrj3}}(\tau,\eta) = \mathrm{ACF}_{\mathrm{a}}(\eta - \eta_{\mathrm{jc}},0) \times \sum_{-\infty}^{+\infty} f_{\mathrm{isrj}}\tau_{\mathrm{isrj}}\mathrm{sinc}(n\pi f_{\mathrm{isrj}}\tau_{\mathrm{isrj}})\mathrm{ACF}(\tau - \tau_0, -nf_{\mathrm{isrj}}) \quad (4.33)$$

式（4.33）表明间歇采样转发干扰能够获得 SAR 的方位向成像处理增益，且距离向的成像处理增益由 LFM 波形的多普勒容限和辛格函数共同决定。由于 LFM 波形具有斜刀刃状模糊函数，且间歇采样频率远小于信号带宽，$\mathrm{ACF}(\tau-\tau_0,-nf_{\mathrm{isrj}})$ 仍可输出峰值。此外，由辛格函数特性可知，当 $n\pi f_{\mathrm{isrj}}\tau_{\mathrm{isrj}} = k\pi/2$ 时，辛格函数 $\mathrm{sinc}(n\pi f_{\mathrm{isrj}}\tau_{\mathrm{isrj}})$ 输出峰值。当 $n=0$，且 $k=0$ 时，间歇采样转发干扰匹配滤波输出零阶假目标，其成像处理增益与理想点目标成像处理增益之比为 $f_{\mathrm{isrj}}\tau_{\mathrm{isrj}}$。当 $|k|>0$ 时，由辛格函数特性可知，仅当下式成立的时候，第 n 阶目标才具有增益

$$n = \frac{k}{2f_{\mathrm{isrj}}\tau_{\mathrm{isrj}}} \quad (4.34)$$

当间歇采样转发干扰采用一发一收的工作模式时，即 $f_{\mathrm{isrj}}\tau_{\mathrm{isrj}} = 1/2$，相邻干扰假目标间距为

$$\Delta r = \frac{c}{2}\frac{f_{\mathrm{isrj}}T_{\mathrm{p}}}{B} \quad (4.35)$$

假设 SAR 成像参数如表 3.1 所列，场景中 1 部间歇采样转发干扰机对其实施干扰，其样式为间歇采样转发直接干扰。图 4.5 为间歇采样时宽 2μs 时，不同间歇采样周期下的干扰成像结果。间歇采样周期为 4μs 时，$f_{\mathrm{isrj}}\tau_{\mathrm{isrj}} = 1/2$，间歇采样转发干扰假目标距离向间距为 51.79m，且呈现等距离分布规律。间

歇采样周期为 6μs 时，$f_{\text{isrj}}\tau_{\text{isrj}}=1/3$，此时仅当 $n=3k/2$ 才能形成假目标，零阶假目标和第一阶假目标之间的间距为 34.65m。

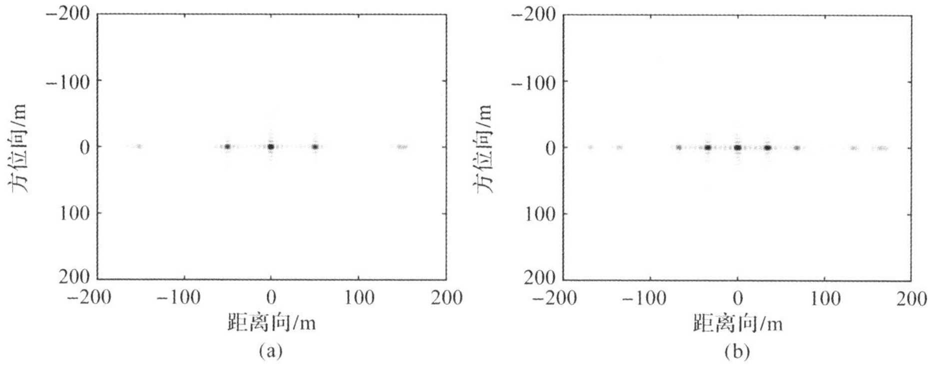

图 4.5　不同采样周期干扰图像

（a）间歇采样周期 4μs；（b）间歇采样周期 6μs。

假设间歇采样周期为 8μs，图 4.6 给出了不同间歇采样脉宽时干扰图像，其零阶和第一阶假目标之间的间距为 25.99m。相较于间歇采样时宽为 4μs 的情况，时宽为 2μs 时能够产生更密集假目标。

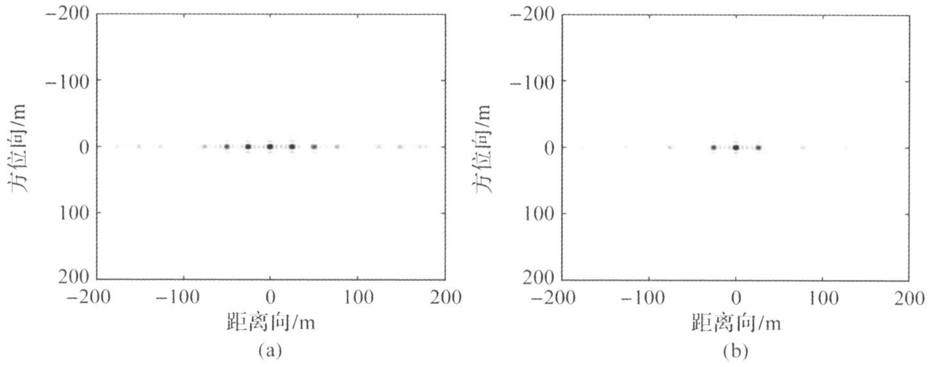

图 4.6　不同采样脉宽干扰图像

（a）间歇采样脉宽 2μs；（b）间歇采样脉宽 4μs。

间歇采样周期为 8μs，脉宽为 2μs，重复转发次数为 3，间歇采样重复转发干扰成像结果如图 4.7 所示。干扰图像中产生了三组密集假目标，相邻两组密集假目标之间的间距由转发时延和采样脉宽决定。假设干扰机相邻两次重复转发时延为 0μs，则相邻两组密集假目标中心距离为 300m。

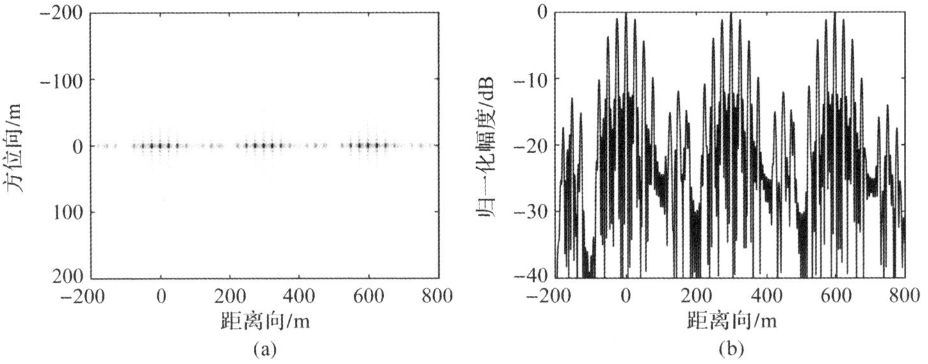

图 4.7　间歇采样重复转发干扰成像结果

（a）图像；（b）距离向切片。

4.2.2　移频干扰

移频干扰信号式（4.11）中快时间项为

$$s_{\mathrm{sfj1}}(\tau,\eta)=w_{\mathrm{r}}\left(\tau-\frac{2R_{\mathrm{j}}(\eta)}{c}-\tau_{\mathrm{j}}\right)x\left(\tau-\frac{2R_{\mathrm{j}}(\eta)}{c}-\tau_{\mathrm{j}}\right)\exp\left(\mathrm{j}2\pi\Delta f(\eta)\left(\tau-\frac{2R_{\mathrm{j}}(\eta)}{c}-\tau_{\mathrm{j}}\right)\right) \tag{4.36}$$

忽略距离方位耦合带来的二次距离压缩，距离向脉冲压缩滤波器为 $h(\tau)$，且匹配滤波情况下 $h(\tau)=w_{\mathrm{r}}(\tau)x^{*}(\tau)$。给定慢时刻，并忽略上述距离向相关信号时延，则距离向脉冲压缩结果可表示为复模糊函数形式：

$$\mathrm{ACF}(\tau,\Delta f(\eta))=[w_{\mathrm{r}}(\tau)x(\tau)\exp(\mathrm{j}2\pi\Delta f(\eta)\tau)]\otimes[w_{\mathrm{r}}(\tau)x(\tau)]^{*} \tag{4.37}$$

由模糊函数理论可知，式（4.37）是多普勒频移调制信号脉冲压缩结果。移频干信号脉压结果为

$$y_{\mathrm{sfj1}}(\tau,\eta)=w_{\mathrm{a}}(\eta-\eta_{\mathrm{jc}})\exp\left(-\mathrm{j}2\pi f_{\mathrm{c}}\left(\frac{2R_{\mathrm{j}}(\eta)}{c}+\tau_{\mathrm{j}}\right)\right)\mathrm{ACF}\left(\tau-\frac{2R_{\mathrm{j}}(\eta)}{c}-\tau_{\mathrm{j}},\Delta f(\eta)\right) \tag{4.38}$$

基于 SAR 距离多普勒成像原理，对式（4.38）距离徙动校正处理。由于随机移频和步进移频干扰与慢时间相关，因此距离向脉冲压缩结果也随着慢时

间变化。而在固定移频干扰中，距离向脉冲压缩输出结果与慢时间无关。以固定移频干扰为例，距离徙动校正结果为

$$y_{\mathrm{sfj2}}(\tau,\eta)=w_{\mathrm{a}}(\eta-\eta_{\mathrm{jc}})\mathrm{ACF}(\tau-\tau_0,\Delta f_{\mathrm{d}})\exp\left(-\mathrm{j}2\pi f_{\mathrm{c}}\left(\frac{2R_{\mathrm{j}}(\eta)}{c}+\tau_{\mathrm{j}}\right)\right) \tag{4.39}$$

最后，对式（4.39）进行方位向脉冲压缩处理，忽略由干扰机引起的常数相位和方位脉冲压缩无关的相位。移频干扰信号方位脉冲压缩结果为

$$y_{\mathrm{sfj3}}(\tau,\eta)=\mathrm{ACF}(\tau-\tau_0,\Delta f_{\mathrm{d}})\times\mathrm{ACF}_{\mathrm{a}}(\eta-\eta_{\mathrm{jc}},0) \tag{4.40}$$

当SAR发射LFM波形时，固定移频干扰能够在SAR图像中形成点状假目标，且假目标距离向位置由频移量和干扰机时延共同决定，并且固定移频干扰成像处理增益可以表示为距离向和方位向信号处理增益的乘积。忽略随着距离向变化的距离徙动校正误差所导致的方位散焦（忽略干扰机时延引起的散焦），即方位向成像处理增益与真目标的方位脉冲压缩增益是一致的。距离向的成像处理增益则由固定移频干扰信号在匹配滤波情况下的脉冲压缩增益决定。假设移频量为零时，固定移频干扰信号获得的距离向脉冲压缩增益为N_{r}。当移频干扰引入的频移量为Δf_{d}时，干扰信号距离向脉冲压缩增益损耗因子为$\gamma(\Delta f_{\mathrm{d}})$，干扰信号获得的距离向脉冲压缩增益为$\gamma(\Delta f_{\mathrm{d}})N_{\mathrm{r}}$。此外，由于LFM波形的斜刀刃状模糊函数具有时延多普勒耦合特性，调制移频量将能够实现距离向的干扰图像搬移，其距离向搬移量为

$$\Delta r=\frac{c}{2}\frac{\Delta f_{\mathrm{d}}}{K} \tag{4.41}$$

假设SAR系统参数设置如表3.1所列，随机移频干扰图像如图4.8所示。图4.8（a）为随机移频范围$-0.1B_{\mathrm{r}}\sim-0.05B_{\mathrm{r}}$时干扰图像，其压制区域距离向宽度为313m。图4.8（b）是随机移频范围$-0.075B_{\mathrm{r}}\sim-0.05B_{\mathrm{r}}$时干扰图像，其压制区域距离向宽度为156m。随机移频干扰可等效为对干扰信号距离向脉压后的幅度和相位随机调制，方位向脉冲压缩处理时干扰能量无法完全聚集，在方位向形成压制条带，中心出现高幅度的线状压制干扰。

在步进移频干扰中，距离向脉冲压缩和徙动校正后的信号可重写为

$$y_{\mathrm{sfj2}}(\tau,\eta)=w_{\mathrm{a}}(\eta-\eta_{\mathrm{jc}})\mathrm{ACF}(\tau-\tau_0,\Delta f(\eta))\exp\left(-\mathrm{j}2\pi f_{\mathrm{c}}\left(\frac{2R_{\mathrm{j}}(\eta)}{c}+\tau_{\mathrm{j}}\right)\right) \tag{4.42}$$

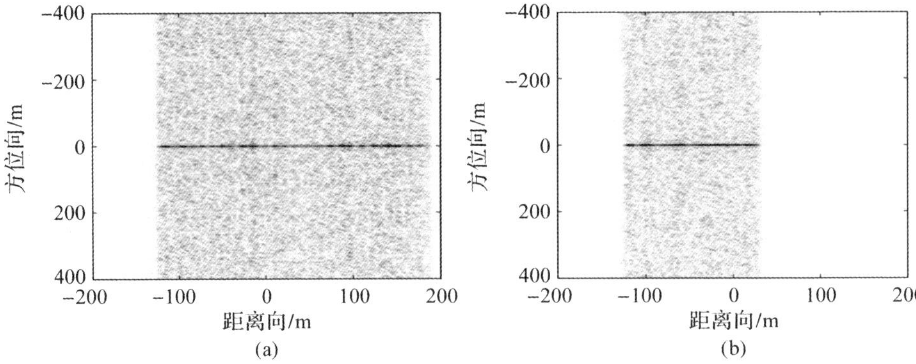

图 4.8　随机移频干扰图像

（a）频移范围 $-0.1B_{\mathrm{r}} \sim -0.05B_{\mathrm{r}}$；（b）移频范围 $-0.075B_{\mathrm{r}} \sim -0.05B_{\mathrm{r}}$。

式中：由于频移量随慢时间变化，因此各波门内距离脉冲压缩输出序列之间存在差异，即 $\mathrm{ACF}(\tau-\tau_0,\Delta f(\eta))$ 随慢时间变化。为便于分析，考虑正侧视情况，且假设频移量变化小于 Δf 时，距离偏移值小于分辨单元。在此基础上，将频移量分为 K 段，且

$$K=\left\lfloor \frac{|b-a|}{\Delta f} \right\rfloor \tag{4.43}$$

当频移量为 $k\Delta f$ 至 $(k+1)\Delta f$ 时，干扰信号距离脉压输出序列可近似认为一致。因此，可将（4.40）重写为

$$y_{\mathrm{sfj2}}(\tau,\eta) = \sum_{k=1}^{K} y_{\mathrm{sfj2,k}}(\tau,\eta) \tag{4.44}$$

式中

$$\begin{gathered} y_{\mathrm{sfj2,k}}(\tau,\eta)=w_{\mathrm{a}}(\eta-\eta_{\mathrm{jc}})\mathrm{ACF}(\tau-\tau_0,\Delta f_1(\eta)) \\ \exp\left(-\mathrm{j}2\pi f_{\mathrm{c}}\left(\frac{2R_{\mathrm{j}}(\eta)}{c}+\tau_{\mathrm{j}}\right)\right) \\ k\Delta f\leqslant \Delta f_1(\eta)\leqslant (k+1)\Delta f \end{gathered} \tag{4.45}$$

对式（4.43）作方位向脉冲压缩处理，其多普勒带宽为 $\Delta f_{\mathrm{dop}}/K$，因此其方位向展宽为方位分辨率的 K 倍，即方位的压制宽度为 $KL_{\mathrm{a}}/2$，距离向压制范围仍由最大和最小频移量决定。

步进移频干扰随慢时间对干扰信号距离向脉压后的幅度和相位规则性调制，因此产生面状压制。假设合成孔径时间内移频范围 $-0.1B_{\mathrm{r}} \sim -0.05B_{\mathrm{r}}$，图 4.9（a）干扰图像压制区域距离向宽度为 313m。图 4.9（b）步进移频范

围 $-0.075B_r \sim -0.05B_r$ 时干扰图像，其压制区域距离向宽度为 156m。因此，若合成孔径时间内频移量相同，则步进移频干扰与随机移频干扰具有相同的距离向压制范围。方位向干扰图像压制范围受频移量影响，图 4.9（a）方位压制范围为图 4.9（b）的两倍。

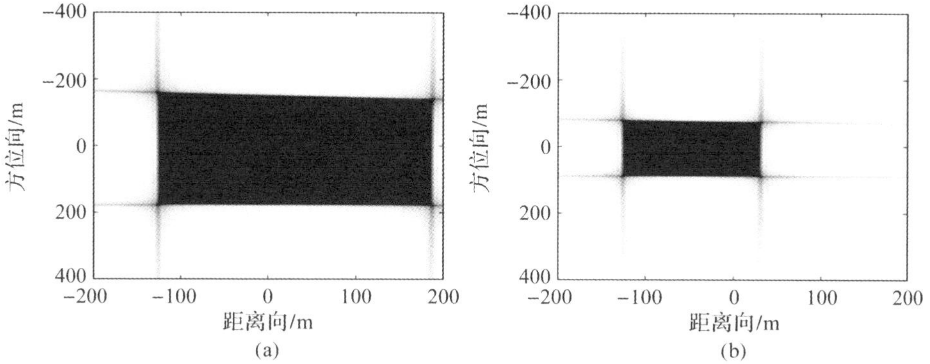

图 4.9　步进移频干扰图像

（a）频移范围 $-0.1B_r \sim -0.05B_r$；（b）移频范围 $-0.075B_r \sim -0.05B_r$。

4.2.3　有源运动调制干扰

有源运动调制干扰信号的相位随慢时间变化，其根据匀速运动、加速运动和微动运动规则等在慢时间调制。本节以有源微动调制干扰为例，分析有源运动调制干扰特性。由有源运动调制干扰信号模型可知，忽略干扰机截获调制转发过程引入的时延和相位，其回波与点散射回波模型基本相同。利用 LFM 波形作为匹配滤波器，距离向脉冲压缩结果为

$$y_m(\tau,\eta) = w_a(\eta-\eta_{jc})\exp\left(-j2\pi f_c\left(\frac{2R_j(\eta)}{c}+\tau_j\right)\right)\phi(\eta)$$
$$\mathrm{ACF}\left(\tau-\frac{2R_j(\eta)}{c}-\tau_j,0\right) \tag{4.46}$$

对式（4.46）距离徙动校正处理可得

$$y_{m1}(\tau,\eta) = w_a(\eta-\eta_{jc})\exp\left(-j2\pi f_c\left(\frac{2R_j(\eta)}{c}+\tau_j\right)\right)$$
$$\mathrm{ACF}(\tau-\tau_0,0)\phi(\eta) \tag{4.47}$$

利用贝塞尔函数将微动调制相位项分解为

$$\phi(\eta) = \exp(\mathrm{j}\beta_m \cos(w_m \eta)) = \sum_{m=-\infty}^{+\infty} J_m(\beta_m) \exp(\mathrm{j}m2\pi f_m \eta) \tag{4.48}$$

式中：$J_m(\beta_m)$表示第 m 阶的贝塞尔函数，因此，式（4.47）可进一步写为

$$y_{m2}(\tau,\eta) = \mathrm{ACF}(\tau - \tau_0, 0) w_{\mathrm{a}}(\eta - \eta_{\mathrm{jc}}) \exp\left(-\mathrm{j}2\pi f_{\mathrm{c}}\left(\frac{2R_{\mathrm{j}}(\eta)}{c} + \tau_{\mathrm{j}}\right)\right) \sum_{m=-\infty}^{+\infty} J_m(\beta_m) \exp(\mathrm{j}m w_m \eta) \tag{4.49}$$

式（4.49）说明微动相位可分解为若干慢时间域的多普勒频移，且其权值为 m 阶的贝塞尔函数。方位向脉冲压缩后的干扰图像为

$$y_{m3}(\tau,\eta) = \mathrm{ACF}(\tau - \tau_0, 0) \times \sum_{m=-\infty}^{+\infty} J_m(\beta_m) \mathrm{ACF}_{\mathrm{a}}(\eta - \eta_{\mathrm{jc}}, m f_m) \tag{4.50}$$

式中：$f_m = w_m/2\pi$。此外，由菲涅尔近似可知，SAR 的多普勒频率可近似等效为慢时间的一次函数，即方位脉冲压缩的匹配滤波器近似为 LFM 函数。因此，式（4.50）中模糊函数 $\mathrm{ACF}_{\mathrm{a}}(\eta - \eta_{\mathrm{jc}}, m f_m)$可近似为慢时间 LFM 波形的模糊函数，根据其时延多普勒耦合特性可知，方位向假目标产生距离偏移，相邻两个目标之间的距离为

$$\Delta Y_{m\mathrm{j}} = V\frac{f_m}{K_{\mathrm{a}}} \tag{4.51}$$

由式（4.51）可知微动频率$f_m < K_{\mathrm{a}}L_{\mathrm{a}}/2V$时，相邻目标之间距离偏移小于方位距离分辨单元，此时干扰效果近似为线状压制干扰。而当$f_m > K_{\mathrm{a}}L_{\mathrm{a}}/2V$时，相邻目标之间距离偏移值将大于距离分辨单元，即在方位向上产生等间隔的密集假目标。

图 4.10 为微动调制系数等于 2 情况下不同微动频率微动干扰成像结果。根据表 3.1 中 SAR 系统仿真参数计算，$K_{\mathrm{a}}L_{\mathrm{a}}/2V = 0.97$。当微动频率设置为 1 时，该数值以接近式（4.51）所示阈值，所以图 4.10（a）所示的干扰图像在方位向类似为线状。当微动频率为 10 时，图 4.10（b）产生了沿方位向均匀分布的假目标串。

图 4.11 为方位匀速运动调制干扰成像结果，其能够产生沿方位向分布线状压制干扰。线状压制干扰图像长度随目标速度呈线性增加，图 4.11（b）线状压制干扰图像长度为图 4.11（a）的两倍。当距离向速度为 100m/s，方位向速度为 200m/s 时，匀速运动调制干扰成像结果如图 4.12 所示。

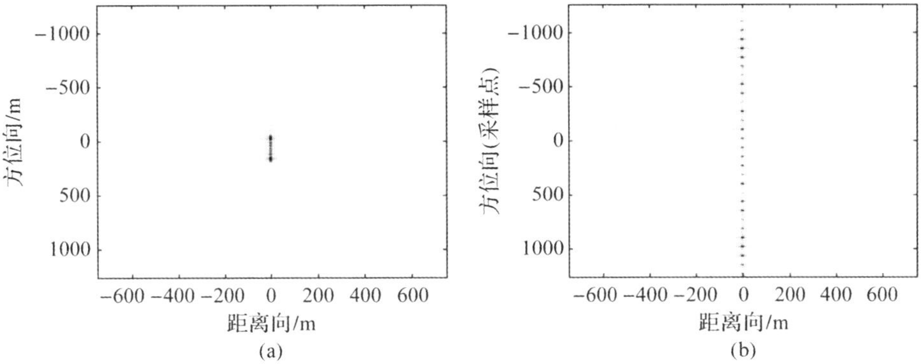

图 4.10　有源微动调制干扰图像

（a）微动频率 1；（b）微动频率 10。

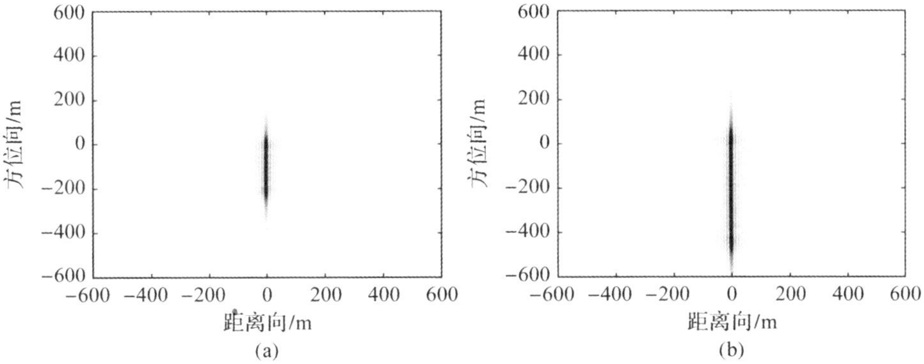

图 4.11　方位匀速运动调制干扰图像

（a）100m/s；（b）200m/s。

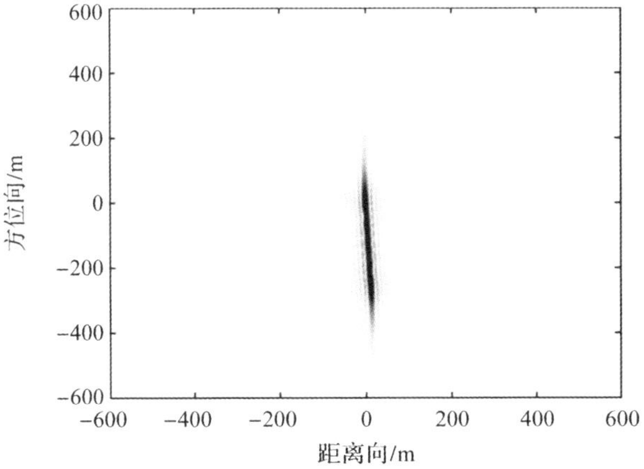

图 4.12　有源运动干扰图像，方位速度 200m/s，距离速度 100m/s

4.2.4 卷积调制干扰

4.2.4.1 灵巧噪声干扰

假设灵巧干扰的系统冲激函数为 $n(\tau,\eta)$，灵巧噪声干扰信号距离向脉冲压缩输出为

$$y_{\text{snj}}(\tau,\eta)=n(\tau,\eta)\otimes\text{ACF}\left(\tau-\frac{2R_{\text{j}}(\eta)}{c}-\tau_{\text{j}},0\right)$$
$$w_{\text{a}}(\eta-\eta_{\text{jc}})\exp\left(-\text{j}2\pi f_{\text{c}}\left(\frac{2R_{\text{j}}(\eta)}{c}+\tau_{\text{j}}\right)\right)\tag{4.52}$$

灵巧噪声干扰能够获得距离向成像处理增益，其在距离向的宽度由噪声模板的快时间时宽决定。鉴于 SAR 在距离向发射大带宽信号，可近似认为其在距离向脉压输出为冲激函数，进而可以将式（4.52）改写为

$$y_{\text{snj}}(\tau,\eta)=n\left(\tau-\frac{2R_{\text{j}}(\eta)}{c}-\tau_{\text{j}},\eta\right)$$
$$w_{\text{a}}(\eta-\eta_{\text{jc}})\exp\left(-\text{j}2\pi f_{\text{c}}\left(\frac{2R_{\text{j}}(\eta)}{c}+\tau_{\text{j}}\right)\right)\tag{4.53}$$

对式（4.53）距离徙动校正处理可得

$$y_{\text{snj}}(\tau,\eta)=n(\tau-\tau_0,\eta)w_{\text{a}}(\eta-\eta_{\text{jc}})\exp\left(-\text{j}2\pi f_{\text{c}}\left(\frac{2R_{\text{j}}(\eta)}{c}+\tau_{\text{j}}\right)\right)\tag{4.54}$$

为便于方位向脉冲压缩分析，式（4.54）中慢时间域可近似为

$$y_{\text{snj}}(\tau,\eta)=n_{\text{a}}(\eta)w_{\text{a}}(\eta-\eta_{\text{jc}})\exp\left(-\text{j}2\pi f_{\text{c}}\left(\frac{2R_{\text{j}}(\eta)}{c}+\tau_{\text{j}}\right)\right)\tag{4.55}$$

噪声函数 $n_{\text{a}}(\eta)$ 可等价为若干单频正弦函数之和。

$$n_{\text{a}}(\eta)=\sum_{f_{\text{a},i}=-B_{\text{n}}}^{B_{\text{n}}}\exp(\text{j}2\pi f_{\text{a},i}\eta)\tag{4.56}$$

式中：B_{n} 为噪声模板的单边带宽。因此，式（4.52）可等价为

$$y_{\text{snj}}(\tau,\eta)=\sum_{f_{\text{a},i}=-B_{\text{n}}}^{B_{\text{n}}}w_{\text{a}}(\eta-\eta_{\text{jc}})\exp\left(-\text{j}2\pi f_{\text{c}}\left(\frac{2R_{\text{j}}(\eta)}{c}+\tau_{\text{j}}\right)\right)\exp(\text{j}2\pi f_{\text{a},i}\eta)\tag{4.57}$$

灵巧噪声干扰在方位向等效于对方位多普勒历程函数调制若干单载频信号，且方位向的脉冲压缩结果可进一步表述为

$$\sum_{f_{a,i}=-B_n}^{B_n} \mathrm{ACF}_a(\eta - \eta_{jc}, f_{a,i}) \tag{4.58}$$

式（4.58）说明灵巧噪声干扰在方位向脉压输出为不同慢时间多普勒频移信号方位匹配滤波输出叠加。方位的脉冲压缩函数近似为 LFM 波形，利用其模糊函数的多普勒频移和时延耦合特性，可控制方位向压制范围。并且，压制范围与噪声模板的慢时间带宽 B_n 相关。噪声模板的慢时间带宽越大，则压制干扰范围越大，干扰获得的方位脉冲压缩增益越小。方位向压制长度为

$$\Delta Y_J = \frac{cR_0 B_n}{Vf_c} \tag{4.59}$$

卷积调制干扰成像仿真分析中，SAR 参数设置如表 3.1 所列。方位向非相参灵巧噪声干扰中，未对噪声模板方位向滤波限制带宽，且距离向噪声时宽分别设置为 0.66μs 和 1.33μs。图 4.13 为方位非相参灵巧噪声干图像，其为沿方位向分布的条带压制。图 4.13（a）为噪声时宽 0.66μs 时的干扰图像，距离向宽度为 99.6m，而图 4.13（b）中，干扰图像距离宽度为 199.2m。

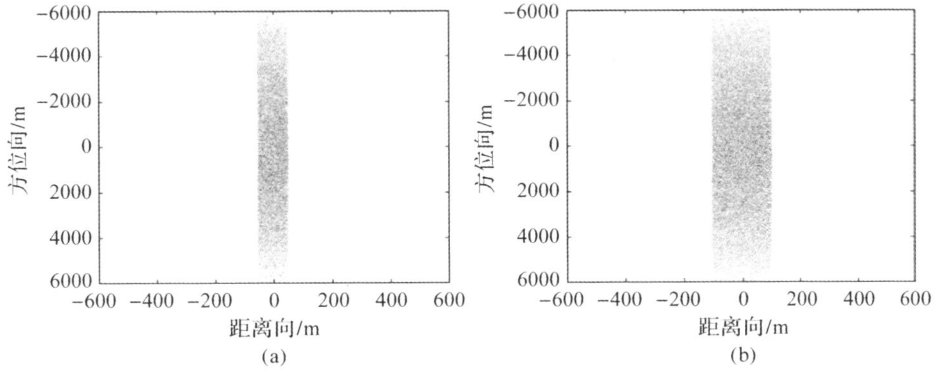

图 4.13　方位非相参灵巧噪声干扰图像

（a）时宽 0.66μs；（b）时宽 1.33μs。

方位相参灵巧噪声干扰中，噪声模板慢时间带宽分别设置为 86Hz 和 43Hz，快时间时宽分别为 0.66μs 和 1.33μs。图 4.14 为不同参数下干扰的成像结果，其能够对特定区域产生面状或压制干扰图像。距离向范围仍然由噪声快时间时宽决定，即距离向压制宽度为 99.6m 和 199.2m。方位向的压制宽度，由噪声模板慢时间带宽决定，带宽为 86Hz 和 43Hz 时的方位压制宽度分别为 886m 和 443m。

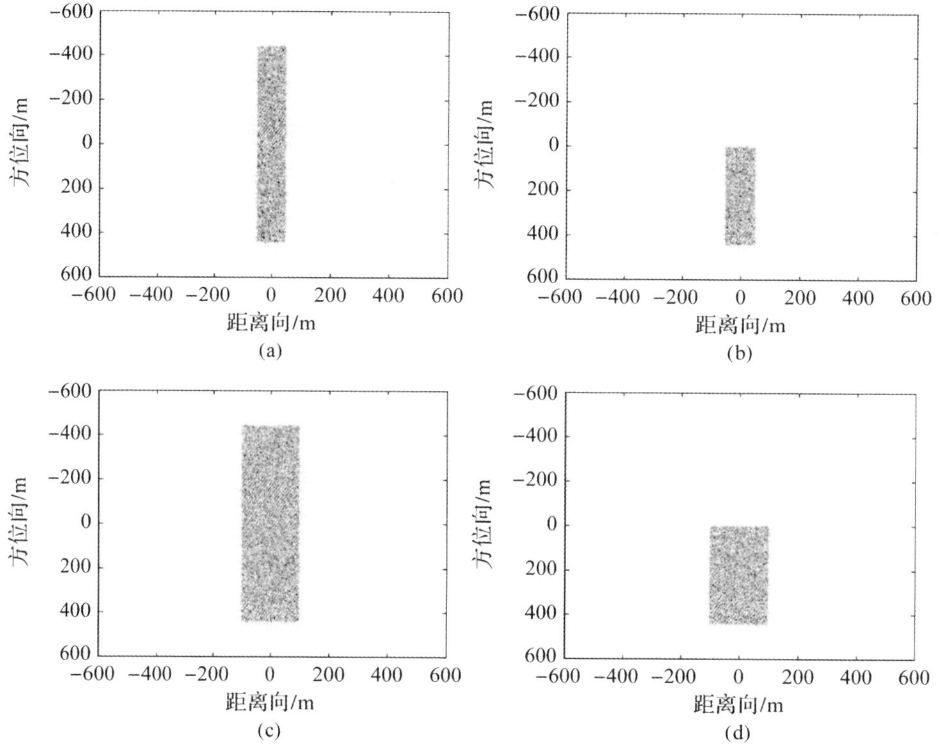

图 4.14　方位相参灵巧噪声干扰图像

（a）时宽 0.66μs，噪声慢时间带宽 86Hz；（b）时宽 0.66μs，噪声慢时间带宽 43Hz；（c）时宽 1.33μs，噪声慢时间带宽 86Hz；（d）时宽 1.33μs，噪声慢时间带宽 43Hz。

4.2.4.2　欺骗干扰

由式（4.21）可知，卷积调制干扰在中心位置 $S(u_s, v_s, w_s)$ 处的位置形成欺骗或压制干扰效果，其中，干扰机冲激响应如式（4.23）所示。若不考虑干扰机在干扰信号生成过程中引入的误差，以中心位置点目标 $S(u_s, v_s, w_s)$ 为例，SAR 接收到其干扰信号为

$$y_{\text{cmj\_S}}(\tau, \eta) = \sigma(u_s, v_s, w_s) w_r\left(\tau - \frac{2R_S(\eta)}{c}\right) w_a(\eta - \eta_S) \times\left(\tau - \frac{2R_S(\eta)}{c}\right) \exp\left(-\mathrm{j}4\pi f_c \frac{4R_S(\eta)}{c}\right) \tag{4.60}$$

欺骗干扰 SAR 成像结果为

$$y_{\text{cmj3}}(\tau, \eta) = \sigma(u_s, v_s, w_s) \mathrm{ACF}(\tau - \tau_0, 0) \times \mathrm{ACF}_a(\eta - \eta_S, 0) \tag{4.61}$$

干扰模板中不同位置点的干扰效果均与点目标 $S(u_s, v_s, w_s)$ 的效果相同。由分析可知，卷积调制干扰能够获得二维的成像处理增益，因而对干扰机的功率需求会更低，并且通过改变干扰模板可以对 SAR 图像形成不同的效果。

4.2.5　典型相参干扰特性小结

间歇采样转发干扰、移频干扰、有源运动调制干扰和卷积调制干扰的特性可总结如表 4.1 所列。

表 4.1　典型相参干扰特点

干扰样式		干扰原理	干扰效果	特点
间歇采样转发干扰	间歇采样直接转发干扰； 间歇采样重复转发干扰； 间歇采样循环转发干扰。	快时间域低速率采样，等效快时间调制多个加权移频信号，利用 LFM 波形模糊函数时延多普勒耦合特性，使得干扰目标产生距离向偏移。 慢时间域无附加调制相位，能够聚焦。	沿距离向分布的密集假目标串。	优点： 解决干扰机天线收发隔离问题； 实时性高，能够实现脉内实时干扰； 假目标数量和间距灵活可调。 缺点： 假目标规律性强； 受干扰机占空比影响。
移频干扰	固定移频； 步进移频干扰； 随机移频干扰。	快时间调制频移信号，利用 LFM 波形模糊函数时延多普勒耦合特性，使假目标产生特定距离偏移。	虚假点目标、面状压制或条带状压制	优点： 干扰样式灵活可变； 缺点： 实时性差，干扰信号滞后至少一个脉冲重复周期。
有源运动调制干扰	微动干扰； 有源匀速运动调制干扰； 有源匀加速运动调制干扰。	快时间不作调制，能够获得距离向成像处理增益； 慢时间调制规律相位，等效对慢时间 LFM 波形产生多普勒调制，使得干扰目标产生方位向距离偏移。	沿方位向线状压制干扰或虚假目标串	优点： 压制线长度可调，假目标间距和数量可调。 缺点： 实时性差，干扰信号滞后至少一个脉冲重复周期。

续表

干扰样式		干扰原理	干扰效果	特点
卷积调制干扰	灵巧噪声干扰；欺骗干扰。	灵巧噪声干扰快时间调制窄脉宽噪声信号，利用匹配滤波特性产生距离向特定分布图像。方位向等效对慢时间 LFM 波形多普勒调制，产生沿着方位向分布的噪声。 欺骗干扰利用 SAR 距离和方位匹配滤波特性产生二维干扰图像。	条带压制或面状压制，虚假场景目标	优点： 干扰效果灵活，能够形成压制和欺骗干扰效果。 缺点： 实时性差，干扰信号滞后至少一个脉冲重复周期。

4.3 复合调制相参干扰

在相参干扰特性分析基础上，本节阐述了复合调制相参干扰，包括有源运动调制间歇采样转发干扰和移频复合调制灵巧噪声干扰。间歇采样转发干扰复合调制有源运动相位，能够产生二维干扰图像，从而解决间歇采样转发干扰产生假目标串规律性强、易被识别的缺点。有源运动调制间歇采样转发干扰信号为

$$
\begin{aligned}
s_{\mathrm{isrj}}(\tau,\eta) = {} & w_{\mathrm{r}}\left(\tau-\frac{2R_{\mathrm{j}}(\eta)}{c}-\tau_{\mathrm{j}}\right)w_{\mathrm{a}}(\eta-\eta_{\mathrm{jc}}) \\
& x\left(\tau-\frac{2R_{\mathrm{j}}(\eta)}{c}-\tau_{\mathrm{j}}\right)p\left(\tau-\frac{2R_{\mathrm{j}}(\eta)}{c}-\tau_{\mathrm{j}}\right) \\
& \exp\left(-\mathrm{j}2\pi f_{\mathrm{c}}\left(\frac{2R_{\mathrm{j}}(\eta)}{c}+\tau_{\mathrm{j}}\right)\right)\phi(\eta)
\end{aligned} \tag{4.62}
$$

其成像处理分析可参 4.2.1 节和 4.2.2 节，此处不再赘述。干扰图像沿着距离向仍然呈等间隔分布，而方位向则由有源运动调制相位决定。图 4.15 所示微动调制间歇采样转发干扰能够产生二维密集假目标阵列。匀速运动调制间歇采样转发干扰能够产生沿距离向等间距分布的线状假目标，干扰效果更加复杂。

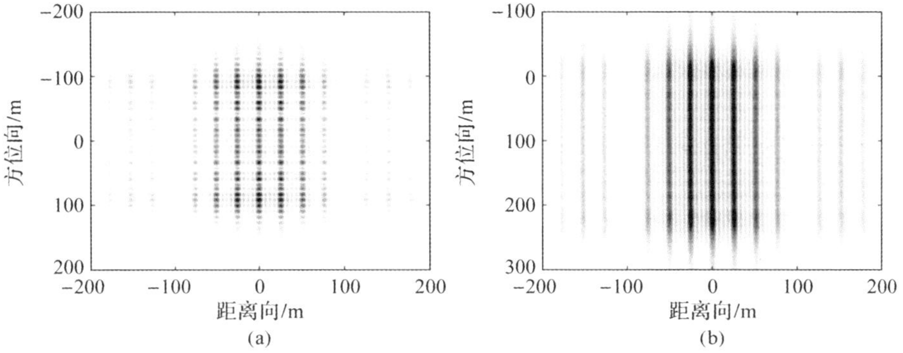

图 4.15 有源运动复合调制间歇采样转发干扰图像

(a) 微动调制间歇采样转发干扰；(b) 匀速运动调制间歇采样转发干扰。

灵巧噪声干扰通过复合调制固定移频干扰，以实现干扰图像在距离向搬移，从而掩护特定区域。移频复合调制灵巧噪声干扰的回波为

$$y_j(\tau,\eta)=s_j(\tau)\otimes n(\tau,\eta) \tag{4.63}$$

式中

$$s_j(\tau)=s(\tau)\exp(j2\pi\Delta f_d\tau) \tag{4.64}$$

其距离向的搬移量与固定移频干扰一致，噪声压制范围与灵巧噪声干扰图像范围基本一致。

图 4.16 所示移频复合调制灵巧噪声干扰，图 4.16（a）和图 4.16（b）的频移量分别为 $0.1B_r$ 和 $-0.1B_r$。相较于图 4.14（c）所示干扰图像，图 4.16（a）和图 4.16（b）在距离向偏移距离分别为 -313m 和 313m，从而实现对特定距离区域掩护。此外，干扰压制范围仍然由噪声模板快时间脉宽和慢时间带宽共同决定。

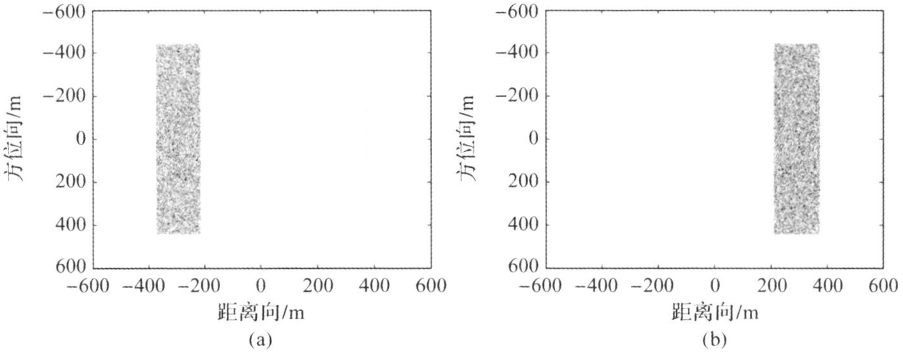

图 4.16 移频复合调制灵巧噪声干扰图像

4.4 SAR 干扰图像效果评估

本节阐述 SAR 相参干扰指标评估，包括欺骗和压制干扰评估指标。其中，欺骗干扰评估指标包括，亮度、对比度、结构、相似度指标以及图像分布等，压制干扰评估指标包括 PSNR、JPLR 和 AJILR 等。

假设 $\boldsymbol{X}$ 和 $\boldsymbol{Y}$ 分别为量化后的参考灰度图像和待评估灰度图像，则亮度、对比度、结构对比度分别定义为

$$L(\boldsymbol{X},\boldsymbol{Y})=\frac{\mu_X\mu_Y+C_1}{\mu_X^2+\mu_Y^2+C_1} \tag{4.65}$$

$$C(\boldsymbol{X},\boldsymbol{Y})=\frac{2\sigma_X\sigma_Y+C_2}{\sigma_X^2+\sigma_Y^2+C_2} \tag{4.66}$$

$$S(\boldsymbol{X},\boldsymbol{Y})=\frac{\sigma_{XY}+C_3}{\sigma_X\sigma_Y+C_3} \tag{4.67}$$

式（4.65）~式（4.67）中：μ_X 和 μ_Y 为图像均值；σ_X 和 σ_Y 为图像标准差；σ_{XY}为两图像之间的相关系数；C_1、C_2 和 C_3 为较小的常数。在此基础上，相似度指标如下：

$$\mathrm{SSIM}(\boldsymbol{X},\boldsymbol{Y})=L(\boldsymbol{X},\boldsymbol{Y})^{\alpha}\cdot C(\boldsymbol{X},\boldsymbol{Y})^{\beta}\cdot S(\boldsymbol{X},\boldsymbol{Y})^{\gamma} \tag{4.68}$$

式中：α、β 和 γ 为调整亮度、对比度和结构指标权值的正常数。上述指标结果一般在 0 至 1 范围内，数值越大则两幅图像的亮度、对比度、结构和相似度更加接近，即意味着待评估图像与参考图像越接近，此时干扰效果越差。

PSNR 表示信号最大可能功率和无关干扰信号功率之间比值。8 位量化的灰度图像最大幅度值为 255，则 PSNR 定义为

$$\mathrm{PSNR}=10\lg\left(\frac{255^2}{\mathrm{MSE}}\right) \tag{4.69}$$

式中：均方误差（mean square error，MSE）定义为

$$\mathrm{MSE}=\frac{1}{MN}\sum_{m=1}^{M}\sum_{n=1}^{N}|X_{mn}-Y_{mn}|^2 \tag{4.70}$$

通常而言，PSNR 越大则图像质量越好，意味着干扰图像与预期图像性能更加接近。此外，该指标也可用于评估类噪声干扰压制的效果，PSNR 越小，干扰压制效果更优。

JPLR 定义为待评估区域内干扰峰值电平和参考电平之间的比值取对数。

JPLR 定义为

$$\mathrm{JPLR}=20\lg\left(\frac{\mathrm{JPL}}{\mathrm{Ref}}\right) \tag{4.71}$$

式中：Ref 表示参考电平，干扰峰值电平为

$$\mathrm{JPL}=\max_{m}\max_{n}|Y_{mn}| \tag{4.72}$$

AJILR 定义为

$$\mathrm{AJILR}=10\lg\left(\frac{\mathrm{JIL}}{\mathrm{Ref}^2}\right) \tag{4.73}$$

式中

$$\mathrm{JIL}=\frac{1}{MN}\sum_{m}\sum_{n}|Y_{mn}|^2 \tag{4.74}$$

4.5　本章小结

本章基于 LFM 波形对间歇采样转发干扰、移频干扰、有源运动调制干扰和卷积调制干扰信号进行了建模，在此基础上基于距离多普勒成像算法阐述了干扰原理。同时，利用 LFM 波形模糊函数表征了四类典型干扰成像结果，并基于此分析干扰图像距离和方位向特性。在此基础上，阐述了有源运动调制间歇采样转发干扰和移频调制灵巧噪声干扰原理，并基于仿真分析了其成像特性。最后，总结了 SAR 干扰图像性能评估的相似度、PSNR 和干扰水平等指标。

第5章

抗间歇采样转发干扰波形设计

间歇采样转发干扰巧妙利用欠采样原理和匹配滤波特性，能够在 SAR 图像形成密集假目标干扰。针对间歇采样转发干扰上述特性，本章阐述 SAR 抗间歇采样转发干扰的波形设计方法，在抗间歇采样转发干扰原理分析基础上，5.2 节和 5.3 节分别给出联合非匹配滤波的抗间歇采样转发干扰波形和捷变波形，及其相应波形设计算法，并通过仿真验证算法的有效性。5.4 节通过 SAR 成像仿真评估抗间歇采样转发干扰波形和捷变波形的性能。

5.1　抗间歇采样转发干扰原理

图 5.1 为抗间歇采样转发干扰波形和非匹配滤波器联合设计方法原理框图，由低多普勒容限波形设计、波形捷变和联合接收端非匹配滤波器设计三部分组成。低多普勒容限波形设计能够抑制间歇采样转发干扰产生的高阶虚假目标距离向成像处理增益。波形捷变抑制干扰的方位向成像处理增益。非匹配滤波器设计能够抑制零阶假目标的距离向成像处理增益，同时能够抑制间歇采样

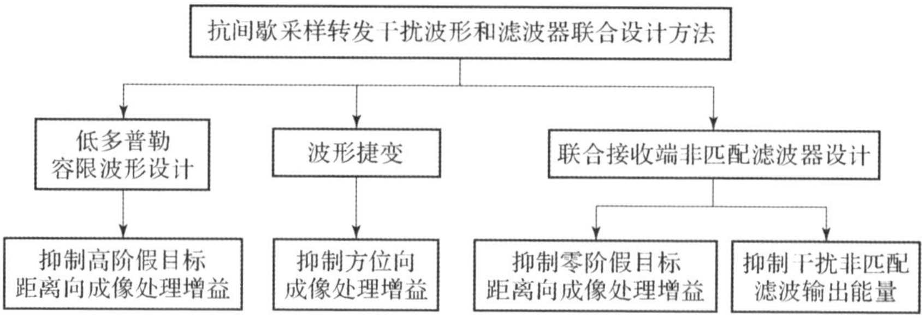

图 5.1　抗间歇采样转发干扰波形设计原理

转发干扰能量。下面分别对上述抗干扰三个部分进行详细阐述。

5.1.1　低多普勒容限波形设计

由式（4.33）可知，间歇采样转发干扰距离向的成像处理增益为

$$\sum_{-\infty}^{+\infty} f_{\mathrm{isrj}} \tau_{\mathrm{isrj}} \operatorname{sinc}(n\pi f_{\mathrm{isrj}} \tau_{\mathrm{isrj}}) \mathrm{ACF}(\tau - \tau_0, -nf_{\mathrm{isrj}}) \tag{5.1}$$

式（5.1）表明间歇采样转发干扰高阶（$n \geqslant 1$）假目标距离向成像处理增益由发射波形的模糊函数决定，即 $\mathrm{ACF}(\tau - \tau_0, -nf_{\mathrm{isrj}})$。当 SAR 发射高多普勒容限波形时，高阶假目标可获得距离向的成像处理增益。例如，SAR 发射 LFM 波形时，间歇采样转发干扰可产生沿距离向等间隔分布的密集假目标。

假设 SAR 发射脉宽为 T_{p} 的低多普勒容限波形，且多普勒容限为 $1/T_{\mathrm{p}}$。由于间歇采样转发周期小于 SAR 发射信号脉宽，即 $T_{\mathrm{isrj}} < T_{\mathrm{p}}$，易得 $f_{\mathrm{isrj}} > 1/T_{\mathrm{p}}$，即高阶的假目标将无法获得成像处理增益，从而能够抑制高阶假目标的距离向成像处理增益。零阶假目标距离向成像处理增益中模糊函数相关项为 $\mathrm{ACF}(\tau - \tau_0, 0)$，故匹配滤波情况下零阶假目标均可获得距离向成像处理增益。因此，当 SAR 发射低多普勒容限波形时，其距离向脉冲压缩结果为

$$pc_{\mathrm{isrj}}(\tau, \eta) = \tau_{\mathrm{isrj}} f_{\mathrm{isrj}} \mathrm{ACF}(\tau, 0) \tag{5.2}$$

距离徙动校正和方位脉冲压缩结果为

$$y_{\mathrm{isrj3}}(\tau, \eta) = \mathrm{ACF}_{\mathrm{a}}(\eta - \eta_{\mathrm{jc}}, 0) \times f_{\mathrm{isrj}} \tau_{\mathrm{isrj}} \mathrm{ACF}(\tau - \tau_0, 0) \tag{5.3}$$

综上，间歇采样转发干扰的假目标数量受发射波形多普勒容限影响，仅当雷达发射高多普勒容限波形时才能实现距离向的密集假目标干扰效果。而当 SAR 发射相位编码等低多普勒容限波形时，间歇采样转发干扰在距离向上仅能够产生一个假目标。因此，提出基于低多普勒容限波形设计抗间歇采样转发干扰方法，其原理是抑制高阶假目标距离向成像处理增益。

5.1.2　非匹配滤波

由于 SAR 距离向脉冲压缩采用匹配滤波时，无法抑制零阶干扰目标距离向成像处理增益，因此，本节阐述基于非匹配滤波器设计的零阶假目标距离向成像处理增益抑制方法。为简化分析，忽略时延后间歇采样转发干扰信号为 $x_{\mathrm{j}}(\tau) = x(\tau)p(\tau)$。距离向非匹配滤波脉冲压缩可用两个序列的互相关函数表示，即

$$r_{\mathrm{j}}(t) = \int_{-\infty}^{\infty} x_{\mathrm{j}}(\tau) h^{*}(\tau - t) \mathrm{d}\tau, \quad -\infty < t < +\infty \tag{5.4}$$

零时延位置非匹配输出即为零阶假目标，即

$$r_{\mathrm{j}}(0) = \int_{-\infty}^{\infty} x_{\mathrm{j}}(\tau) h^{*}(\tau) \mathrm{d}\tau \tag{5.5}$$

为抑制其非匹配滤波输出的干扰成像处理增益，引入目标函数 $|r_{\mathrm{j}}(0) - b_{\min}|^2$，$b_{\min}$表示预设阈值。通过预设 $b_{\min}$ 为较小的值，并最小化代价函数，则能够使得非匹配滤波输出的干扰峰值趋向于低电平，进而抑制零阶干扰的距离向成像处理增益。例如，为了使归一化干扰峰值达到 $-40\mathrm{dB}$，可通过预设 $b_{\min} = N10^{-40/20}$。此外，间歇采样转发干扰信号非匹配滤波输出积分能量为

$$\int_{-\infty}^{\infty} |r_{\mathrm{j}}(t)|^2 \mathrm{d}t \tag{5.6}$$

基于罚函数方法，通过最小化上述干扰抑制代价函数，联合设计的波形和非匹配滤波器能够抑制间歇采样转发干扰零阶假目标成像处理增益和干扰能量。

5.1.3 波形捷变

由式（5.3）可知，SAR 发射固定波形时，间歇采样转发干扰的方位向成像处理增益为 $\mathrm{ACF}_{\mathrm{a}}(\eta - \eta_{\mathrm{jc}}, 0)$，即间歇采样转发干扰能够获得方位向成像处理增益。针对这一问题，本节阐述基于波形捷变的间歇采样转发干扰的方位成像处理增益抑制方法。忽略快时间多普勒效应，SAR 发射第 m 个捷变波形时，对应的间歇采样转发干扰信号为

$$\begin{aligned} s_{\mathrm{isrj}}(\tau, \eta) = & w_{\mathrm{r}}\left(\tau - \frac{2R_{\mathrm{j}}(\eta)}{c} - \tau_{\mathrm{j}}\right) w_{\mathrm{a}}(\eta - \eta_{\mathrm{jc}}) \\ & x_m\left(\tau - \frac{2R_{\mathrm{j}}(\eta)}{c} - \tau_{\mathrm{j}}\right) p\left(\tau - \frac{2R_{\mathrm{j}}(\eta)}{c} - \tau_{\mathrm{j}}\right) \\ & \exp\left(-\mathrm{j}2\pi f_{\mathrm{c}}\left(\frac{2R_{\mathrm{j}}(\eta)}{c} + \tau_{\mathrm{j}}\right)\right) \end{aligned} \tag{5.7}$$

式中：$x_m(\tau)$表示第 m 个捷变波形。

式（5.7）中的快时间项为

$$s_{\mathrm{rj},m}(\tau, \eta) = w_{\mathrm{r}}\left(\tau - \frac{R_{\mathrm{j}}(\eta)}{c}\right) x_m\left(\tau - \frac{R_{\mathrm{j}}(\eta)}{c}\right) p\left(\tau - \frac{R_{\mathrm{j}}(\eta)}{c}\right) \tag{5.8}$$

距离向非匹配滤波脉冲压缩输出为

$$c_m(\tau,\eta) = \sum_{-\infty}^{+\infty} \tau_{\text{isrj}} f_{\text{isrj}} \text{sinc}(n\pi f_{\text{isrj}}\tau_{\text{isrj}}) \text{ACF}_m(\tau, -nf_{\text{isrj}}) \tag{5.9}$$

式中：$\text{ACF}_m(\tau, -nf_{\text{isrj}})$表示波形$x_m(\tau)$及其非匹配滤波器的互模糊函数。

距离徙动校正后的，干扰信号输出为

$$s_{\text{isrj}}(\tau,\eta) = c_m(\tau-\tau_0) w_{\text{a}}(\eta-\eta_{\text{jc}}) \exp\left(-\text{j}2\pi f_{\text{c}}\left(\frac{2R_{\text{j}}(\eta)}{c}+\tau_{\text{j}}\right)\right) \tag{5.10}$$

式（5.10）表明当SAR发射捷变波形时，$c_m(\tau,\eta)$将引起间歇采样转发干扰多普勒历程变化，使得干扰无法获得SAR方位向成像处理增益。综上，通过慢时域波形捷变，且设计波形和非匹配滤波器使各波门内的$c_m(\tau,\eta)$非相参，能够抑制干扰方位向成像处理增益。

5.2 联合非匹配滤波的抗间歇采样转发干扰波形

5.2.1 问题建模

本节阐述联合非匹配滤波的抗间歇采样转发干扰波形设计问题模型，然后给出联合设计优化算法，并通过仿真验证其有效性。在问题建模中，为了满足SAR成像对低旁瓣波形的需求，同时对波形非匹配输出脉冲压缩性能进行优化。因此，本节分别建立基于波形与非匹配滤波器设计的SAR成像和间歇采样转发干扰抑制目标函数，然后在实际硬件和信号处理约束下建立多目标函数优化问题。

5.2.1.1 积分旁瓣代价函数

鉴于相位编码波形具有设计自由度高，脉冲压缩性能优异，且多普勒容限满足SAR成像等优势，本节基于相位编码波形对联合设计抗干扰方法问题建模进行阐述。对式（2.39）的相位编码波形离散采样，且各码元仅采样一个点，则相位编码波形离散形式为$\boldsymbol{x} = [x_1 \quad x_2 \quad \cdots \quad x_N]^{\text{T}}$，其中，$x_n = \text{e}^{\text{j}\phi_n}$，$\phi_n \in (0,2\pi]$。非匹配滤波器为$\boldsymbol{h} = [h_1 \quad h_2 \quad \cdots \quad h_N]^{\text{T}}$，其中，$N$表示波形和非匹配滤波器码元长度。为建立波形和非匹配滤波器的脉冲压缩的矩阵表达式，定义矩阵：

$$\boldsymbol{\Lambda}=\begin{bmatrix}0 & \cdots & 0 & h_1 & h_2 & \cdots & h_N \\ \vdots & \iddots & \iddots & \vdots & \vdots & \ddots & 0 \\ \vdots & h_1 & \cdots & h_{N-1} & h_N & \ddots & 0 \\ h_1 & h_2 & \cdots & h_N & 0 & \cdots & 0\end{bmatrix}^{\mathrm{H}} \tag{5.11}$$

和

$$\boldsymbol{\Phi}=\begin{bmatrix}x_N & x_{N-1} & \cdots & x_1 & 0 & \cdots & 0 \\ 0 & x_N & \ddots & x_2 & x_1 & \ddots & \vdots \\ \vdots & \ddots & \ddots & \vdots & \vdots & \ddots & 0 \\ 0 & \cdots & 0 & x_N & x_{N-1} & \cdots & x_1\end{bmatrix}^{\mathrm{H}} \tag{5.12}$$

积分旁瓣能量为 $\boldsymbol{x}^{\mathrm{H}}\boldsymbol{\Lambda}^{\mathrm{H}}\boldsymbol{W}\boldsymbol{\Lambda}\boldsymbol{x}$ 或者 $\boldsymbol{h}^{\mathrm{H}}\boldsymbol{\Phi}^{\mathrm{H}}\boldsymbol{W}\boldsymbol{\Phi}\boldsymbol{h}$，其中，矩阵 $\boldsymbol{W}$ 表示维度为 $2N-1$ 的对角矩阵，除第 N 个对角元素等于 0 之外，其余对角元素为 1，且对角元素之外的元素均为 0。此外，为约束脉冲压缩峰值，引入目标函数 $|\boldsymbol{h}^{\mathrm{H}}x-b_{\max}|^2$，其中，$b_{\max}$表示预设脉冲压缩峰值。基于罚函数方法，积分旁瓣准则下联合非匹配滤波的波形设计代价函数为

$$\begin{aligned}f_1(\boldsymbol{x},\boldsymbol{h})&=\boldsymbol{x}^{\mathrm{H}}\boldsymbol{\Lambda}^{\mathrm{H}}\boldsymbol{W}\boldsymbol{\Lambda}\boldsymbol{x}+\lambda_1|\boldsymbol{h}^{\mathrm{H}}\boldsymbol{x}-b_{\max}|^2\\&=\boldsymbol{h}^{\mathrm{H}}\boldsymbol{\Phi}^{\mathrm{H}}\boldsymbol{W}\boldsymbol{\Phi}\boldsymbol{h}+\lambda_1|\boldsymbol{h}^{\mathrm{H}}\boldsymbol{x}-b_{\max}|^2\end{aligned} \tag{5.13}$$

式（5.13）中的参数 λ_1 是为了对目标函数 $|\boldsymbol{h}^{\mathrm{H}}\boldsymbol{x}-b_{\max}|^2$ 施加惩罚，即对波形非匹配滤波输出峰值偏离预期值 $b_{\max}$的情况施加惩罚，从而使波形非匹配滤波输出峰值 $\boldsymbol{h}^{\mathrm{H}}\boldsymbol{x}$ 趋向于预期设定值。当惩罚函数 λ_1 较小时，对目标函数 $|\boldsymbol{h}^{\mathrm{H}}\boldsymbol{x}-b_{\max}|^2$ 施加的惩罚力度较小，这意味着 $\boldsymbol{h}^{\mathrm{H}}\boldsymbol{x}$ 偏离预期设定值的距离较大，从而无法控制波形非匹配滤波输出峰值。当惩罚函数 λ_1 较大时，对目标函数 $|\boldsymbol{h}^{\mathrm{H}}\boldsymbol{x}-b_{\max}|^2$ 施加的惩罚力度较大，此时可实现对设计波形非匹配滤波输出峰值的控制。为了有效控制波形和滤波器脉冲压缩峰值，惩罚函数 λ_1 通常取较大的数值。

5.2.1.2 间歇采样转发干扰抑制代价函数

间歇采样转发干扰离散形式为 $\boldsymbol{x}_{\mathrm{j}}=\boldsymbol{x}\odot\boldsymbol{p}$，其中：$\boldsymbol{p}=[p_1,p_2,\cdots,p_N]^{\mathrm{T}}$ 表示间歇采样信号的离散序列，$\odot$表示哈达玛德积。定义矩阵

$$\boldsymbol{\Psi}=\begin{bmatrix}0 & \cdots & 0 & p_1h_1 & \cdots & p_1h_N\\ \vdots & \therefore & \therefore & \vdots & \therefore & 0\\ 0 & p_{N-1}h_1 & \therefore & p_{N-1}h_{N-1} & \therefore & \vdots\\ p_Nh_1 & p_Nh_2 & \cdots & p_Nh_N & \cdots & 0\end{bmatrix}^{\mathrm{H}} \tag{5.14}$$

和

$$\boldsymbol{Y}=\begin{bmatrix}p_Nx_N & \cdots & p_1x_1 & 0 & \cdots & 0\\ 0 & \ddots & p_2x_2 & p_1x_1 & \ddots & \vdots\\ \vdots & \ddots & \vdots & \vdots & \ddots & 0\\ 0 & \cdots & p_Nx_N & p_{N-1}x_{N-1} & \cdots & p_1x_1\end{bmatrix}^{\mathrm{H}} \tag{5.15}$$

则间歇采样转发干扰信号非匹配滤波输出积分能量为 $\boldsymbol{x}^{\mathrm{H}}\boldsymbol{\Psi}^{\mathrm{H}}\boldsymbol{\Psi}\boldsymbol{x}$ 或 $\boldsymbol{h}^{\mathrm{H}}\boldsymbol{Y}^{\mathrm{H}}\boldsymbol{Y}\boldsymbol{h}$。间歇采样转发干扰非匹配滤波输出峰值为 $(\boldsymbol{h}\odot\boldsymbol{p})^{\mathrm{H}}\boldsymbol{x}$，因此，干扰峰值抑制目标函数为 $|(\boldsymbol{h}\odot\boldsymbol{p})^{\mathrm{H}}\boldsymbol{x}-b_{\min}|^2$。结合惩罚函数方法，抑制间歇采样转发干扰的目标函数为

$$f_2(\boldsymbol{x},\boldsymbol{h})=\boldsymbol{h}^{\mathrm{H}}\boldsymbol{Y}^{\mathrm{H}}\boldsymbol{Y}\boldsymbol{h}+\lambda_2|(\boldsymbol{h}\odot\boldsymbol{p})^{\mathrm{H}}\boldsymbol{x}-b_{\min}|^2 \tag{5.16}$$

式中：λ_2 为惩罚参数，目的是控制目标函数 $|(\boldsymbol{h}\odot\boldsymbol{p})^{\mathrm{H}}\boldsymbol{x}-b_{\min}|^2$ 的数值，进而抑制间歇采样转发干扰信号非匹配滤波器输出峰值 $(\boldsymbol{h}\odot\boldsymbol{p})^{\mathrm{H}}\boldsymbol{x}$。并且，为抑制间歇采样转发干扰峰值，惩罚参数 λ_2 也应该取较大的数值。相较于白噪声环境中最优匹配滤波器，非匹配滤波器会引入 LPG。因此，联合设计问题中除优化脉冲压缩积分旁瓣水平之外，还应约束信号处理增益性能。非匹配滤波脉冲压缩 LPG 为

$$\mathrm{LPG}=10\lg\left(\frac{(\boldsymbol{h}^{\mathrm{H}}\boldsymbol{x})^{\mathrm{H}}(\boldsymbol{h}^{\mathrm{H}}\boldsymbol{x})}{(\boldsymbol{h}^{\mathrm{H}}\boldsymbol{h})(\boldsymbol{x}^{\mathrm{H}}\boldsymbol{x})}\right) \tag{5.17}$$

由式（5.17）可知，为控制脉冲压缩 LPG，应分别对发射波形能量、非匹配滤波器能量和脉冲压缩峰值约束。由于 SAR 发射机通常工作在饱和状态，为避免信号失真，信号一般需要满足恒模或低 PAR 约束，上述约束均能够使得波形能量满足约束条件：$\boldsymbol{x}^{\mathrm{H}}\boldsymbol{x}=N$。其次，最小化峰值目标函数 $|\boldsymbol{h}^{\mathrm{H}}\boldsymbol{x}-b_{\max}|^2$ 能够约束非匹配滤波输出值趋向于 $b_{\max}$。最后，引入非匹配滤波器能量约束 $\boldsymbol{h}^{\mathrm{H}}\boldsymbol{h}=N$，则式（5.17）等价于

$$\mathrm{LPG}=20\lg\left(\frac{b_{\max}}{N}\right) \tag{5.18}$$

基于帕累托优化框架，则波形恒模约束和非匹配滤波器能量约束下的联合

设计优化问题为

$$
\begin{aligned}
\min_{\boldsymbol{x},\boldsymbol{h}} \quad & \varepsilon f_1(\boldsymbol{x},\boldsymbol{h}) + (1-\varepsilon) f_2(\boldsymbol{x},\boldsymbol{h}) \\
\text{s.t.} \quad & \boldsymbol{h}^{\mathrm{H}}\boldsymbol{h} = N \\
& |x_n| = 1, n = 1,2,\cdots,N
\end{aligned}
\tag{5.19}
$$

式中：ε 表示帕累托权值。

由于式（5.19）约束了非匹配滤波器能量和波形能量，且最小化目标函数 $f_1(\boldsymbol{x},\boldsymbol{h})$ 可实现对波形脉冲压缩峰值 $\boldsymbol{h}^{\mathrm{H}}\boldsymbol{x}$ 的约束，因此能够控制非匹配滤波脉冲压缩的 LPG。

5.2.2 问题求解

式（5.19）为非凸约束多目标优化问题，同时优化双变量的难度和计算复杂度较大。因此，本节利用坐标分块下降和主分量最小化方法分别求取波形和非匹配滤波器的最优解，并提出基于固定点迭代加速的交替优化设计算法。本节首先利用坐标分块下降优化框架，将波形和非匹配滤波器设计分解为两个二次规划问题。

$$
\boldsymbol{h}^{(l+1)} = \underset{\boldsymbol{h}\in\Omega_{\mathrm{h}}}{\operatorname{argmin}} \quad f(\boldsymbol{x}^{(l)},\boldsymbol{h}) \tag{5.20}
$$

$$
\boldsymbol{x}^{(l+1)} = \underset{\boldsymbol{x}\in\Omega_{\mathrm{x}}}{\operatorname{argmin}} \quad f(\boldsymbol{x},\boldsymbol{h}^{(l+1)}) \tag{5.21}
$$

式中：$f(\boldsymbol{x},\boldsymbol{h}) = \varepsilon f_1(\boldsymbol{x},\boldsymbol{h}) + (1-\varepsilon) f_2(\boldsymbol{x},\boldsymbol{h})$。

针对两个非凸子优化问题，本节阐述基于主分量最小化的联合设计算法。主分量最小化的基本思路是简化目标函数，进而将原问题近似为可解析求解的简单问题，最后通过迭代波形和非匹配滤波器获取原问题的最优解。其基本原理可归纳为引理 5.1。

引理 5.1：若对任意 $z\in\Omega$ 满足 $u(z,z^{(l)}) \geqslant g(z)$，原优化问题为

$$
\begin{aligned}
& \min g(z) \\
& \text{s.t.} \quad z\in\Omega
\end{aligned}
\tag{5.22}
$$

可通过迭代方法优化下述等价主分量最小化问题获得原问题最优解：

$$
\begin{aligned}
& \min u(z,z^{(l)}) \\
& \text{s.t.} \quad z\in\Omega
\end{aligned}
\tag{5.23}
$$

根据主分量最小化原理，易得

$$
\begin{aligned}
g(\boldsymbol{x}^{(l)}) &= u(\boldsymbol{x}^{(l)}, \boldsymbol{x}^{(l)}) \\
&\leqslant u(\boldsymbol{x}^{(l+1)}, \boldsymbol{x}^{(l)}) \\
&\leqslant u(\boldsymbol{x}^{(l+1)}, \boldsymbol{x}^{(l+1)}) \\
&= g(\boldsymbol{x}^{(l+1)})
\end{aligned} \tag{5.24}
$$

因此，主分量最小化方法能够在满足原优化问题约束条件下，使得目标函数值呈单调递减趋势。

5.2.2.1　非匹配滤波器优化

假设第 l 次迭代得到的波形 $\boldsymbol{x}^{(l)}$，将 $f_1(\boldsymbol{x}^{(l)}, \boldsymbol{h})$ 和 $f_2(\boldsymbol{x}^{(l)}, \boldsymbol{h})$ 的表达式分别代入式（5.13）和式（5.16），则非匹配滤波器设计问题为

$$
\begin{aligned}
\min_{\boldsymbol{h}} \quad & \boldsymbol{h}^{\mathrm{H}}\boldsymbol{R}^{(l)}\boldsymbol{h} + 2\varepsilon \mathrm{Re}(\lambda_1 b_{\max}(\boldsymbol{x}^{(l)})^{\mathrm{H}}\boldsymbol{h}) \\
& + 2(1-\varepsilon)\mathrm{Re}(\boldsymbol{\lambda}_2 b_{\min}(\boldsymbol{x}_{\mathrm{j}}^{(l)})^{\mathrm{H}}\boldsymbol{h}) \\
\mathrm{s.\,t.} \quad & \boldsymbol{h}^{\mathrm{H}}\boldsymbol{h} = N
\end{aligned} \tag{5.25}
$$

式中

$$
\begin{aligned}
\boldsymbol{R}^{(l)} = \varepsilon((\boldsymbol{\Phi}^{(l)})^{\mathrm{H}}\boldsymbol{W}\boldsymbol{\Phi}^{(l)} + \lambda_1 \boldsymbol{x}^{(l)}(\boldsymbol{x}^{(l)})^{\mathrm{H}}) \\
+ (1-\varepsilon)(\lambda_2 \boldsymbol{x}_{\mathrm{j}}^{(l)}(\boldsymbol{x}_{\mathrm{j}}^{(l)})^{\mathrm{H}} + (\boldsymbol{Y}^{(l)})^{\mathrm{H}}\boldsymbol{W}\boldsymbol{Y}^{(l)})
\end{aligned} \tag{5.26}
$$

为求解上述非凸约束二次规划问题，引入下述引理。

引理 5.2： 若维度 $N \times N$ 的 Hermitian 矩阵 $\boldsymbol{L}$ 是半正定，则在给定 z_0 情况下，$z^{\mathrm{H}}\boldsymbol{L}z$ 的主分量最小化函数为

$$
\mathrm{tr}(\boldsymbol{L})z^{\mathrm{H}}z + z_0^{\mathrm{H}}(\mathrm{tr}(\boldsymbol{L})\boldsymbol{I}_N - \boldsymbol{L})z_0 + 2\mathrm{Re}(z^{\mathrm{H}}(\mathrm{tr}(\boldsymbol{L})\boldsymbol{I}_N - \boldsymbol{L})z_0) \tag{5.27}
$$

由于文中 $\boldsymbol{R}^{(l)}$ 满足半正定特性，基于引理 5.2 可得 $\boldsymbol{h}^{\mathrm{H}}\boldsymbol{R}^{(l)}\boldsymbol{h}$ 的主分量函数为

$$
\begin{aligned}
\mathrm{tr}(\boldsymbol{R}^{(l)})\boldsymbol{h}^{\mathrm{H}}\boldsymbol{h} + (\boldsymbol{h}^{(l)})^{\mathrm{H}}(\mathrm{tr}(\boldsymbol{R}^{(l)})\boldsymbol{I}_N - \boldsymbol{R}^{(l)})\boldsymbol{h}^{(l)} \\
+ 2\mathrm{Re}(\boldsymbol{h}^{\mathrm{H}}(\boldsymbol{R}^{(l)} - \mathrm{tr}(\boldsymbol{R}^{(l)}))\boldsymbol{h}^{(l)})
\end{aligned} \tag{5.28}
$$

因此，问题（5.25）可简化为

$$
\begin{aligned}
\min_{\boldsymbol{h}} \quad & \mathrm{Re}(\boldsymbol{h}^{\mathrm{H}}(\boldsymbol{R}^{(l)} - \mathrm{tr}(\boldsymbol{R}^{(l)}))\boldsymbol{h}^{(l)}) \\
& + \varepsilon \mathrm{Re}(\lambda_1 b_{\max}(\boldsymbol{x}^{(l)})^{\mathrm{H}}\boldsymbol{h}) \\
& + (1-\varepsilon)\mathrm{Re}(\lambda_2 b_{\min}(\boldsymbol{x}_{\mathrm{j}}^{(l)})^{\mathrm{H}}\boldsymbol{h}) \\
\mathrm{s.\,t.} \quad & \boldsymbol{h}^{\mathrm{H}}\boldsymbol{h} = N
\end{aligned} \tag{5.29}
$$

式（5.29）二次约束线性规划问题的最优解为

$$\boldsymbol{h}^{(l+1)}=\sqrt{\frac{N}{\|\boldsymbol{y}^{(l+1)}\|_2^2}}(\boldsymbol{y}^{(l+1)}) \tag{5.30}$$

式中

$$\boldsymbol{y}^{(l+1)}=\boldsymbol{R}^{(l)}\boldsymbol{h}^{(l)}-\mathrm{tr}(\boldsymbol{R}^{(l)})\boldsymbol{h}^{(l)}-\varepsilon\lambda_1 b_{\max}\boldsymbol{x}^{(l)}-(1-\varepsilon)\lambda_2 b_{\min}\boldsymbol{x}_{\mathrm{j}}^{(l)} \tag{5.31}$$

下文进一步给出矩阵 $\boldsymbol{R}^{(l)}$ 迹的解，根据 $\boldsymbol{R}^{(l)}$ 定义和矩阵迹的计算定理 $\mathrm{tr}(\boldsymbol{A}+\boldsymbol{B})=\mathrm{tr}(\boldsymbol{A})+\mathrm{tr}(\boldsymbol{B})$ 和 $\mathrm{tr}(\boldsymbol{AB})=\mathrm{tr}(\boldsymbol{BA})$，可得

$$\begin{aligned}\mathrm{tr}(\boldsymbol{R}^{(l)})=&\varepsilon\mathrm{tr}((\boldsymbol{\Phi}^{(l)})^{\mathrm{H}}\boldsymbol{W}\boldsymbol{\Phi}^{(l)})+\varepsilon\lambda_1\mathrm{tr}((\boldsymbol{x}^{(l)})^{\mathrm{H}}\boldsymbol{x}^{(l)})\\&+(1-\varepsilon)\mathrm{tr}((\boldsymbol{\Phi}_{\mathrm{j}}^{(l)})^{\mathrm{H}}\boldsymbol{W}\boldsymbol{\Phi}_{\mathrm{j}}^{(l)})+(1-\varepsilon)\lambda_2\mathrm{tr}((\boldsymbol{x}_{\mathrm{j}}^{(l)})^{\mathrm{H}}\boldsymbol{x}_{\mathrm{j}}^{(l)})\end{aligned} \tag{5.32}$$

由于波形满足恒模，易得 $\mathrm{tr}(\boldsymbol{x}_{\mathrm{j}}^{(l)}(\boldsymbol{x}_{\mathrm{j}}^{(l)})^{\mathrm{H}})=\sum_{i=1}^{N}p_i$ 和 $\mathrm{tr}((\boldsymbol{x}^{(l)})^{\mathrm{H}}\boldsymbol{x}^{(l)})=N$。此外，结合式（5.11）可得

$$\mathrm{tr}((\boldsymbol{\Phi}^{(l)})^{\mathrm{H}}\boldsymbol{W}\boldsymbol{\Phi}^{(l)})=N(N-1) \tag{5.33}$$

并且，$(\boldsymbol{\Phi}_{\mathrm{j}}^{(l)})^{\mathrm{H}}\boldsymbol{W}\boldsymbol{\Phi}_{\mathrm{j}}^{(l)}$ 第 n 个对角元素为

$$\sum_{i=1}^{N}p_n x_i x_i^{*}=Np_n \tag{5.34}$$

矩阵的迹为

$$\mathrm{tr}((\boldsymbol{\Phi}_{\mathrm{j}}^{(l)})^{\mathrm{H}}\boldsymbol{W}\boldsymbol{\Phi}_{\mathrm{j}}^{(l)})=N\sum_{n=1}^{N}p_n \tag{5.35}$$

式中：$\sum_{n=1}^{N}p_n$ 可以根据间歇采样转发干扰的占空比计算，即

$$\sum_{n=1}^{N}p_n=\frac{\tau_{\mathrm{isrj}}}{T_{\mathrm{isrj}}}N \tag{5.36}$$

联合式（5.32）至式（5.36）得

$$\mathrm{tr}(\boldsymbol{R}^{(l)})=\varepsilon N(N-1)+\varepsilon\lambda_1 N+(1-\varepsilon)\frac{\tau_{\mathrm{isrj}}}{T_{\mathrm{isrj}}}N^2+(1-\varepsilon)\lambda_2\frac{\tau_{\mathrm{isrj}}}{T_{\mathrm{isrj}}}N \tag{5.37}$$

5.2.2.2 波形优化

然后，给定非匹配滤波器 $\boldsymbol{h}^{(l+1)}$，结合 $f_1(\boldsymbol{x},\boldsymbol{h}^{(l+1)})$ 和 $f_2(\boldsymbol{x},\boldsymbol{h}^{(l+1)})$ 可得波形设计问题为

$$\begin{aligned}\min_{\boldsymbol{x}}\quad&\boldsymbol{x}^{\mathrm{H}}\boldsymbol{T}^{(l+1)}\boldsymbol{x}+\varepsilon\mathrm{Re}(\lambda_1 b_{\max}(\boldsymbol{h}^{(l+1)})^{\mathrm{H}}\boldsymbol{x})\\&+(1-\varepsilon)\mathrm{Re}(\lambda_2 b_{\min}(\boldsymbol{h}_{\mathrm{j}}^{(l+1)})^{\mathrm{H}}\boldsymbol{x})\\\mathrm{s.t.}\quad&|x_n|=1,n=1,2,\cdots,N\end{aligned} \tag{5.38}$$

式中

$$\boldsymbol{T}^{(l+1)}=\varepsilon(\lambda_1\boldsymbol{h}^{(l+1)}(\boldsymbol{h}^{(l+1)})^{\mathrm{H}}+(\boldsymbol{\Lambda}^{(l+1)})^{\mathrm{H}}\boldsymbol{W}\boldsymbol{\Lambda}^{(l+1)})$$
$$+(1-\varepsilon)(\lambda_2\boldsymbol{h}_{\mathrm{j}}^{(l+1)}(\boldsymbol{h}_{\mathrm{j}}^{(l+1)})^{\mathrm{H}}+(\boldsymbol{\Lambda}_{\mathrm{j}}^{(l+1)})^{\mathrm{H}}\boldsymbol{W}\boldsymbol{\Lambda}_{\mathrm{j}}^{(l+1)}) \tag{5.39}$$

式中：$\boldsymbol{h}_{\mathrm{j}}=\boldsymbol{h}\odot\boldsymbol{p}$。

由于矩阵 $\boldsymbol{T}^{(l+1)}$ 为半正定矩阵，故 $\boldsymbol{x}^{\mathrm{H}}\boldsymbol{T}^{(l+1)}\boldsymbol{x}$ 的主分量函数分别为

$$\mathrm{tr}(\boldsymbol{T}^{(l+1)})\boldsymbol{x}^{\mathrm{H}}\boldsymbol{x}+(\boldsymbol{x}^{(l)})^{\mathrm{H}}(\mathrm{tr}(\boldsymbol{T}^{(l+1)})\boldsymbol{I}_N-\boldsymbol{T}^{(l+1)})\boldsymbol{x}^{(l)}$$
$$+2\mathrm{Re}((\boldsymbol{x}^{(l)})^{\mathrm{H}}(\boldsymbol{T}^{(l+1)}-\mathrm{tr}(\boldsymbol{T}^{(l+1)})\boldsymbol{I}_N)\boldsymbol{x}) \tag{5.40}$$

因此，式（5.38）可以简化为

$$\begin{aligned}\min_{\boldsymbol{h}}\quad & \mathrm{Re}((\boldsymbol{x}^{(l)})^{\mathrm{H}}(\boldsymbol{T}^{(l+1)}-\mathrm{tr}(\boldsymbol{T}^{(l+1)})\boldsymbol{I}_N)\boldsymbol{x})\\ & -\varepsilon\lambda_1 b_{\max}\mathrm{Re}((\boldsymbol{h}^{(l+1)})^{\mathrm{H}}\boldsymbol{x})-(1-\varepsilon)b_{\min}\mathrm{Re}((\boldsymbol{h}_{\mathrm{j}}^{(l+1)})^{\mathrm{H}}\boldsymbol{x})\\ \mathrm{s.t.}\quad & |x_n|=1,n=1,2,\cdots,N\end{aligned} \tag{5.41}$$

式（5.41）为恒模约束线性规划问题，其解析表达式为

$$\boldsymbol{x}^{(l+1)}=-\exp(-\mathrm{jarg}(\boldsymbol{z}^{(l+1)})) \tag{5.42}$$

式中

$$\boldsymbol{z}^{(l+1)}=\boldsymbol{T}^{(l+1)}\boldsymbol{x}^{(l)}-\mathrm{tr}(\boldsymbol{T}^{(l+1)})\boldsymbol{x}^{(l)}-\lambda_1 b_{\max}\boldsymbol{h}^{(l+1)}-\lambda_2 b_{\min}\boldsymbol{h}_{\mathrm{j}}^{(l+1)} \tag{5.43}$$

矩阵 $\boldsymbol{T}^{(l+1)}$ 前三项的迹推导过程与矩阵 $\boldsymbol{R}^{(l)}$ 的迹计算流程相同，此处不再赘述。其最后一项中

$$\sum_{i=1}^{N}p_i h_i^{(l+1)}(h_i^{(l+1)})^*\leqslant\sum_{i=1}^{N}h_i^{(l+1)}(h_i^{(l+1)})^*=N \tag{5.44}$$

结合式（5.44）和上文推导矩阵 $\boldsymbol{R}^{(l)}$ 的结果，可得 $\boldsymbol{T}^{(l+1)}$ 迹的上界。定义两个变量

$$\alpha=\varepsilon N(N+\lambda_1-1)+(1-\varepsilon)\frac{\tau}{T_{\mathrm{s}}}N(N+1) \tag{5.45}$$

和

$$\beta=\varepsilon N(N+\lambda_1-1)+(1-\varepsilon)\frac{\tau}{T_{\mathrm{s}}}N+(1-\varepsilon)N^2 \tag{5.46}$$

由于 $\boldsymbol{R}^{(l)}$ 和 $\boldsymbol{T}^{(l+1)}$ 是半正定矩阵，故可得到下述关系式 $\boldsymbol{R}^{(l)}<\alpha\boldsymbol{I}_N$ 和 $\boldsymbol{T}^{(l+1)}<\beta\boldsymbol{I}_N$。因此，根据主分量最小化原理，利用 α 和 β 分别替换矩阵 $\boldsymbol{R}^{(l)}$ 和 $\boldsymbol{T}^{(l+1)}$ 的迹仍可保证算法迭代过程中的目标函数单调下降。

5.2.2.3　联合设计算法及加速

利用主分量函数近似会导致算法收敛速度下降，本节阐述平方迭代加速方

法。平方迭代加速方法基于最速下降法和两点步长梯度法，用于加速期望最大算法。其中，期望最大算法根据第 l 次迭代结果求取联合条件概率期望的极大似然函数，再根据上述函数更新第 $l+1$ 次优化解。由于主分量最小化方法首先根据第 l 次迭代结果求目标函数的主分量最大化函数，然后基于此求第 $l+1$ 次迭代解析表达式，其优化流程与期望最大算法相似。受此启发，本节将平方迭代方法应用于基于主分量最小化的联合波形和滤波器设计方法。

除此之外，平方迭代方法仅要求波形和滤波器迭代更新表达式，故可直接应用于联合设计算法，即分别对波形和滤波器迭代过程中应用平方迭代加速方法。其中，非匹配滤波器的更新加速对应文中算法 1 的步骤 4 ~ 步骤 12，而波形的更新加速对应文中算法 1 的步骤 14 ~ 步骤 22。

分别利用 α 和 β 替换式（5.31）和式（5.43）中的迹表达式，定义如下两个映射函数：

$$G(\boldsymbol{h}^{(l+1)},\boldsymbol{x}^{(l)}) = -\exp(-\mathrm{j}\arg(\boldsymbol{T}^{(l+1)}\boldsymbol{x}^{(l)} - \beta\boldsymbol{x}^{(l)} - \lambda_1 b_{\max}\boldsymbol{h}^{(l+1)} - \lambda_2 b_{\min}\boldsymbol{h}_{\mathrm{j}}^{(l+1)})) \tag{5.47}$$

和

$$F(\boldsymbol{h}^{(l)},\boldsymbol{x}^{(l)}) = \sqrt{\frac{N}{\|\boldsymbol{w}^{(l+1)}\|_2^2}}(\boldsymbol{w}^{(l+1)}) \tag{5.48}$$

式中

$$\boldsymbol{w}^{(l+1)} = \boldsymbol{R}^{(l)}\boldsymbol{h}^{(l)} - \alpha\boldsymbol{h}^{(l)} - \varepsilon\lambda_1 b_{\max}\boldsymbol{x}^{(l)} - (1-\varepsilon)\lambda_2 b_{\min}\boldsymbol{x}_{\mathrm{j}}^{(l)} \tag{5.49}$$

利用平方迭代加速方法加速算法，则抗间歇采样转发干扰联合优化设计算法总结如算法 1。

算法 1：快速抗间歇采样转发干扰波形和滤波器联合设计算法

输入：波形和滤波器长度 N

1：用随机相位编码序列初始化 $\boldsymbol{x}^{(0)}$ 和 $\boldsymbol{h}^{(0)}$；

2：重复

3：$\boldsymbol{h}_1 = F(\boldsymbol{h}^{(l)},\boldsymbol{x}^{(l)})$

4：$\boldsymbol{h}_2 = F(\boldsymbol{h}_1,\boldsymbol{x}^{(l)})$

5：$\boldsymbol{r}_1 = \boldsymbol{h}_1 - \boldsymbol{h}^{(l)}$

6：$\boldsymbol{v}_1 = \boldsymbol{h}_2 - \boldsymbol{h}_1 - \boldsymbol{r}_1$

7：$\alpha_1 = -\|\boldsymbol{r}_1\|_2/\|\boldsymbol{v}_1\|_2$

续

$\boldsymbol{h}^{(l+1)} = F(\boldsymbol{h}^{(l)} - 2\alpha_1 \boldsymbol{r}_1 + \alpha_1^2 \boldsymbol{v}_1, \boldsymbol{x}^{(l)})$

若 $f(\boldsymbol{x}^{(l)}, \boldsymbol{h}^{(l+1)}) > f(\boldsymbol{x}^{(l)}, \boldsymbol{h}^{(l)})$，循环

　$\alpha_1 \leftarrow (\alpha_1 - 1)/2$

　$\boldsymbol{h}^{(l+1)} = F(\boldsymbol{h}^{(l)} - 2\alpha \boldsymbol{r}_1 + \alpha^2 \boldsymbol{v}_1, \boldsymbol{x}^{(l)})$

结束

$\boldsymbol{x}_1 = G(\boldsymbol{h}^{(l+1)}, \boldsymbol{x}^{(l)})$

$\boldsymbol{x}_2 = G(\boldsymbol{h}^{(l+1)}, \boldsymbol{x}_1)$

$\boldsymbol{r}_2 = \boldsymbol{x}_1 - \boldsymbol{x}^{(l)}$

$\boldsymbol{v}_2 = \boldsymbol{x}_2 - \boldsymbol{x}_1 - \boldsymbol{r}_1$

$\alpha_2 = -\|\boldsymbol{r}_2\|_2 / \|\boldsymbol{v}_2\|_2$

$\boldsymbol{x}^{(l+1)} = G(\boldsymbol{h}^{(l+1)}, \boldsymbol{x}^{(l)} - 2\alpha_2 \boldsymbol{r}_2 + \alpha_2^2 \boldsymbol{v}_2)$

若 $f(\tilde{\boldsymbol{x}}^{(l)}, \boldsymbol{h}^{(l+1)}) > f(\boldsymbol{x}^{(l)}, \boldsymbol{h}^{(l+1)})$，循环

　$\alpha_2 \leftarrow (\alpha_2 - 1)/2$

　$\boldsymbol{x}^{(l+1)} = G(\boldsymbol{h}^{(l+1)}, \boldsymbol{x}^{(l)} - 2\alpha_2 \boldsymbol{r}_2 + \alpha_2^2 \boldsymbol{v}_2)$

结束

$l \leftarrow l + 1$

直至收敛

输出：波形和滤波器。

此外，为了降低算法计算复杂度，利用快速傅里叶变换快速求解算法中向量和矩阵乘法运算。在波形和非匹配滤波器设计过程中涉及矩阵向量的乘法，其主要包括 $\boldsymbol{\Phi}_m^{\mathrm{H}} \boldsymbol{W} \boldsymbol{\Phi}_m \boldsymbol{h}_m^{(i)}$、$\boldsymbol{Y}_m^{\mathrm{H}} \boldsymbol{Y}_m \boldsymbol{h}_m^{(i)}$、$\boldsymbol{\Lambda}_m^{\mathrm{H}} \boldsymbol{W} \boldsymbol{\Lambda}_m \boldsymbol{x}_m^{(i)}$ 和 $\boldsymbol{\Psi}_m^{\mathrm{H}} \boldsymbol{\Psi}_m \boldsymbol{x}_m^{(i)}$。为降低上述方法的计算复杂度，引入下述引理。

引理 5.3： 假设向量 $\boldsymbol{c} = [c_1 \quad c_2 \quad \cdots \quad c_{N-1} \quad c_N]^{\mathrm{T}}$，且矩阵 $\boldsymbol{C}$ 满足以下形式：

$$
\boldsymbol{C}=\begin{bmatrix} c_1 & c_N & \cdots & c_3 & c_2 \\ c_2 & c_1 & c_N & \cdots & c_3 \\ \vdots & c_2 & c_1 & \ddots & \vdots \\ c_{N-1} & \ddots & \ddots & \ddots & c_N \\ c_N & c_{N-1} & \cdots & c_2 & c_1 \end{bmatrix} \tag{5.50}
$$

则矩阵可以对角化为下述矩阵：

$$
\boldsymbol{C}=\boldsymbol{F}^{-1}\text{diag}(\boldsymbol{F}\boldsymbol{c})\boldsymbol{F} \tag{5.51}
$$

因此，上述类似形式的矩阵与向量乘法运算可通过快速傅里叶变换高效计算。不失一般性，以 $\boldsymbol{\Phi}_m^{\mathrm{H}}\boldsymbol{W}\boldsymbol{\Phi}_m\boldsymbol{h}_m^{(i)}$ 为例，定义向量 $\boldsymbol{c}_1=[x_N^* \quad x_{N-1}^* \quad \cdots \quad x_1^* \quad 0 \quad \cdots \quad 0]^{\mathrm{T}}$，其长度为 $2N-1$。因此，可以得到

$$
\boldsymbol{\Phi}_m\boldsymbol{h}_m^{(i)}=\boldsymbol{F}^{-1}\left[\text{diag}(\boldsymbol{F}\boldsymbol{c}_1)\boldsymbol{F}\begin{pmatrix}\boldsymbol{h}_m^{(i)}\\ 0\end{pmatrix}\right] \tag{5.52}
$$

式中：向量 $\boldsymbol{W}$ 是对角矩阵，可通过点乘实现 $\boldsymbol{W}$ 和 $\boldsymbol{\Phi}_m\boldsymbol{h}_m^{(i)}$。令向量 $\boldsymbol{c}_2=[x_1 \quad x_2 \quad \cdots \quad x_N \quad 0 \quad \cdots \quad 0]^{\mathrm{T}}$，则可得

$$
z=\boldsymbol{F}^{-1}[\text{diag}(\boldsymbol{F}\boldsymbol{c}_2)\boldsymbol{F}(\boldsymbol{W}\boldsymbol{\Phi}_m\boldsymbol{h}_m^{(i)})] \tag{5.53}
$$

进而可以得到

$$
\boldsymbol{\Phi}_m^{\mathrm{H}}\boldsymbol{W}\boldsymbol{\Phi}_m\boldsymbol{h}_m^{(i)}=z_{N:2N-1} \tag{5.54}
$$

同理也可利用快速傅里叶变换计算 $\boldsymbol{Y}_m^{\mathrm{H}}\boldsymbol{Y}_m\boldsymbol{h}_m^{(i)}$、$\boldsymbol{\Lambda}_m^{\mathrm{H}}\boldsymbol{W}\boldsymbol{\Lambda}_m\boldsymbol{x}_m^{(i)}$ 和 $\boldsymbol{\Psi}_m^{\mathrm{H}}\boldsymbol{\Psi}_m\boldsymbol{x}_m^{(i)}$，且联合设计算法中最高计算复杂度为 $O(N\lg N)$。

5.2.3 算法仿真

假设波形和非匹配滤波器长度为512，波形非匹配滤波输出归一化 LPG 为 -1dB，干扰信号非匹配滤波输出归一化峰值为 -30dB，帕累托值为0.5。间歇采样信号占空比0.25，间歇采样周期重复 $T_{\mathrm{isrj}}=T_{\mathrm{p}}/2$。

图5.2为设计的波形及其对应的干扰信号经过非匹配滤波输出后的结果图。图5.2（a）为波形非匹配滤波脉冲压缩结果图，其 LPG 为 -1.03dB，ISLR 为 -12.46dB。图5.2（b）为干扰信号非匹配滤波输出结果图，其归一化峰值干扰为 -28.43dB，积分能量比为 -14.22dB。因此，通过联合设计波形和滤波器可在保证波形脉冲压缩性能情况下抑制间歇采样转发干扰。

假设帕累托权值 $\varepsilon=[0.1,0.2,0.3,0.4,0.5,0.6,0.6,0.7,0.8,0.9]$。不同帕累托权值条件下使用相同的随机相位编码序列初始化波形和非匹配滤波

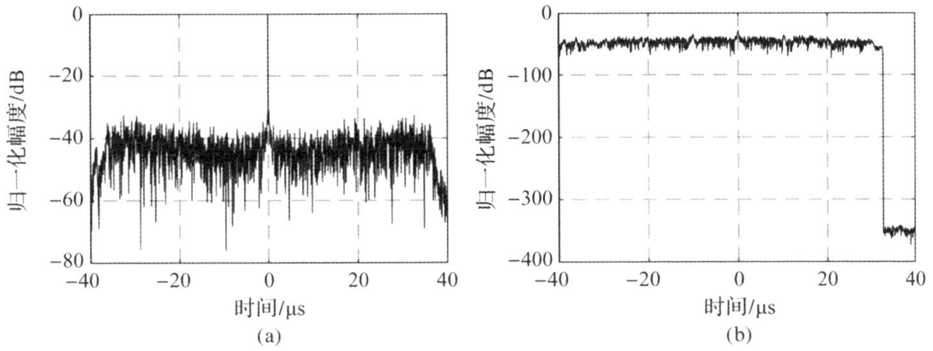

图 5.2　联合设计结果

（a）波形非匹配滤波输出；（b）干扰信号非匹配滤波输出。

器。图 5.3 为波形非匹配脉冲压缩 ISLR 和 LPG，以及干扰信号非匹配滤波输出积分能量和峰值随着帕累托权值的变化曲线图。如图 5.3（a）和图 5.3（c）所示，随着帕累托权值的增加，ISLR 呈现下降趋势，而 LPG 值逐渐增加。由目标函数的定义可知，当帕累托权值增加时，目标函数中提高脉冲压缩性能的权重增加。因此，在优化过程中能够使得目标函数的数值更小，即积分旁瓣和 LPG 目标函数的数值将会逐渐减小。其中，脉压峰值目标函数减小使得波形和滤波器的脉压峰值和预期设定值之间的误差值逐渐降低，故设计波形和滤波器的脉压峰值将逐渐靠近预期设定值，进而符合逐渐上升趋势。此外，权值为 0.3 和 0.8 时 ISLR 水平值分别要大于权值为 0.4 和 0.9 时对应的数值，这可能与算法的迭代次数相关，即权值为 0.3 和 0.8 时迭代次数少于权值为 0.4 和 0.9 时对应的迭代次数，进而导致其积分旁瓣值偏大。图 5.3（b）和图 5.3（d）中 JILR、干扰峰值随着帕累托权值的增加，干扰信号非匹配滤波输出峰值增加。这是由于帕累托权值增加使得抑制干扰的代价函数权重降低，进而导致干扰信号非匹配滤波输出电平增加。

如图 5.3 所示，随着帕累托权值的增加，脉冲压缩性能与抗间歇采样转发干扰的性能变化趋势相反。因此，难以同时获得高脉冲压缩性能和抗间歇采样转发干扰性能。实际上，参数的选择可以根据场景中间歇采样转发干扰功率决定。在干扰功率较大的情况下，可以设置较小的权值以使得联合设计的波形和非匹配滤波器能够获得更优的抗干扰性能。当干扰功率较小时，则设置较大的权值，使得联合设计的波形和滤波器能够在保证脉冲压缩性能的条件下获得抗间歇采样转发干扰性能。为了兼顾波形与非匹配滤波器的抗干扰性能和脉冲压缩性能，可以将帕累托权值设置为0.5。

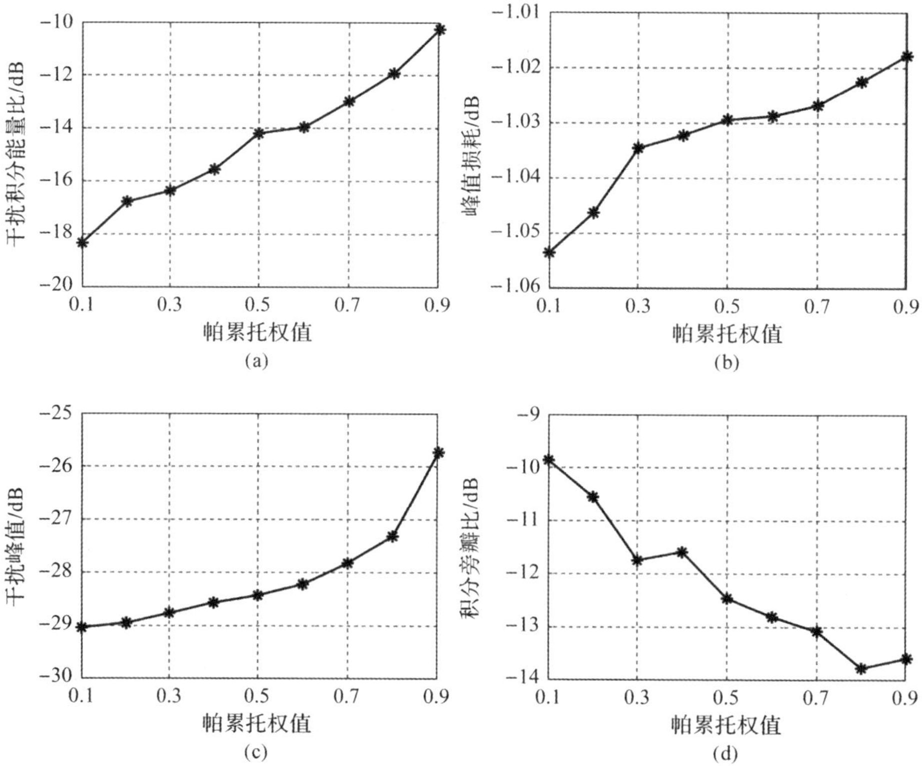

图5.3　非匹配滤波性能随着权值的变化曲线

（a）ISLR 随着帕累托权值的变化；（b）JILR 随着帕累托权值的变化；

（c）LPG 随着帕累托权值的变化；（d）干扰峰值随着帕累托权值的变化。

接下来，分析 LPG 对波形非匹配滤波输出积分旁瓣性能和干扰信号积分能量性能的影响。LPG 设置为[−0.8，−1，−1.3，−1.6，−2]，其余参数与上述一致。由于波形中间歇采样部分的信号段被抑制，所以波形的非匹配滤波脉冲压缩存在 LPG。图5.4为雷达波形非匹配滤波输出 ISLR 和干扰信号积分能量随着 LPG 变化曲线，可以发现，随着 LPG 的减小，ISLR 和干扰信号积分能量逐渐增加。因此，为了有效抑制间歇采样转发干扰，并且提高波形脉冲压缩积分旁瓣水平，LPG 不应太小。

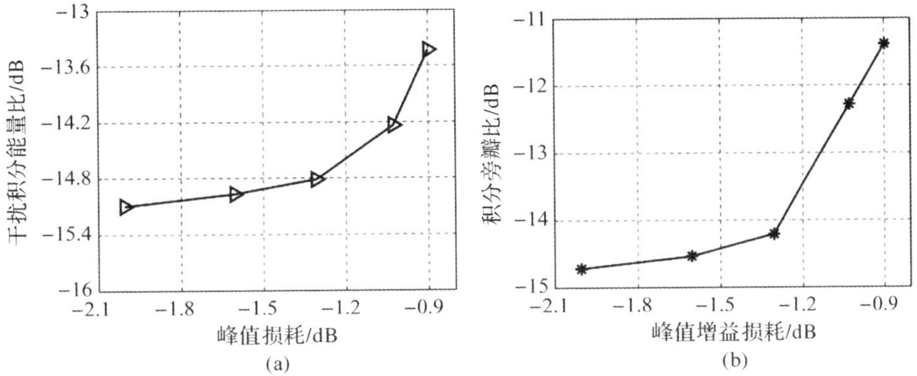

图 5.4　ISLR 和积分能量比随 LPG 变化

（a）ISLR 随 LPG 变化；（b）干扰积分能量随 LPG 变化。

5.3　联合非匹配滤波的抗间歇采样转发干扰捷变波形

本节阐述联合非匹配滤波的抗间歇采样转发干扰捷变波形设计方法，首先给出问题的建模和快速设计算法，最后通过仿真验证算法有效性。

5.3.1　问题建模

假设 SAR 发射 M 个波形，第 m 个波形为 $\boldsymbol{x}_m$，且 $\boldsymbol{x}_m=[x_{m1},x_{m2},\cdots,x_{mN}]^{\mathrm{T}}$，则捷变波形的所有码元可表示为矩阵形式，即 $\boldsymbol{X}=[\boldsymbol{x}_1\quad\cdots\quad\boldsymbol{x}_{M-1}\quad\boldsymbol{x}_M]$。令第 m 个波形的非匹配滤波器为 $\boldsymbol{h}_m$，则非匹配滤波器矩阵为 $\boldsymbol{H}=[\boldsymbol{h}_1\quad\cdots\quad\boldsymbol{h}_{M-1}\quad\boldsymbol{h}_M]$。

首先，考虑快时间波形和非匹配滤波器的脉冲压缩性能，建立如下目标函数：

$$
\begin{aligned}
f_1(\boldsymbol{X},\boldsymbol{H}) &= \sum_{m=1}^{M}\boldsymbol{x}_m^{\mathrm{H}}\boldsymbol{\Lambda}_m^{\mathrm{H}}\boldsymbol{W}\boldsymbol{\Lambda}_m\boldsymbol{x}_m+\lambda_1\left|\boldsymbol{h}_m^{\mathrm{H}}\boldsymbol{x}_m-b_m\right|^2\\
&= \sum_{m=1}^{M}\boldsymbol{h}_m^{\mathrm{H}}\boldsymbol{\Phi}_m^{\mathrm{H}}\boldsymbol{W}\boldsymbol{\Phi}_m\boldsymbol{h}_m+\lambda_1\left|\boldsymbol{x}_m^{\mathrm{H}}\boldsymbol{h}_m-b_m\right|^2
\end{aligned}
\tag{5.55}
$$

式中：b_m 表示预设脉冲压缩峰值；λ_1 为权值。

需要注意的是，为了保证波形的非匹配滤波脉冲压缩峰值的相参性，λ_1 和 b_m 应设置使得各个波形的非匹配滤波输出主瓣峰值相同。矩阵 $\boldsymbol{\Lambda}_m$ 和 $\boldsymbol{\Phi}_m$ 定义如下：

$$\boldsymbol{\Lambda}_m=\begin{bmatrix}0 & \cdots & 0 & h_{1m} & h_{2m} & \cdots & h_{Nm}\\ \vdots & \iddots & \iddots & \vdots & \vdots & \ddots & 0\\ \vdots & h_{1m} & \cdots & h_{N-1m} & h_{Nm} & \ddots & 0\\ h_{1m} & h_{2m} & \cdots & h_{Nm} & 0 & \cdots & 0\end{bmatrix}^{\mathrm{H}} \tag{5.56}$$

和

$$\boldsymbol{\Phi}_m=\begin{bmatrix}x_{Nm} & x_{N-1m} & \cdots & x_{1m} & 0 & \cdots & 0\\ 0 & x_{Nm} & \ddots & x_{2m} & x_{1m} & \ddots & \vdots\\ \vdots & \ddots & \ddots & \vdots & \vdots & \ddots & 0\\ 0 & \cdots & 0 & x_{Nm} & x_{N-1m} & \cdots & x_{1m}\end{bmatrix}^{\mathrm{H}} \tag{5.57}$$

式中：波形 $\boldsymbol{x}_m$ 的非匹配滤波输出为 $\boldsymbol{r}_m=\boldsymbol{\Lambda}_m\boldsymbol{x}_m$，也可表示为 $\boldsymbol{\Phi}_m\boldsymbol{h}_m$。构建矩阵 $\boldsymbol{\Psi}_m$：

$$\boldsymbol{\Psi}_m=\begin{bmatrix}0 & \cdots & p_1h_{1m} & \cdots & p_1h_{Nm}\\ \vdots & \iddots & \vdots & \iddots & 0\\ 0 & \iddots & p_{N-1}h_{N-1m} & \iddots & \vdots\\ p_Nh_{1m} & \cdots & p_Nh_{Nm} & \cdots & 0\end{bmatrix}^{\mathrm{H}} \tag{5.58}$$

间歇采样转发干扰信号非匹配滤波输出为 $\boldsymbol{s}_m=\boldsymbol{\Psi}_m\boldsymbol{x}_m$，其也为 $\boldsymbol{Y}_m\boldsymbol{h}_m$，其中

$$\boldsymbol{Y}_m=\begin{bmatrix}p_Nx_{Nm} & \cdots & p_1x_{1m} & \cdots & 0\\ 0 & \ddots & p_2x_{2m} & \ddots & \vdots\\ \vdots & \ddots & \vdots & \ddots & 0\\ 0 & \cdots & p_Nx_{Nm} & \cdots & p_1x_{1m}\end{bmatrix}^{\mathrm{H}} \tag{5.59}$$

为了抑制干扰信号的非匹配输出能量，引入目标函数 $\sum\limits_k|s_{km}|^2$。为抑制间歇采样转发干扰的零阶干扰峰值，引入干扰峰值代价函数 $|(\boldsymbol{h}_m\odot\boldsymbol{p})^{\mathrm{H}}\boldsymbol{x}_m-c_m\mathrm{e}^{\mathrm{j}\theta_m}|^2$，其中，$c_m$ 为约束间歇采样输出干扰峰值的实数。

由于期望各慢时刻对应的发射波形对应干扰信号的非匹配输出之间不具备相参性，因此可通过引入随慢时间随机变化的相位 θ_m，并随机微调 c_m。综上，间歇采样转发干扰抑制目标函数为

$$\begin{aligned}f_2(\boldsymbol{X},\boldsymbol{H})&=\sum_{m=1}^{M}(\boldsymbol{x}_m^{\mathrm{H}}\boldsymbol{\Psi}_m^{\mathrm{H}}\boldsymbol{\Psi}_m\boldsymbol{x}_m+\lambda_2|(\boldsymbol{h}_m\odot\boldsymbol{p})^{\mathrm{H}}\boldsymbol{x}_m-c_m\mathrm{e}^{\mathrm{j}\theta_m}|^2)\\&=\sum_{m=1}^{M}(\boldsymbol{h}_m^{\mathrm{H}}\boldsymbol{Y}_m^{\mathrm{H}}\boldsymbol{Y}_m\boldsymbol{h}_m+\lambda_2|(\boldsymbol{h}_m\odot\boldsymbol{p})^{\mathrm{H}}\boldsymbol{x}_m-c_m\mathrm{e}^{\mathrm{j}\theta_m}|^2)\end{aligned} \tag{5.60}$$

利用帕累托优化框架，则联合非匹配滤波的抗间歇采样转发干扰捷变波形设计问题为

$$\begin{aligned}\min_{\boldsymbol{X},\boldsymbol{H}}\quad & \varepsilon f_1(\boldsymbol{X},\boldsymbol{H})+(1-\varepsilon)f_2(\boldsymbol{X},\boldsymbol{H})\\ \text{s. t.}\quad & \boldsymbol{h}_m^{\mathrm{H}}\boldsymbol{h}_m=N,m=1,2,\cdots,M\\ & \boldsymbol{x}_m\in\mathbb{C}^{N\times 1}\end{aligned}\tag{5.61}$$

式中：非匹配滤波器满足能量约束，而发射波形满足低 PAR 或恒模约束，其分别可表示如下：

$$\frac{\max\limits_n |x_{mn}|^2}{\frac{1}{N}\|\boldsymbol{x}_m\|^2}\leqslant\zeta,\ \zeta\in[1,N]\tag{5.62}$$

和

$$|x_{mn}|=1,n=1,2,\cdots,N\tag{5.63}$$

5.3.2　问题求解

由目标函数 $f_1(\boldsymbol{X},\boldsymbol{H})$ 和 $f_2(\boldsymbol{X},\boldsymbol{H})$ 定义可知，第 m 个抗间歇采样转发干扰波形和非匹配滤波器设计与其余 $M-1$ 个波形和非匹配滤波器无关，故可将目标函数分解为

$$f_1(\boldsymbol{X},\boldsymbol{H})=\sum_{m=1}^{M}f_1(\boldsymbol{x}_m,\boldsymbol{h}_m)\tag{5.64}$$

和

$$f_2(\boldsymbol{X},\boldsymbol{H})=\sum_{m=1}^{M}f_2(\boldsymbol{x}_m,\boldsymbol{h}_m)\tag{5.65}$$

式中：子目标函数的定义为

$$f_1(\boldsymbol{x}_m,\boldsymbol{h}_m)=\boldsymbol{x}_m^{\mathrm{H}}\boldsymbol{\Lambda}_m^{\mathrm{H}}\boldsymbol{W}\boldsymbol{\Lambda}_m\boldsymbol{x}_m+\lambda_1|\boldsymbol{h}_m^{\mathrm{H}}\boldsymbol{x}_m-b_m|^2\tag{5.66}$$

和

$$f_2(\boldsymbol{x}_m,\boldsymbol{h}_m)=\boldsymbol{x}_m^{\mathrm{H}}\boldsymbol{\Psi}_m^{\mathrm{H}}\boldsymbol{\Psi}_m\boldsymbol{x}_m+\lambda_2|(\boldsymbol{h}_m\odot\boldsymbol{p})^{\mathrm{H}}\boldsymbol{x}_m-c_m\mathrm{e}^{\mathrm{j}\theta_m}|^2\tag{5.67}$$

还可以发现式（5.61）约束条件中，各发射波形和非匹配滤波器之间也是互相不耦合的。因此，可以将式（5.61）分解为 M 个子问题：

$$\begin{aligned}\min_{\boldsymbol{x}_m,\boldsymbol{h}_m}\quad & f(\boldsymbol{x}_m,\boldsymbol{h}_m)\\ \text{s. t.}\quad & \boldsymbol{h}_m^{\mathrm{H}}\boldsymbol{h}_m=N\\ & \boldsymbol{x}_m\in\mathbb{C}^{N\times 1}\end{aligned}\tag{5.68}$$

式中：目标函数为

$$f(\boldsymbol{x}_m,\boldsymbol{h}_m)=\varepsilon f_1(\boldsymbol{x}_m,\boldsymbol{h}_m)+(1-\varepsilon)f_2(\boldsymbol{x}_m,\boldsymbol{h}_m) \tag{5.69}$$

上述子问题中，目标函数 $f_1(\boldsymbol{x}_m,\boldsymbol{h}_m)$ 是关于波形和滤波器的二次函数。

5.3.2.1 波形设计

基于主分量方法，式（5.68）简化为

$$\begin{aligned}\min_{\boldsymbol{x}_m}\quad & 2\mathrm{Re}(\boldsymbol{x}_m^{\mathrm{H}}(\boldsymbol{A}_m-\lambda_{\max}(\boldsymbol{A}_m)\boldsymbol{I}_N)\boldsymbol{x}_m^{(i)})+\mathrm{Re}(\boldsymbol{d}_m^{\mathrm{H}}\boldsymbol{x}_m)\\ \text{s. t.}\quad & \boldsymbol{x}_m\in\mathbb{C}^{N\times 1}\end{aligned} \tag{5.70}$$

式中：$\lambda_{\max}(\boldsymbol{A}_m)$表示矩阵 $\boldsymbol{A}_m$ 的最大特征值，埃尔米特矩阵 $\boldsymbol{A}_m\leq\lambda_{\max}(\boldsymbol{A}_m)\boldsymbol{I}_N$。恒模约束下的问题求解相关细节此处不再赘述，仅对峰均能量比约束问题进行阐述。为便于表述，定义

$$\boldsymbol{g}_m=-2(\boldsymbol{A}_m-\lambda_{\max}(\boldsymbol{A}_m)\boldsymbol{I}_N)\boldsymbol{x}_m^{(i)}+\boldsymbol{d}_m \tag{5.71}$$

PAR 波形设计问题可重写为

$$\begin{aligned}\min_{\boldsymbol{x}_m}\quad & -\mathrm{Re}(\boldsymbol{g}_m^{\mathrm{H}}\boldsymbol{x}_m)\\ \text{s. t.}\quad & |x_{mn}|\leqslant\sqrt{\eta}\\ & \|\boldsymbol{x}_m\|^2=N\end{aligned} \tag{5.72}$$

第一，由于 PAR 约束和能量约束不受发射波形相位的影响，$\boldsymbol{g}_m$ 和 $\boldsymbol{x}_m$ 应具有相同的相位，因此可进一步假设上述两个向量为实数序列。

第二，引入拉格朗日乘子 λ、$\boldsymbol{\mu}$ 和 $\boldsymbol{v}$，则拉格朗日函数如下：

$$\begin{aligned}L(\boldsymbol{x}_m,\lambda,\boldsymbol{\mu},\boldsymbol{v})=&-\mathrm{Re}(\boldsymbol{g}_m^{\mathrm{H}}\boldsymbol{x}_m)+\frac{1}{2}\lambda(\|\boldsymbol{x}_m\|^2-N)\\ &-\boldsymbol{\mu}^{\mathrm{T}}\boldsymbol{x}_m+\boldsymbol{v}^{\mathrm{T}}(\boldsymbol{x}_m-\sqrt{\eta}\boldsymbol{1})\end{aligned} \tag{5.73}$$

基于非线性规划问题 KKT（Karush - Kuhn - Tucker，KKT）一阶必要条件：

$$(\nabla_{\boldsymbol{x}_m}L)(\boldsymbol{x}_m^*,\lambda^*,\boldsymbol{\mu}^*,\boldsymbol{v}^*)=-\boldsymbol{g}_m+\lambda^*\boldsymbol{x}_m^*-\boldsymbol{\mu}^*+\boldsymbol{v}^* \tag{5.74}$$

式中：* 表示共距。

且算法模型使其满足以下三个条件：

（1）当且仅当 $x_{mn}^*=0$ 时，$\mu_n^*>0$；

（2）当且仅当 $x_{mn}^*=\sqrt{\eta}$时，$v_n^*>0$；

（3）由于约束之间相互冲突，μ_n^* 和 v_n^* 中间必须有一个等于零。

第三，根据二阶 KTT 必要条件：

$$
\begin{aligned}
0 &\leqslant \boldsymbol{y}^{\mathrm{T}}(\nabla_{\boldsymbol{x}_m}^2 L)(\boldsymbol{x}_m^*, \lambda^*, \boldsymbol{\mu}^*, \boldsymbol{v}^*)\boldsymbol{y} \\
&= \lambda^* \boldsymbol{y}^{\mathrm{T}}\boldsymbol{y}
\end{aligned} \tag{5.75}
$$

因此，可得 $\lambda^* \geqslant 0$。

第四，根据式（5.74），只要 $\mu_n^* > 0$，则必有 $v_n^* = 0$ 和 $x_{mn}^* = 0$。而由于 $g_{mn}^* \geqslant 0$，故该条件不成立。因此可将式（5.74）进一步简化为

$$
-\boldsymbol{g}_m + \lambda^* \boldsymbol{x}_m^* + \boldsymbol{v}^* = 0 \tag{5.76}
$$

第五，分别讨论 $\lambda^* = 0$ 和 $\lambda^* > 0$ 的情况。

（1）当 $\lambda^* = 0$ 时，可得到 $\boldsymbol{v}^* - \boldsymbol{g}_m = 0$。由于当且仅当 $x_{mn}^* = \sqrt{\eta}$时，$v_n^* > 0$，因此，当 $g_{mn}^* > 0$ 时，必须有 $x_{mn}^* = \sqrt{\eta}$。假设 x_m^* 中共有 k 个元素满足 $x_{mn}^* = \sqrt{\eta}$。剩余的元素并不是由优化问题决定。不失一般性，当 $g_{mn}^* = 0$ 时，令

$$
x_{mn}^* = \sqrt{\frac{N - k\eta}{N - k}} \tag{5.77}
$$

（2）当 $\lambda^* > 0$ 时，其解具有以下形式：

$$
\boldsymbol{x}_m^* = \begin{cases} \gamma g_{mn}, n \notin \mathcal{M} \\ \sqrt{\eta}\mathrm{e}^{\mathrm{j}\arg(g_{mn})}, n \in \mathcal{M} \end{cases} \tag{5.78}
$$

假设 $\boldsymbol{x}_m^*$ 中共有 k 个元素满足 $x_{mn}^* = \sqrt{\eta}$，剩余元素用集合 $\mathcal{N}$ 表示，则下式成立：

$$
N = k\eta + \gamma^2 \sum_{n \in \mathcal{N}} |g_{mn}|^2 \tag{5.79}
$$

可得

$$
\gamma = \sqrt{\frac{N - k\eta}{\sum_{n \in \mathcal{M}} |g_{mn}|^2}} \tag{5.80}
$$

综上所述，PAR 波形优化流程为

（1）设置集合 $\mathcal{N}$ 对应为 $\boldsymbol{g}_m$ 中幅度最小的部分元素，剩余零元素为集合 $\mathcal{M}$，元素数量为 k；

（2）若 $N - k\eta \geqslant 0$，则解析表达式为

$$
\boldsymbol{x}_m^* = \begin{cases} \sqrt{\frac{N - k\eta}{N - k}}, n \in \mathcal{M} \\ \sqrt{\eta}\mathrm{e}^{\mathrm{j}\arg(g_{mn})}, n \notin \mathcal{M} \end{cases} \tag{5.81}
$$

（3）若 $N - k\eta < 0$，则集合 $\mathcal{N}$ 中元素并不是全为 0，需要增加集合内元素数量，及减小 k。而其解析表达式如式（5.81）所示。

5.3.2.2 滤波器设计

固定发射波形，非匹配滤波器设计子问题为

$$\begin{aligned}&\min_{\boldsymbol{h}_m} \quad \boldsymbol{h}_m^{\mathrm{H}}\boldsymbol{B}_m\boldsymbol{h}_m + \mathrm{Re}(\boldsymbol{e}_m^{\mathrm{H}}\boldsymbol{h}_m) + \mathrm{const} \\ &\text{s. t.} \quad \boldsymbol{h}_m^{\mathrm{H}}\boldsymbol{h}_m = N\end{aligned} \tag{5.82}$$

式中：矩阵 $\boldsymbol{B}_m$ 和向量 $\boldsymbol{e}_m$ 的定义为

$$\begin{aligned}\boldsymbol{B}_m = \varepsilon(&\boldsymbol{\Phi}_m^{\mathrm{H}}\boldsymbol{W}\boldsymbol{\Phi}_m + \lambda_1\boldsymbol{x}_m\boldsymbol{x}_m^{\mathrm{H}}) + \\ &(1-\varepsilon)(\boldsymbol{Y}_m^{\mathrm{H}}\boldsymbol{Y}_m + \lambda_2(\boldsymbol{x}_m \odot \boldsymbol{p})(\boldsymbol{x}_m \odot \boldsymbol{p})^{\mathrm{H}})\end{aligned} \tag{5.83}$$

和

$$\boldsymbol{e}_m = (1-\varepsilon)(-2\lambda_2 c_m \mathrm{e}^{-\mathrm{j}\theta_m}(\boldsymbol{x}_m \odot \boldsymbol{p})) - 2\varepsilon\lambda_1 b_m \boldsymbol{x}_m \tag{5.84}$$

5.3.2.3 联合设计算法

在上述推导过程中，由于 $\boldsymbol{A}_m$ 和 $\boldsymbol{B}_m$ 均为埃尔米特矩阵，故可以通过引理 5.4 推导矩阵的特征值上界，且可以通过快速傅里叶变换求解特征值上界。

引理 5.4：假设 $\boldsymbol{R}$ 为埃尔米特托普利兹矩阵，即

$$\boldsymbol{R} = \begin{bmatrix} r_0 & r_1^* & \cdots & r_{N-1}^* \\ r_1 & r_0 & \ddots & \vdots \\ \vdots & \ddots & \ddots & r_1^* \\ r_{N-1} & \cdots & r_1 & r_0 \end{bmatrix} \tag{5.85}$$

假设 $\boldsymbol{r} = [r_0 \quad \cdots \quad r_{N-1} \quad 0 \quad r_{N-1}^* \quad \cdots \quad r_1^*]^{\mathrm{T}}$，$\boldsymbol{u} = \boldsymbol{F}\boldsymbol{r}$，其中，$\boldsymbol{F}$ 表示 $2N$ 的傅里叶变化矩阵，$F_{mn} = \mathrm{e}^{-\mathrm{j}\frac{2mn\pi}{2N}}$，$0 \leqslant m$，$n \leqslant 2\pi$。则矩阵的最大特征值为

$$\lambda_{\max}(\boldsymbol{R}) \leqslant \frac{1}{2}\left(\max_{1 \leqslant i \leqslant N} u_{2i} + \max_{1 \leqslant i \leqslant N} u_{2i-1}\right) \tag{5.86}$$

以矩阵埃尔米特托普利兹矩阵 $\boldsymbol{A}_m$ 矩阵为例，$\boldsymbol{\Lambda}_m^{\mathrm{H}}\boldsymbol{W}\boldsymbol{\Lambda}_m + \lambda_1\boldsymbol{h}_m\boldsymbol{h}_m^{\mathrm{H}}$ 可表示为 $\boldsymbol{\Lambda}_m^{\mathrm{H}}\boldsymbol{\Lambda}_m + (\lambda_1 - 1)\boldsymbol{h}_m\boldsymbol{h}_m^{\mathrm{H}}$。$\boldsymbol{h}_m\boldsymbol{h}_m^{\mathrm{H}}$ 和$(\boldsymbol{h}_m \odot \boldsymbol{p})(\boldsymbol{h}_m \odot \boldsymbol{p})^{\mathrm{H}}$ 的特征值上界为 N，因此，只需要计算 $\boldsymbol{\Lambda}_m^{\mathrm{H}}\boldsymbol{\Lambda}_m$ 和 $\boldsymbol{\Psi}_m^{\mathrm{H}}\boldsymbol{\Psi}_m$ 的特征值的上界。$\boldsymbol{\Lambda}_m^{\mathrm{H}}\boldsymbol{\Lambda}_m$ 和 $\boldsymbol{\Psi}_m^{\mathrm{H}}\boldsymbol{\Psi}_m$ 分别表示 $\boldsymbol{h}_m$ 和 $\boldsymbol{h}_m \odot \boldsymbol{p}$ 的自相关矩阵，由此，可以得到

$$\begin{aligned}\lambda_{\max}(\boldsymbol{\Lambda}_m^{\mathrm{H}}\boldsymbol{\Lambda}_m) &\leqslant \frac{1}{2}\left(\max_{1 \leqslant i \leqslant N} p_{2i} + \max_{1 \leqslant i \leqslant N} p_{2i-1}\right) \\ \lambda_{\max}(\boldsymbol{\Psi}_m^{\mathrm{H}}\boldsymbol{\Psi}_m) &\leqslant \frac{1}{2}\left(\max_{1 \leqslant i \leqslant N} q_{2i} + \max_{1 \leqslant i \leqslant N} q_{2i-1}\right)\end{aligned} \tag{5.87}$$

因此可以用下式替换迭代过程中的最大特征值

$$\lambda_u(\boldsymbol{A}_m)=\varepsilon\left(\frac{1}{2}\left(\max_{1\leqslant i\leqslant N}p_{2i}+\max_{1\leqslant i\leqslant N}p_{2i-1}\right)+(\lambda_1-1)N\right)+(\varepsilon-1)\left(\frac{1}{2}\left(\max_{1\leqslant i\leqslant N}q_{2i}+\max_{1\leqslant i\leqslant N}q_{2i-1}\right)+\lambda_2 N\right)\tag{5.88}$$

除此之外，在波形和非匹配滤波器设计过程中涉及矩阵向量的乘法，可利用快速傅里叶变换计算 $\boldsymbol{\Phi}_m^{\mathrm{H}}\boldsymbol{W}\boldsymbol{\Phi}_m\boldsymbol{h}_m^{(i)}$、$\boldsymbol{Y}_m^{\mathrm{H}}\boldsymbol{Y}_m\boldsymbol{h}_m^{(i)}$、$\boldsymbol{\Lambda}_m^{\mathrm{H}}\boldsymbol{W}\boldsymbol{\Lambda}_m\boldsymbol{x}_m^{(i)}$ 和 $\boldsymbol{\Psi}_m^{\mathrm{H}}\boldsymbol{\Psi}_m\boldsymbol{x}_m^{(i)}$，因此，算法计算复杂度最大阶数为 $O(N\lg N)$。

综合上述分析，抗间歇采样转发干扰的波形集和非匹配滤波器设计算法可总结如算法 2 所示。由 5.3.1 节可知，各个波形可以分别设计，因此，算法的第一层可以通过并行实现，进而加快波形集和滤波器组的联合设计。对于单个波形和非匹配滤波器设计而言，其通过迭代优化直至达到最大循环次数或达到截止条件。其中，截止条件为 $|f(\boldsymbol{x}_m^{(l+1)},\boldsymbol{h}_m^{(l+1)})-f(\boldsymbol{x}_m^{(l)},\boldsymbol{h}_m^{(l)})|/|f(\boldsymbol{x}_m^{(l)},\boldsymbol{h}_m^{(l)})|<\zeta$，或者达到最大迭代次数 $I_{\max}$。

算法 2：基于主分量最小化的波形集和滤波器组联合设计算法

输入：捷变数量 M，波形和滤波器长度 N，截止条件（最大迭代次数或收敛阈值），权值 ε、λ_1 和 λ_2。

输出：设计的波形集 X 和非匹配滤波器组 H

1：parfor m = 1：M

2：　重复

3：　　计算 λ_u $(\boldsymbol{B}_m)$；

4：　　更新滤波器 $\boldsymbol{h}_m^{(i+1)}$；

5：　　利用平方迭代方法加速更新滤波器 $\boldsymbol{h}_m^{(i+1)}$

6：　　计算 $\lambda_u(\boldsymbol{A}_m)$；

7：　7.1 恒模约束：更新波形 $\boldsymbol{x}_m^{(i+1)}$；

　　7.2PAR 约束：更新波形 $\boldsymbol{x}_m^{(i+1)}$；

8：　　利用平方迭代方法框架加速更新波形 $\boldsymbol{x}_m^{(i+1)}$

9：　直至收敛

10：结束

5.3.3 算法仿真

假设波形和非匹配滤波器长度均为512，设计波形数量为1。间歇采样转发干扰重复频率为200kHz，占空比为0.25。预期LPG为-1dB，预设脉冲压缩峰值$b_m = N \cdot 10^{-1/20}$。归一化干扰峰值预期为-30dB，即$c_m = N \cdot 10^{-30/20}$，$\theta_m$为随机相位。算法的截止条件中，阈值$\zeta = 1e-7$、$I_{max} = 20000$。

本节使用LPG、ISLR和JILR评估波形和非匹配滤波器的性能。干扰积分水平比（jamming intergrated levels ratio，JILR）公式为

$$\mathrm{JILR} = 10\lg\left(\frac{\sum_{k=1}^{2N-1} |s_k|^2}{(\boldsymbol{h}^{\mathrm{H}}\boldsymbol{x})^{\mathrm{H}}(\boldsymbol{h}^{\mathrm{H}}\boldsymbol{x})}\right) \tag{5.89}$$

假设PAR约束分别为1.1025、1.21、1.44和1.69。图5.5给出了不同幅度约束下设计得到的波形实部图，由图可知其幅度约束与预期设置基本一致，进而进一步验证了所提算法的有效性。表5.1给出了不同约束下的波形和非匹配滤波器性能，可以发现PAR约束越大，对应的LPG、ISLR和JILR性能更优。

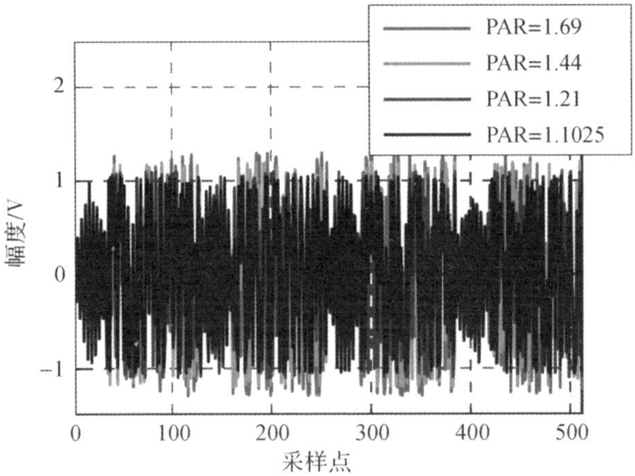

图5.5　不同PAR约束波形实部图（见彩插）

表5.1　不同PAR约束波形性能指标对比

PAR	LPG	ISLR	JILR
1.1025	-1.02	-10.77	-16.91
1.21	-1.01	-13.33	-18.56

续表

PAR	LPG	ISLR	JILR
1.44	-1	-15.56	-22.80
1.69	-1	-17.16	-23.66

5.4　抗干扰 SAR 成像仿真

5.4.1　联合非匹配滤波的抗干扰波形

本节验证联合非匹配滤波的抗干扰波形有效性。作为对比，同时给出了 LFM 波形、低旁瓣相位编码波形及联合设计抗干扰波形的 SAR 成像结果。此外，还给出了低旁瓣相位编码波形非匹配滤波抗干扰成像结果。假设信号时宽为 41.75μs，带宽 30.12MHz，间歇采样频率 200kHz，占空比 0.2。在非匹配滤波器设计和联合设计方法中，LPG 为 -1dB，归一化干扰峰值为 -30dB，算法最大循环次数 5000。

在非匹配滤波器设计方法中，波形的非匹配滤波结果如图 5.6（a）所示，其 LPG 为 -1.00dB，PSLR 为 -25.89dB，ISLR 为 -6.29dB。干扰信号非匹配滤波输出结果如图 5.6（b）所示，其峰值干扰为 -29.79dB。联合设计方法中除归一化干扰峰值为 -40dB 之外，其余参数与非匹配滤波方法保持一致。联合

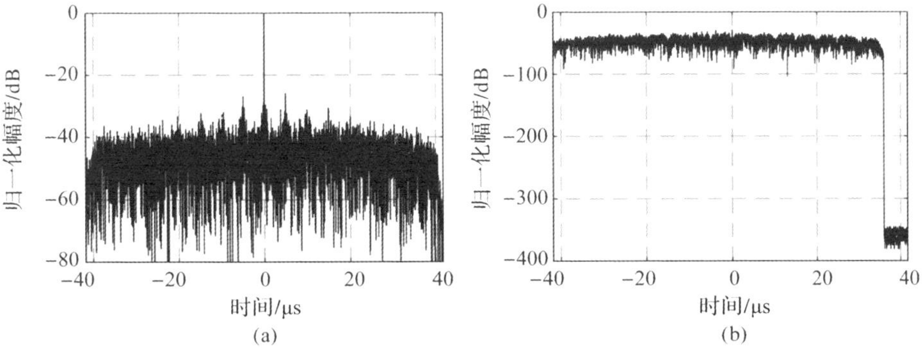

图 5.6　非匹配滤波器设计结果

（a）低旁瓣编码波形非匹配滤波输出；（b）干扰信号非匹配滤波输出。

设计恒模波形和非匹配滤波器脉冲压缩结果如图 5.7（a）所示，LPG 为 -1.01dB，PSLR 为 -33.08dB，ISLR 为 -10.86dB。相应干扰信号的非匹配滤波输出如图 5.7（b）所示，可以发现干扰信号能量经过非匹配滤波器后被抑制，峰值干扰为 -37.08dB。综上所述，联合设计波形与非匹配滤波器方法的脉冲压缩性能和抗干扰性能明显优于非匹配滤波器设计方法。

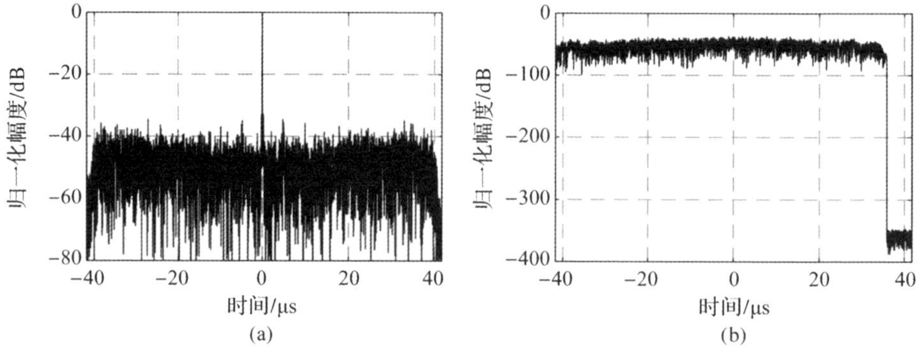

图 5.7　联合设计结果

（a）相位编码波形非匹配滤波输出；（b）干扰信号的非匹配滤波输出。

5.4.1.1　点目标成像干扰抑制评估

以 C 波段星载 SAR 系统为例，斜视角为 -1.58°，信干比为 -20dB，仿真参数如表 3.1 所示。仿真场景中共包含五个点目标和一部干扰机，成像场景中包含五个点目标，其位置为(-500m,0)、(500m,0)、(0,0)、(0，-500m)、(0,500m)。在直接转发干扰和重复转发干扰中，干扰机的地距和方位坐标别为(50m,0m)，而间歇采样循环转发干扰中，干扰机的地距和方位坐标别为(-450m,0m)。

间歇采样直接转发干扰下的点目标成像结果和距离向切片如图 5.8 所示。由于相位编码波形具有低多普勒容限容限特性，因此，间歇采样转发干扰信号的距离向脉冲压缩结果仅能够输出一个脉冲压缩峰值。对比图 5.8（a）和图 5.8（c），相位编码波形成像结果中假目标数量显著少于 LFM 波形成像结果，且相位编码波形匹配滤波成像结果中仅包含一个干扰峰值。此外，相位编码波形匹配滤波成像结果中假目标数量减少了，但是未抑制干扰信号匹配滤波输出积分能量，其被分散到不同的距离单元，因此在场景中形成了显著的线状干扰。

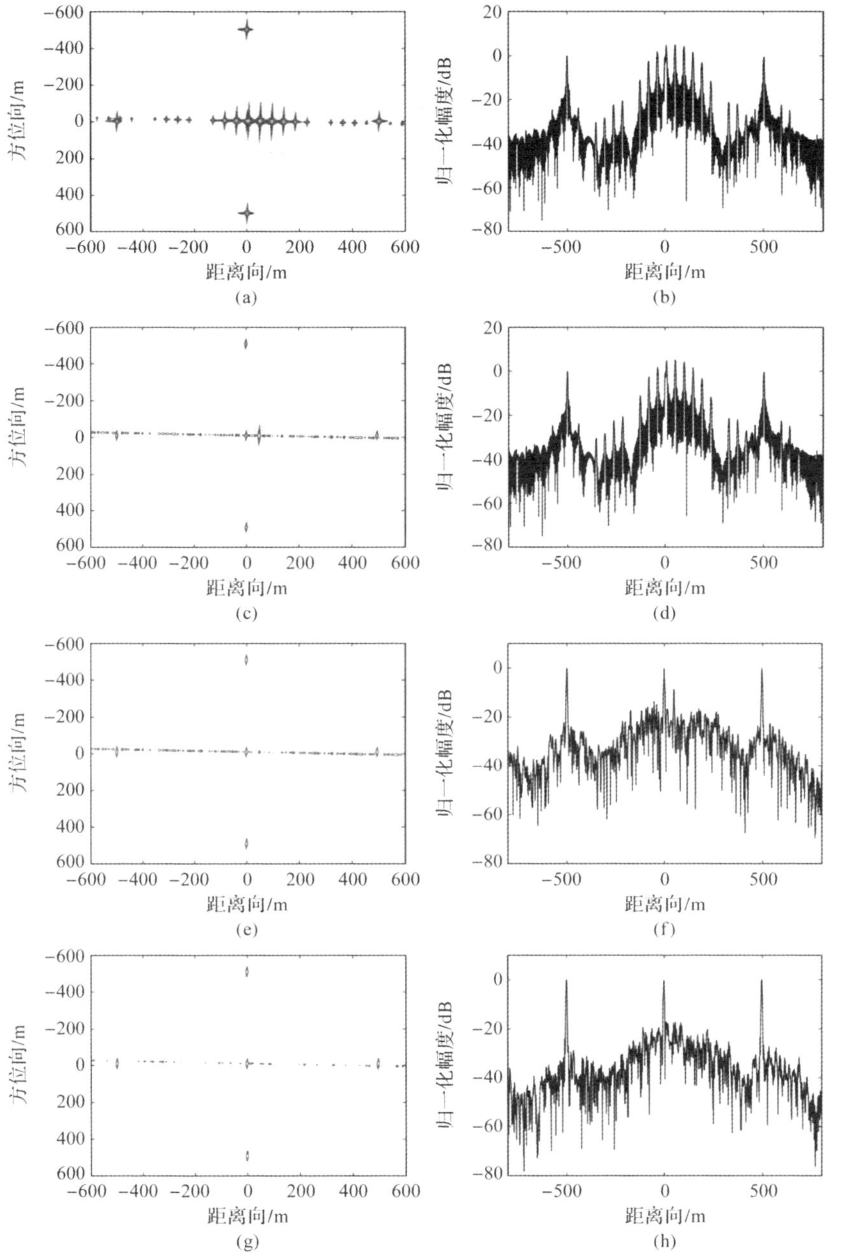

图 5.8　间歇采样直接转发干扰下点目标成像结果

（a） LFM 波形受干扰成像结果；（b） LFM 波形成像结果距离向切片；（c） 低旁瓣波形受干扰匹配滤波成像结果；（d） 低旁瓣波形受干扰匹配滤波成像结果距离向切片；（e） 低旁瓣波形受干扰非匹配滤波成像结果；（f） 低旁瓣波形受干扰非匹配滤波成像结果距离向切片；（g） 联合设计波形受干扰成像结果；（h） 联合设计波形受干扰成像结果距离向切片。

图5.8（e）为低旁瓣相位编码波形非匹配滤波成像结果，其干扰脉压的峰值被完全抑制，但是仍存在线状干扰。图5.8（g）为联合设计相位编码波形的非匹配滤波成像结果，干扰峰值所形成的假目标和线状干扰均被进一步抑制。如图5.8（b）和图5.8（d）所示，匹配滤波成像结果中间歇采样转发干扰假目标比真目标幅度更高，且归一化干扰峰值分别为5.03dB和5.59dB。图5.8（f）和图5.8（h）中，干扰产生的假目标被抑制，且显著低于目标幅度，归一化干扰峰值分别为－8.76dB和－17.03dB。因此，通过非匹配滤波器设计可将脉压后的信干比提高14.35 dB，而联合设计方法则可以提高22.62dB。这说明联合设计方法具有最优的抗间歇采样直接转发干扰SAR成像性能。

图5.9为抗间歇采样重复转发干扰点目标SAR成像结果，其重复转发次数为三次。由图5.9（a）可知，LFM波形匹配滤波成像结果中产生了密集假目标，且位于场景中心的真目标被完全压制。相比而言，图5.9（c）相位编码波形匹配滤波成像结果中假目标数量显著下降，其中仅包含三个假目标，分别对应三次重复转发的干扰信号匹配滤波输出峰值。通过设计非匹配滤波器，图5.9（c）的低旁瓣相位编码波形非匹配滤波结果中假目标被完全抑制。并且，通过联合设计相位编码波形和非匹配滤波器，图5.9（g）不仅完全抑制了假目标，且线状干扰被进一步抑制。

由图5.9（b）和图5.9（d）可知，LFM波形和相位编码波形匹配滤波成像结果信干比分别为4.98dB和2.35dB。而非匹滤波情况下，图5.9（f）和图5.9（h）成像结果中的信干比分别为－9.39dB和－15.51dB。因此，相较于传统LFM波形匹配滤波的成像结果，联合设计波形与非匹配滤波器可将信干比改善约20.49dB。并且，相较于低旁瓣相位编码波形，联合设计波形与非匹配滤波也能够进一步提高抗干扰SAR成像性能。

图5.10为间歇采样循环转发干扰下点目标SAR成像结果，其循环转发次数为两次。由图5.10（a）和图5.10（c）可知，匹配滤波成像结果中，间歇采样循环转发干扰会产生两组假目标，并且LFM波形的匹配滤波结果中为假目标串，而相位编码信号匹配滤波成像结果则为单个假目标。此外，由于循环转发中第二次转发对应的干扰信号中片段少于第一次转发的干扰信号片段，间歇采样循环转发干扰第二组假目标幅度下降。图5.10（e）和图5.10（g）中，非匹配滤波成像结果假目标被进一步抑制，并且联合设计波形与非匹配滤波器成像结果的线状干扰的抑制效果明显优于图5.10（e）中结果。

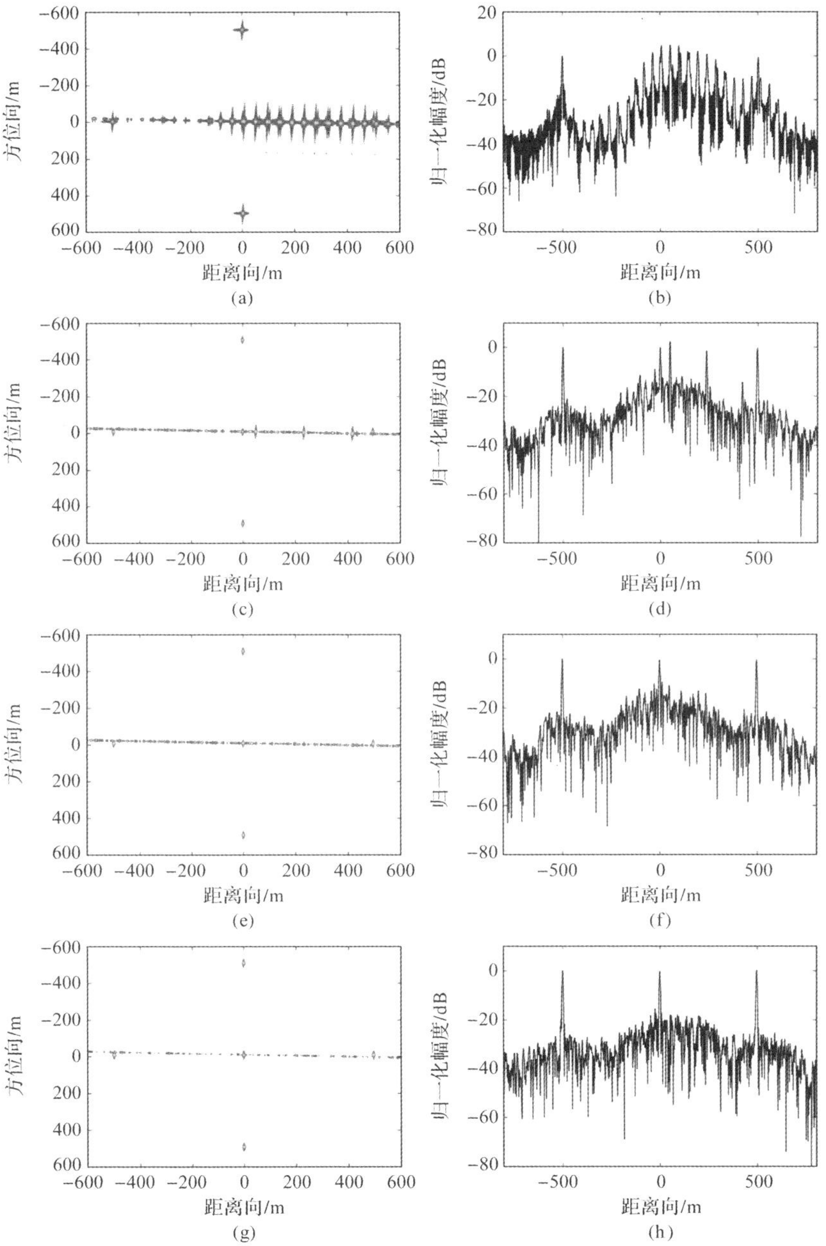

图5.9　间歇采样重复转发干扰下点目标成像结果

(a) LFM 波形受干扰成像结果；(b) LFM 波形成像结果距离向切片；(c) 低旁瓣波形受干扰匹配滤波成像结果；(d) 低旁瓣波形受干扰匹配滤波成像结果距离向切片；(e) 低旁瓣波形受干扰非匹配滤波成像结果；(f) 低旁瓣波形受干扰非匹配滤波成像结果距离向切片；(g) 联合设计波形受干扰成像结果；(h) 联合设计波形受干扰成像结果距离向切片。

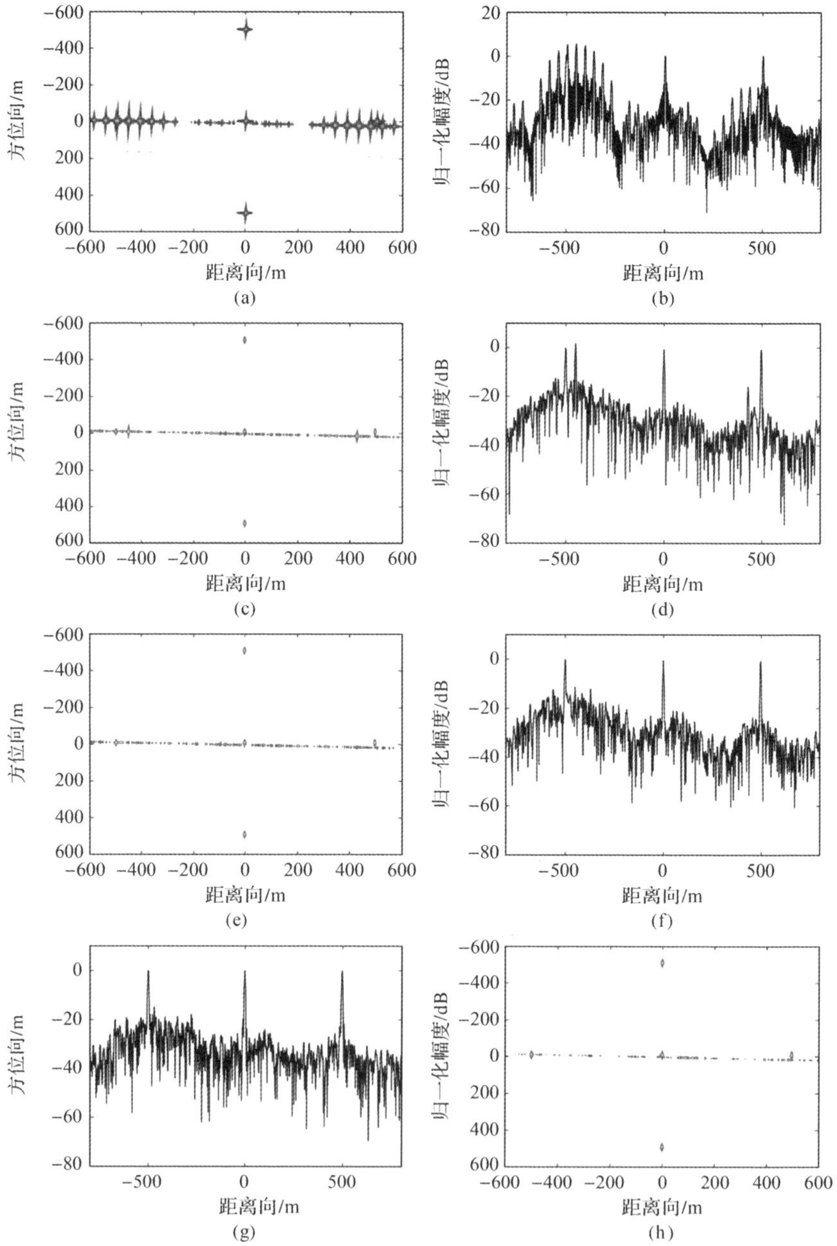

图 5.10　间歇采样循环转发干扰下点目标成像结果

（a）LFM 波形受干扰成像结果；（b）LFM 波形成像结果距离向切片；（c）低旁瓣波形受干扰匹配滤波成像结果；（d）低旁瓣波形受干扰匹配滤波成像结果距离向切片；（e）低旁瓣波形受干扰非匹配滤波成像结果；（f）低旁瓣波形受干扰非匹配滤波成像结果距离向切片；（g）联合设计波形受干扰成像结果；（h）联合设计波形受干扰成像结果距离向切片。

由图5.10（b）和图5.10（d）可知，LFM波形和相位编码波形匹配滤波成像结果信干比分别为5.83dB和1.69dB。而非匹滤波情况下，图5.10（f）和图5.10（h）成像结果中的信干比分别为－11.36dB和－15.11dB。因此，相较于LFM和相位编码信号的匹配滤波成像结果，联合设计波形与非匹配滤波器信干比性能改善约20.94dB和16.8dB。

5.4.1.2　面目标成像干扰抑制评估

面目标数据为加拿大radarsat－1公开数据[1]。为了获得相位编码波形的实测场景回波数据，首先利用距离多普勒算法得到实际场景成像结果复数据，然后通过逆距离多普勒算法获取相位编码波形的回波数据。干扰信号回波利用逐点计算方法获取。为产生二维的干扰效果，仿真中干扰机采用随机相位调制间歇采样转发干扰和有源微动调制间歇采样转发干扰样式。

图5.11（a）为radarsat－1回波数据距离多普勒成像结果，图5.11（b）为相位编码波形对应回波成像结果，由图可知，利用相位编码波形仿真回波得到的数据可以准确地得到地面轮廓，同时也证明相位编码波形回波仿真和成像算法的正确性。图5.11中LFM波形和相位编码波形成像结果均值分别为131.75和127.08，方差分别为244.61和230.13。此外，以图5.11（a）为参考，相位编码波形成像结果的亮度、对比度、结构和相似度指标数值分别为0.998、0.999、0.946和0.944。因此，相位编码波形SAR成像结果各项指标值与原始场景几乎是一样的，进一步验证相位编码波形回波仿真和成像算法的有效性。

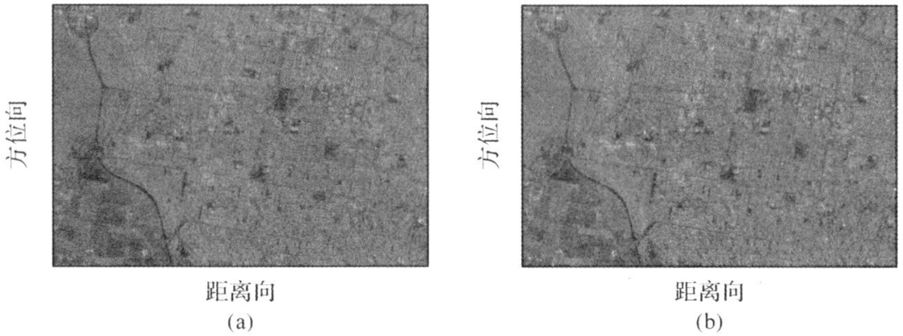

图5.11　无干扰成像结果

（a）原始数据成像结果；（b）相位编码波形成像结果。

图5.12为随机相位调制间歇采样转发干扰下的SAR成像结果。由图5.12（a）可知，随机相位调制间歇采样转发干扰能够对SAR图像形成多条等距离

线状压制干扰。对比图 5.12（a）和图 5.12（b），相位编码波形的匹配滤波成像结果中仍然包含了一条线状压制干扰，但线状干扰数量显著减少，仅形成一条线状干扰。对比图 5.12（a）和图 5.12（c），间歇采样转发干扰已经被完全抑制，并且图像均值为 130.84。然而，仅考虑设计非匹配滤波器，相位编码波形的非匹配滤波脉冲压缩旁瓣升高，导致非匹配滤波设计方法中，图像方差为 180.32，显著低于无干扰图像的结果。

此外，由图 5.12（d）可以发现通过联合设计相位编码波形与非匹配滤波器也能够抑制间歇采样转发干扰。图像均值和方差均为 126.0 和 227.7，与无干扰成像结果几乎一致。因此，非匹配滤波器设计方法和联合设计方法均可以抑制随机相位调制调制间歇采样转发干扰。并且，联合设计方法得到的波形和非匹配滤波器具有更好的脉冲压缩性能，进而得到 SAR 图像质量更优。

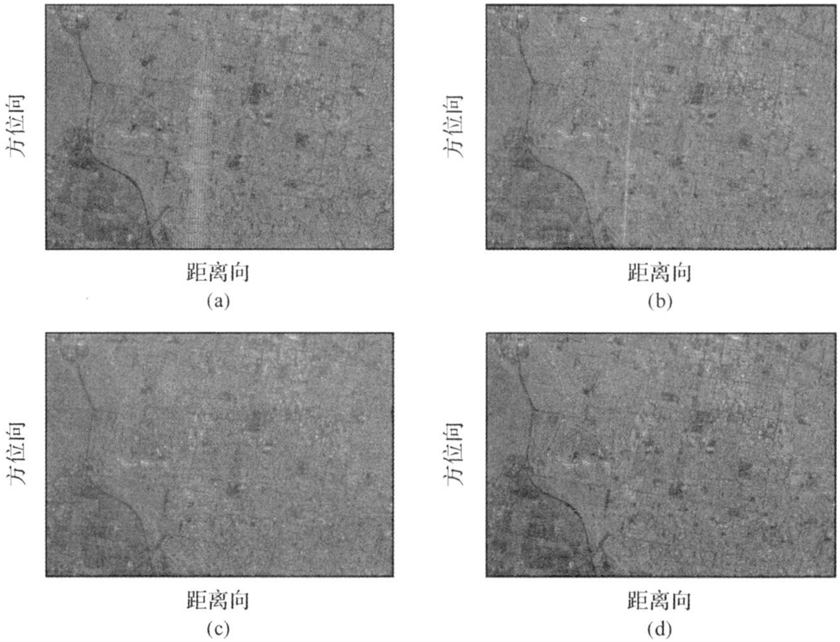

图 5.12　随机相位调制间歇采样转发干扰下成像结果

（a）LFM 波形受干扰成像结果；（b）低旁瓣波形受干扰匹配滤波成像结果；
（c）低旁瓣波形受干扰非匹配滤波成像结果；（d）联合设计波形受干扰成像结果。

在有源微动调制间歇采样转发干扰中，微动调制系数和微动调制频率分别为 10 和 2。图 5.13 为有源微动调制间歇采样转发干扰后的 SAR 成像结果。图 5.13（a）中产生了假目标阵列，从而对场景形成了压制干扰效果。图 5.13

(b) 仅产生了一个线状干扰，且通过设计非匹配滤波器后，图 5.13 (c) 中线状干扰被进一步抑制。通过联合设计波形和非匹配滤波器，图像幅度的均值和方差为 125.86 和 233.96，进一步证明了联合设计方法相较于非匹配滤波器设计方法的优越性。

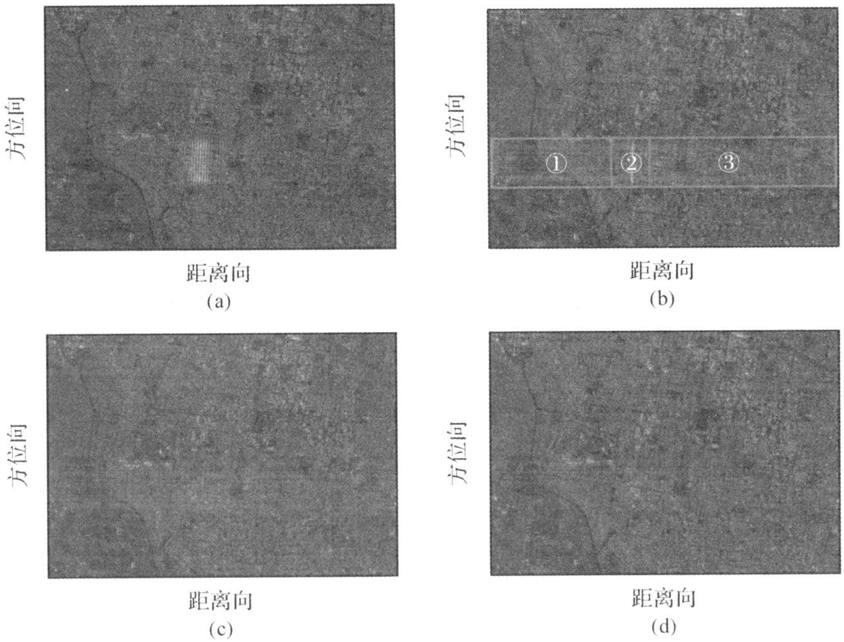

图 5.13　抗有源微动调制间歇采样转发干扰成像结果

(a) LFM 波形受干扰成像结果；(b) 低旁瓣波形受干扰匹配滤波成像结果 (见彩插)；(c) 低旁瓣波形受干扰非匹配滤波成像结果；(d) 联合设计波形受干扰成像结果。

为进一步评估成像结果，基于相似度指标量化分析图 5.13 (b) 中①、②和③标记区域，各区域的相似度指标值在表 5.2 中列出。其中，参考图像为原始无干扰图像，如图 5.11 (a) 所示。从表 5.2 可以看出，相位编码波形匹配滤波成像结果中，区域 2 的相似度指标显著增加，但是区域 1 和区域 3 的成像性能则由于干扰能量影响而下降。通过对低旁瓣相位编码波形设计非匹配滤波器，区域 2 的相似度指标值进一步增加，并且相应成像结果中区域 1 和区域 3 的干扰能量被进一步抑制。然而，由于脉冲压缩性能下降，低旁瓣相位编码波形的非匹配滤波成像结果中区域 1 和 3 的相似度指标值比低旁瓣相位编码波形匹配滤波成像结果更小，这是因为发射波形的非匹配滤波脉冲压缩性能较差。

通过设计非匹配滤波器，可以在损耗一定成像性能的情况下有效提高抗间歇采样转发干扰性能。

此外，通过联合设计波形与非匹配滤波器，所有区域的相似度指标均大于0.95。因此，成像结果与无干扰条件下的成像结果基本一致，证明了联合设计方法抗有源微动调制间歇采样转发干扰的有效性。

表 5.2　标记区域相似度指标

波形	LFM	低旁瓣相位编码	低旁瓣相位编码	联合设计相位编码
滤波器	匹配	匹配	非匹配	非匹配
区域 1	0.98	0.81	0.74	0.96
区域 2	0.39	0.75	0.78	0.95
区域 3	0.99	0.88	0.79	0.97

5.4.2　联合非匹配滤波的抗干扰捷变波形

本节进一步评估联合非匹配滤波器的抗间歇采样转发干扰波形性能，包括联合非匹配滤波的抗间歇采样转发干扰捷变波形设计、点目标成像仿真实验和面目标抗干扰仿真实验。抗间歇采样转发干扰性能评估下的 SAR 成像仿真参数如表 5.3 所示。间歇采样转发干扰的采样重复频率为 100kHz，占空比为 0.2。

表 5.3　C 波段 3m 分辨率 SAR 系统仿真参数

参数	值
载频	5.4GHz
带宽	80MHz
时宽	55μs
天线长度	6m
斜视角	-0.0085°
高度	755km
平台速度	7140m/s

5.4.2.1　波形捷变和非匹配滤波器的设计

基于上述 SAR 成像仿真参数和间歇采样转发干扰参数，开展了三种情况下的波形与非匹配滤波器设计，各种情况分别设计 100 个波形及其对应的非匹配滤波器。第一种情况为恒模波形设计，干扰目标函数中 θ_m 恒等于 0，$c_m = N \cdot 10^{-45/20}$。第二种情况为恒模波形设计，$\theta_m$ 为随机相位。第三种情况为 PAR 波形设计，PAR 值设置为 1.1025，θ_m 为随机相位。第二种和第三种情况下的 c_m 具有随机性，且均小于等于 $N \cdot 10^{-45/20}$。此外，预设脉冲压缩峰值 $b_m = N \cdot 10^{-1/20}$，算法的截止条件中，阈值 $\zeta = 1e-7$、最大迭代次数 3000。

图 5.14 ~ 图 5.16 给出了三种情况下设计的波形与相应干扰信号的非匹配滤波输出结果，由图可知，三种情况下设计波形的非匹配滤波输出脉冲压缩峰值幅度基本一致。因此，对单个点目标而言，合成孔径内各慢时刻脉压的峰值具有相参性，能够保证距离徙动校正后实现目标的方位聚焦。所有波形非匹配滤波脉冲压缩旁瓣水平也得到了抑制，满足 SAR 成像对低旁瓣的要求。由干扰信号非匹配滤波输出结果可知，所有设计波形对应干扰信号非匹配输出的能量和峰值得到了抑制。此外，PAR 波形对应干扰信号的非匹配滤波输出电平幅度要低于恒模波形，这说明松弛幅度有利于提高抗间歇采样转发干扰性能。

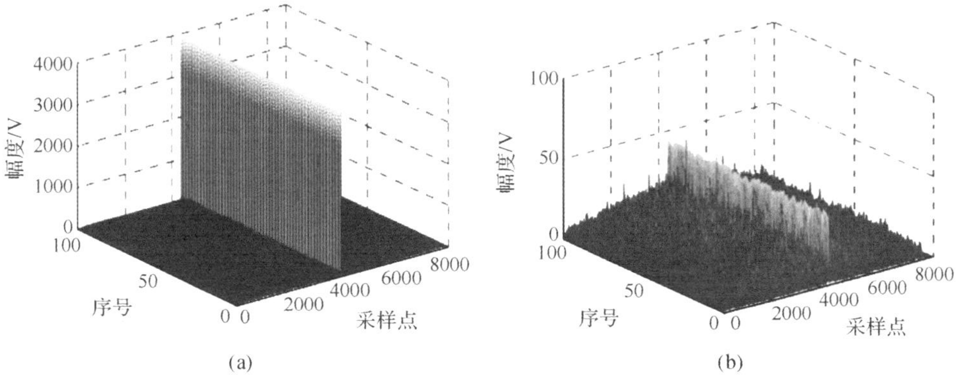

图 5.14　第一种情况下设计的 100 个恒模波形与对应干扰信号的非匹配滤波输出（见彩插）

（a）波形的非匹配滤波输出结果；（b）干扰信号的非匹配滤波输出结果。

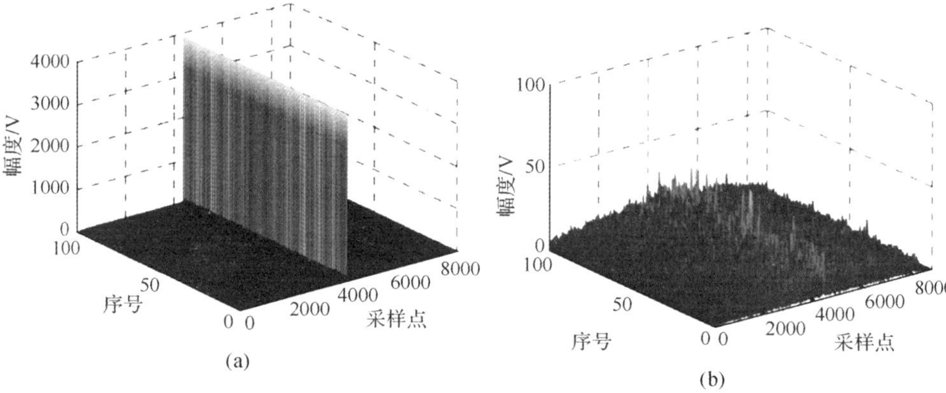

图 5.15　第二种情况下设计的 100 个恒模波形与对应干扰信号的非匹配滤波输出（见彩插）

（a）波形的非匹配滤波输出结果；（b）干扰信号的非匹配滤波输出结果。

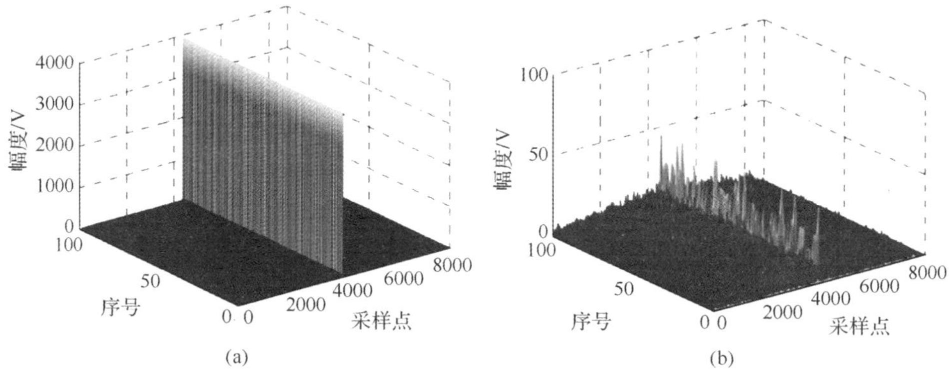

图 5.16　第三种情况下设计的 100 个 PAR 波形与对应干扰信号的非匹配滤波输出（见彩插）

（a）波形的非匹配滤波输出结果；（b）干扰信号的非匹配滤波输出结果。

图 5.17 所示为上述三种情况下设计的波形对应干扰信号非匹配输出在干扰峰值位置处的幅度和相位情况，由图可知，当设置 $c_m e^{j\theta_m}$ 为固定值，干扰的相位也具有一致性。第一种情况下预设干扰峰值相同，干扰信号的非匹配输出结果中干扰峰值的幅度和相位的一致性高。在第二种和第三种情况中，由于预设值的干扰峰值幅度和相位均具有随机性，干扰峰值也具有随机性。此外，在非干扰峰值位置处，干扰的幅度起伏明显，且相位不一致。特别地，当松弛发射波形地幅度约束时，干扰峰值的幅度和相位变化范围最大。

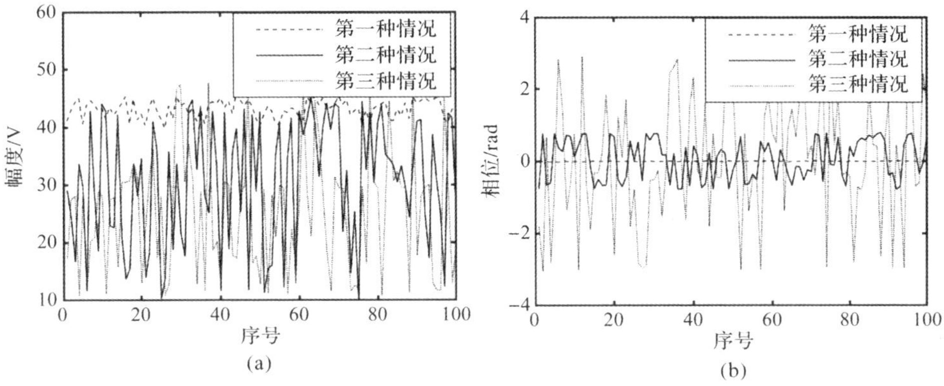

图 5.17　干扰峰值相位和幅度对比图

（a）幅度；（b）相位。

最后，统计上述三种情况下设计的波形与非匹配滤波性能，其三种情况下的 ISLR 和干扰能量比平均值如表 5.4 所示。对比第一种和第二种情况可知，ISLR 和 JILR 性能基本相同，这说明预期干扰峰值的相位设置基本不对算法性能产生影响。而第三种情况中，ISLR 和 JILR 性能显著优于上述两种情况，这说明通过松弛幅度约束能够显著改善波形与非匹配滤波器脉冲压缩与干扰抑制性能。

表 5.4　三类波形与非匹配滤波器性能对比

	ISLR	JILR
第一种情况	-10.35	-16.54
第二种情况	-10.09	-16.98
第三种情况	-12.78	-20.63

5.4.2.2　SAR 点目标成像

本节分析上文设计波形和非匹配滤波器的抗干扰性能。SAR 仿真参数如表 5.3 所示，场景中共设置 9 个点目标，距离向和方位向的间隔均为 50m。其中，中心点目标位置坐标为(0,0)m，干扰峰值对应坐标位置为(25,0)m。

假设 SAR 未采用波形捷变，分别发射 LFM 波形、恒模波形和 PAR 波形，间歇采样直接转发干扰的干信比设置为 20dB。图 5.18（a）、（c）和（e）分别为 LFM 波形、恒模波形和 PAR 波形的成像结果，图 5.18（b）、（d）和（f）则分别为上述波形成像结果中心位置处距离向切片。由图 5.18 可以发现，间歇采样转发干扰能够在 LFM 波形匹配滤波成像结果中形成密集假点目标，且使得真实点目标被压制。对比而言，抗干扰恒模和 PAR 波形成像结果中密集假目标已被抑制，且获得了准确的真实目标图像。同时，PAR 波形的成像结果中干扰残余能量更低，抗干扰成像性能最优。

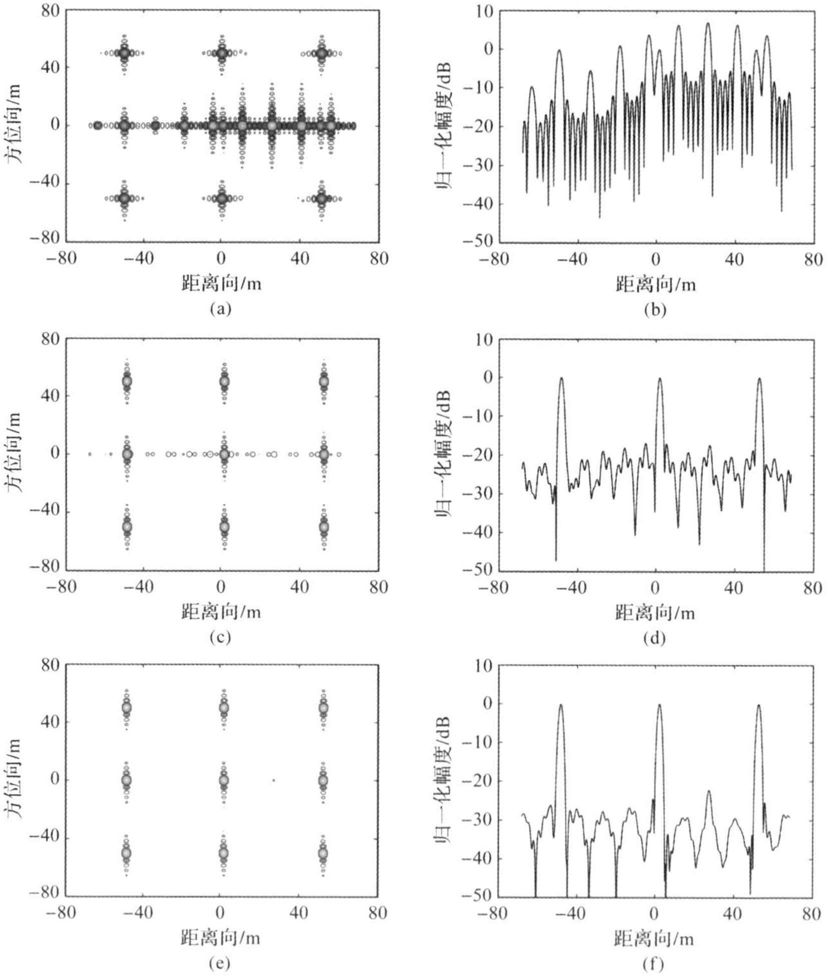

图 5.18　无波形捷变时间歇采样转发干扰下点目标成像结果（信干比 −20dB）

（a）LFM 波形受干扰成像结果；（b）LFM 波形成像结果距离向切片；（c）联合设计恒模波形受干扰匹配滤波成像结果；（d）联合设计恒模波形受干扰匹配滤波成像结果距离向切片；（e）联合设计 PAR 波形受干扰匹配滤波成像结果；（f）联合设计 PAR 波形受干扰匹配滤波成像结果距离向切片。

此外，LFM 波形、恒模波形和 PAR 波形的成像结果中干扰峰值分别对应为 6.95dB、-16.93dB 和 -22.24dB。因此，恒模波形和 PAR 波形分别可将干扰峰值指标改善 23.88dB 和 29.19dB，进一步验证了所提抗干扰波形的有效性。

假设 SAR 发射捷变波形，即 5.4.2.2 节设计的三组波形，干信比设置为 40dB，其余仿真参数设置不变。图 5.19 所示成像结果表明，三组波形的均能获得准确的真目标图像。

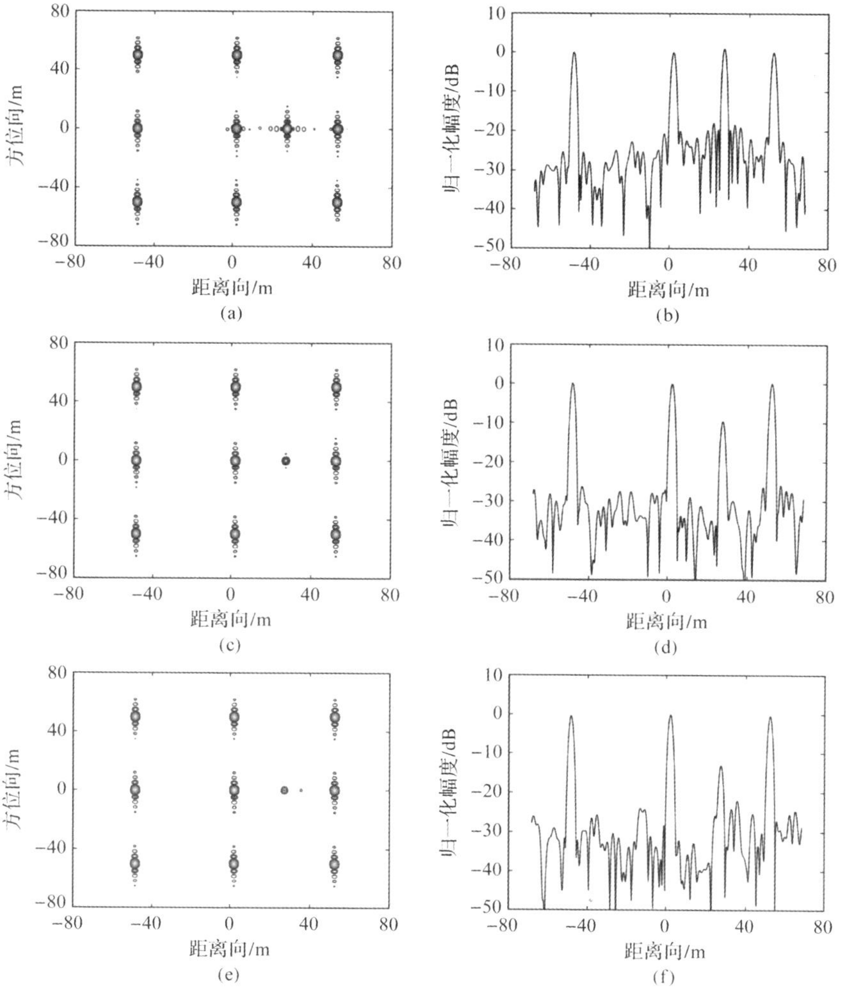

图 5.19　波形捷变的抗间歇采样转发干扰点目标成像结果

(a) 恒模波形成像结果，$c_m e^{j\theta_m}$ 恒定；(b) 图 (a) 的中心位置距离向切片；(c) 恒模波形成像结果，$c_m e^{j\theta_m}$ 随机；(d) 图 (c) 的中心位置距离向切片；(e) PAR 波形成像结果，$c_m e^{j\theta_m}$ 随机；(f) 图 (e) 的中心位置距离向切片。

图5.19（a）所示恒模波形的成像结果中仍然存在假目标，其位置为干扰机等效位置。其原因如下，当 $c_m e^{j\theta_m}$ 设计为恒定值时，干扰信号非匹配输出的峰值具有相参性，因而干扰峰值经过距离徙动校正后仍能够获得方位向成像处理增益，进而产生假目标。如图5.19（b）所示，通过随机设置 $c_m e^{j\theta_m}$，恒模波形的成像结果中干扰目标幅度显著下降。这是由于随机设置 $c_m e^{j\theta_m}$ 不仅降低了干扰的峰值，还增加了干扰峰值相位的随机性，进而能够抑制成像过程中干扰的方位向成像处理增益。松弛发射波形幅度后，设计进一步提高，干扰的峰值幅度和相位随机性均增大了，使得干扰峰值进一步下降。因此，图5.19（e）所示的PAR波形成像结果干扰目标被进一步抑制。同时，结合距离切片结果，可以发现三组波形成像结果中的干扰峰值分别为0.99dB、-9.54dB和-13.09。

综上此述，通过联合设计波形和非匹配滤波器能够有效抑制干扰信号的距离向成像处理增益，抑制间歇采样转发干扰密集假目标。同时，通过松弛雷达发射波形的幅度，可以有效提高波形和非匹配滤波器的抗干扰性能。通过脉间波形捷变，可以使得干扰峰值相参性降低，抑制干扰峰值方位向成像处理增益，提高抗干扰性能。

5.4.2.3 SAR面目标仿真

选取面目标数据为GF-3图像，其仿真参数如表5.3所示。图5.20为原始场景图像，场景中包含舰船和港口目标。间歇采样转发干扰机的重频和占空比分别为100kHz和0.2。干扰样式分别为有源微动调制间歇采样转发干扰和匀加速运动调制间歇采样转发干扰。假设SAR采用波形捷变工作方式，通过逐点仿真计算获取目标回波和干扰信号均。

图5.20　原始图像

微动调制间歇采样转发干扰中的微动系数和微动频率分别为5和2。匀加速运动调制间歇采样转发干扰的方位向等效加速度和速度分别为200和100。干信比设置为40dB。

图5.21为微动调制间歇采样转发干扰干扰下的成像结果。图5.21（a）和图5.21（b）为LFM波形下的成像结果，且图5.21（b）采用了时频滤波抗干扰处理。图5.21（c）和图5.21（d）分别为抗间歇采样转发干扰恒模和PAR波形非匹配滤波成像结果。时频滤波方法是通过去斜和短时傅里叶变换将信号变换至时频域，再根据最大能量准则提取干扰的距离位置，并进行时频域滤波处理，最后通过逆短时傅里叶变换得到距离向回波。时频域滤波时无法区分目标和干扰的能量，在滤波过程中会直接将相同距离门内的目标抑制掉。如图5.21（b）所示，经过时频滤波后，干扰形成的压制带被滤除，

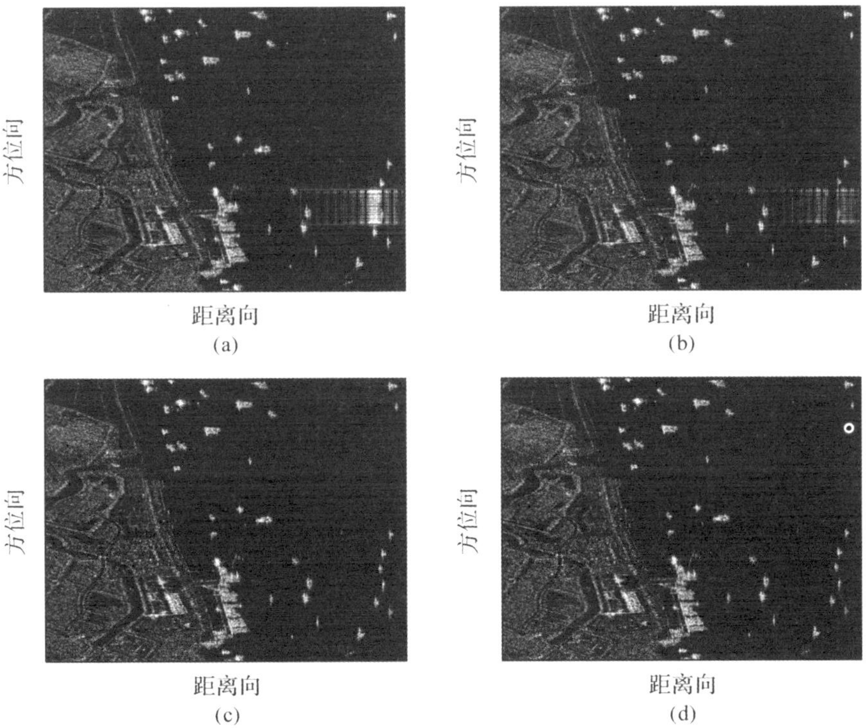

图5.21 微动调制间歇采样转发干扰下的成像结果（干信比40dB）
（a）LFM波形成像结果（见彩插）；（b）LFM波形时频滤波后成像结果；
（c）恒模波形成像结果；（d）PAR波形成像结果。

但是相同位置的舰船目标也同样被抑制。此外，去斜导致干扰能量在距离向上泄露，其也无法抑制高阶假目标残余能量。对比而言，可以发现图 5.21（c）和图 5.21（d）结果干扰能量被有效抑制，并且准确获得了真实目标的准确图像。上述结果表明，联合非匹配滤波的捷变波形设计方法的普适性更强。

图 5.22 为有源加速运动调制间歇采样转发干扰下的成像结果。图 5.22（a）为干扰下的 LFM 波形匹配滤波成像结果，可以发现场景中的舰船目标被完全压制，无法得到其图像。经过时频滤波后，图 5.22（b）可以滤除零阶假目标对应距离门相应干扰位置的能量，但其同样无法得到相同距离门的舰船图像，并且同距离门内未受干扰的舰船也被滤除。相较于上述波形，联合非匹配滤波的抗间歇采样转发干扰捷变波形能够得到所有舰船目标图像。

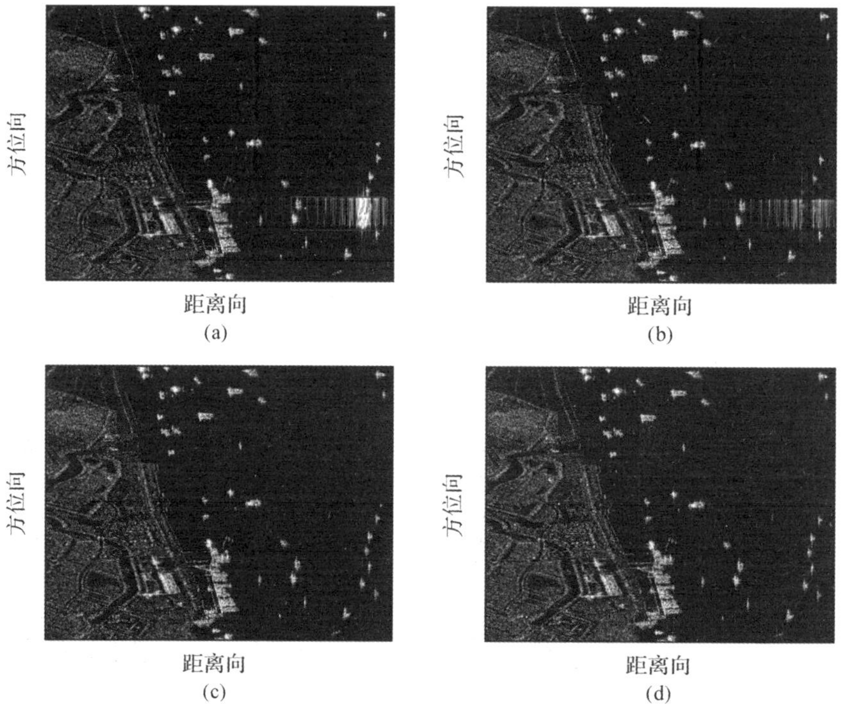

图 5.22　有源加速运动调相间歇采样转发干扰下的 SAR 成像结果（干信比 40dB）

（a）LFM 波形成像结果（见彩插）；（b）LFM 波形时频滤波后成像结果；

（c）抗干扰恒模波形成像结果；（d）抗干扰 PAR 波形成像结果。

为进一步分析上述不同波形成像结果的抗干扰性能，表 5.5 给出了上述成像结果标注区域的亮度、对比度、结构和相似度指标对比。其中，时频滤波方法无法获得相应区域的舰船图像，表中未列出相应的指标。在 LFM 波形成像结果中，有源微动调制和有源运动相位调制间歇采样转发干扰的情况下，相应标注区域的各项指标值均十分小，这意味着其与原始图像之间差异大，受干扰严重。而利用联合设计波形于非匹配滤波器的抗干扰 SAR 成像结果中，其相似度指标均大于 0.85，这意味着其受到干扰的影响小，仍能够实现对目标的准确成像。使用抗干扰 PAR 波形时，所标注区域的相似度指标最大，这说明 PAR 波形抗干扰性能优于恒模波形。

表 5.5　不同波形成像结果的标注区域相似度指标对比

	指标	LFM	恒模波形	PAR 波形
余弦调相间歇采样转发干扰	亮度	0.46	0.96	0.98
	对比度	0.48	0.99	0.99
	结构	0.20	0.91	0.92
	相似度	0.04	0.87	**0.89**
有源加速间歇采样转发干扰	亮度	0.24	0.97	0.99
	对比度	0.02	0.99	0.99
	结构	0.06	0.90	0.91
	相似度	0.0002	0.87	**0.89**

为进一步对比抗干扰恒模和 PAR 波形的性能，本节分析干信比设置 50dB 和 60dB 情况下的成像结果性能。干扰采用有源微动调制间歇采样转发干扰样式。图 5.23 为 SAR 成像结果，其中，图 5.23（a）和图 5.23（c）为干信比 50dB 成像结果，图 5.23（b）和图 5.23（d）为干信比 60dB 成像结果。干信比为 50dB 时，抗干扰恒模波形和 PAR 波形的成像结果相似度指标值分别为 0.61 和 0.72。干信比为 60dB 时，抗干扰恒模波形和 PAR 波形的成像结果相似度指标值分别为 0.18 和 0.29。上述仿真结果进一步验证了 PAR 捷变波形抗干扰的优越性。

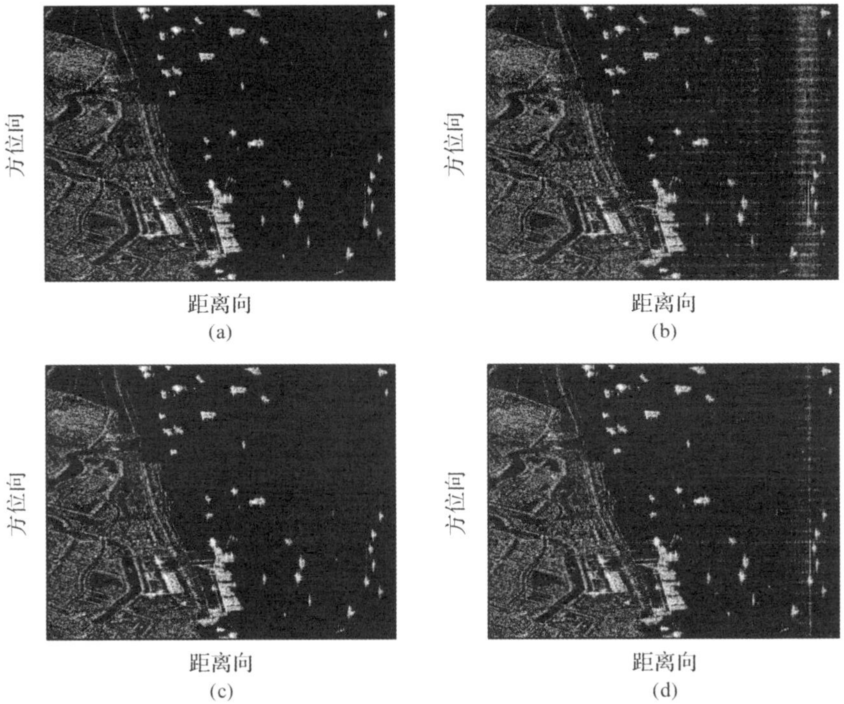

图 5.23　微动调制间歇采样转发干扰下的 SAR 成像结果

（a）和（b）恒模抗干扰波形成像结果，干信比分别为 50dB 和 60dB；

（c）和（d）PAR 抗干扰波形成像结果，干信比分别为 50dB 和 60dB。

5.5　本章小结

本章首先阐述了基于波形设计的抗间采样转发干扰原理与方法，分别从波形多普勒容限、波形捷变和非匹配滤波三个角度论述了间歇采样转发干扰抑制原理。其次阐述了的抗间歇采样转干扰相位编码波形与非匹配滤波器设计问题建模、算法设计和数值仿真等内容，验证了抗间歇采样转发干扰的有效性。为进一步抑制间歇采样转发干扰的方位处理增益，提出了联合非匹配滤波的抗间歇采样转发干扰捷变波形设计方法，并论述了恒模捷变波形和 PAR 波形设计算法。最后通过抗间歇采样转发干扰点目标和面目标仿真验证了所提方法的有效性。

第6章 抗移频干扰波形设计

移频干扰利用SAR发射波形模糊函数的时延多普勒耦合特性，不仅能够获得SAR的距离向成像处理增益，还能够实现干扰图像在距离向的搬移。本章基于移频干扰对SAR波形的多普勒容限依赖特性以及其时延滞后特性，阐述抗移频干扰的波形设计方法。6.1节从脉内和脉间波形设计两方面阐述抗移频干扰原理。6.2节阐述低多普勒容限波形设计方法，以及抗干扰波形设计算法与仿真。6.3节阐述低多普勒容限捷变波形设计方法与仿真。6.4节阐述基于互模糊函数塑形的抗移频干扰波形设计方法，以及互模糊函数塑形算法。6.5节通过SAR成像仿真验证抗移频干扰波形性能。最后总结抗移频干扰波形设计方法。

6.1 抗移频干扰原理

抗移频干扰波形设计方法原理如图6.1所示，包括脉内低多普勒容限波形设计和脉间波形分集两部分。下文分别介绍低多普勒容限波形设计和脉间波形分集抗移频干扰原理。其中脉内低多普勒容限波形设计抑制移频干扰距离向成

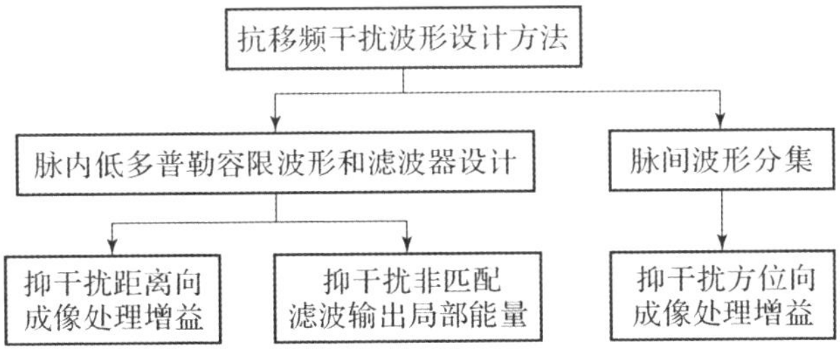

图6.1 抗移频干扰波形设计原理

像处理增益，并抑制移频干扰非匹配滤波输出的局部积分能量。脉间波形分集则用于抑制移频干扰的方位向成像处理增益。

6.1.1 脉内低多普勒容限波形与非匹配滤波器设计

SAR 移频干扰信号快时间项为

$$x_{\mathrm{sfj}}(\tau,\eta)=w_{\mathrm{r}}\left(\tau-\frac{2R_{\mathrm{j}}(\eta)}{c}-\tau_{\mathrm{j}}\right)x\left(\tau-\frac{2R_{\mathrm{j}}(\eta)}{c}-\tau_{\mathrm{j}}\right)$$

$$\exp\left(\mathrm{j}2\pi\Delta f(\eta)\left(\tau-\frac{2R_{\mathrm{j}}(\eta)}{c}-\tau_{\mathrm{j}}\right)\right) \tag{6.1}$$

忽略式（6.1）中的时延，移频干扰信号为

$$x_{\mathrm{sfj}}(\tau)=x(\tau)\exp(\mathrm{j}2\pi\Delta f(\eta)\tau) \tag{6.2}$$

假设距离向脉冲压缩匹配滤波器为 $x^{*}(\tau)$，则距离向脉冲压缩结果为 $x^{*}(\tau)\otimes x_{\mathrm{sfj}}(\tau)$，其与波形复模糊函数表达式是一致的，即移频干扰距离向脉冲压缩可等效为不同多普勒频移 SAR 信号匹配滤波输出。由移频干扰距离偏移值 $c\Delta f_{\mathrm{d}}/2K$ 可知，当频移量 $\Delta f_{\mathrm{d}}=1/T_{\mathrm{p}}$ 时，距离偏移值为一个距离分辨单元 $c/2B_{\mathrm{r}}$，可假设移频干扰的频移量远大于 $1/T_{\mathrm{p}}$。相位编码波形具有图钉状模糊函数，当多普勒频移绝对值大于 $1/T_{\mathrm{p}}$ 时，移频干扰无法获得距离向成像处理增益。综上所述，移频干扰信号距离向脉冲压缩输出由雷达发射波形的多普勒容限决定，低多普勒容限波形将具有更优的抗移频干扰性能。

假设信号带宽 30MHz，脉宽 40μs，不同多普勒频移下移频干扰信号的脉冲压缩结果如图 6.2 所示。图 6.2（a）中移频干扰仍可实现距离向脉冲压缩，且由于 LFM 波形模糊函数的时延多普勒耦合特性，移频干扰脉冲压缩峰值出现偏移。发射相位编码波形时，不同频移下移频干扰信号脉冲压缩结果如图 6.2（b）所示。无干扰条件下，其积分旁瓣水平为 -14.48dB，LPG 为 -0.1dB，而引入频移量后移频干扰无法获得距离向脉冲压缩增益。相较于无干扰条件下的脉冲压缩峰值，移频干扰信号脉压后的峰值显著下降。

不失一般性，移频干扰信号 $x_{\mathrm{sfj}}(\tau)$ 的脉冲压缩输出为

$$r_{\mathrm{sfj}}(t)=\int_{-\infty}^{\infty}x_{\mathrm{sfj}}(\tau)h^{*}(\tau-t)\mathrm{d}\tau,\ -\infty<t<+\infty \tag{6.3}$$

理论上，通过最小化移频干扰信号脉冲压缩输出的积分水平可以抑制干扰能量，使得移频干扰信号和发射信号之间完全正交，达到最优的移频干扰抑制

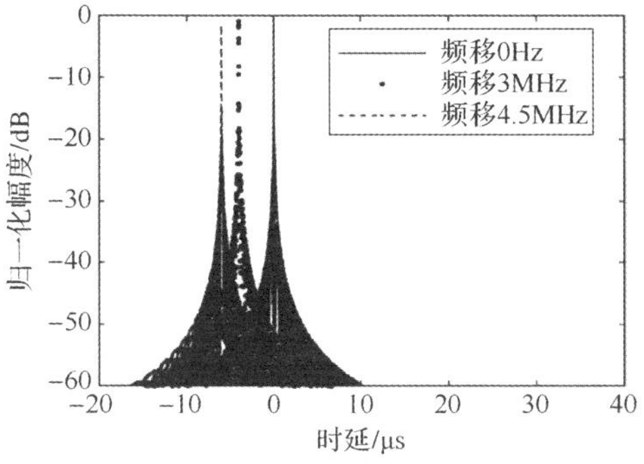

(a)

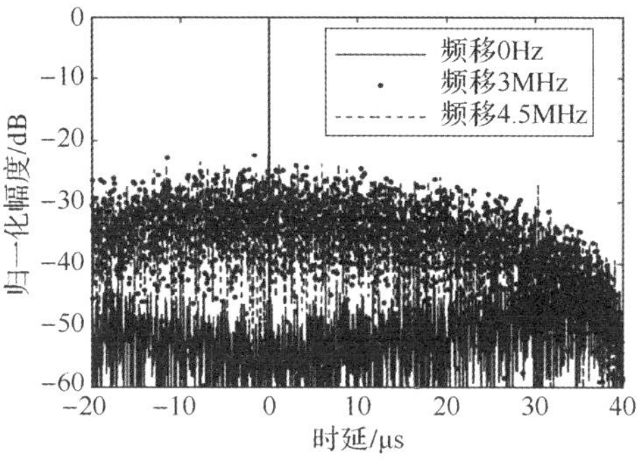

(b)

图 6.2　不同多普勒频移下的脉冲压缩输出结果

（a）LFM 波形；（b）相位编码波形。

效果。然而，相位编码波形模糊函数为图钉状，其模糊函数能量守恒，所以在特定多普勒单元的积分电平不会无法无限趋向于 0，该值和模糊函数峰值比接近 0dB。本节阐述基于移频干扰脉冲压缩输出局部电平抑制的波形设计方法。

如图 6.3 所示，移频干扰压制的距离向范围为[$c\Delta f_{\min}/2K \quad c\Delta f_{\max}/2K$]，将该范围设置为重点感兴趣区域，并基于波形设计方法抑制该区域干扰能量。此时，干扰的能量分布于[$-T_p \quad c\Delta f_{\min}/2K$]和[$c\Delta f_{\max}/2K \quad T_p$]，即上述距离范围目标成像性能降低。鉴于此，将距离抑制区域设置为[$-T_p/4 \quad T_p/4$]，能够满足最大频移量为 $\pm 0.25B_r$ 时的干扰抑制需求。此外，移频干扰的频移量随慢时间变化，因此，通过最小化[$\Delta f_{\min} \quad \Delta f_{\max}$]范围内移频干扰滤波输出的加权积分电平，能够对感兴趣区域的抗干扰成像。

恒模波形的模糊函数零时延切片为辛格函数，即匹配滤波情况下零时延多普勒切片副瓣固定。如图 6.4 所示，仅通过发射恒模波形设计将无法抑制零时延多普勒切片上的移频干扰输出峰值。引入非匹配滤波方法，联合设计波形与非匹配滤波器抑制互模糊函数中零时延多普勒切片副瓣峰值电平。

综上，抗移频干扰波形与非匹配滤波器联合设计方法可表述在图 6.5 所示的时延多普勒平面中，包括 SAR 成像需要优化雷达的脉冲压缩性能，需同时考虑 LPG 和旁瓣水平，阴影部分则表示对移频干扰脉压局部能量的抑制。

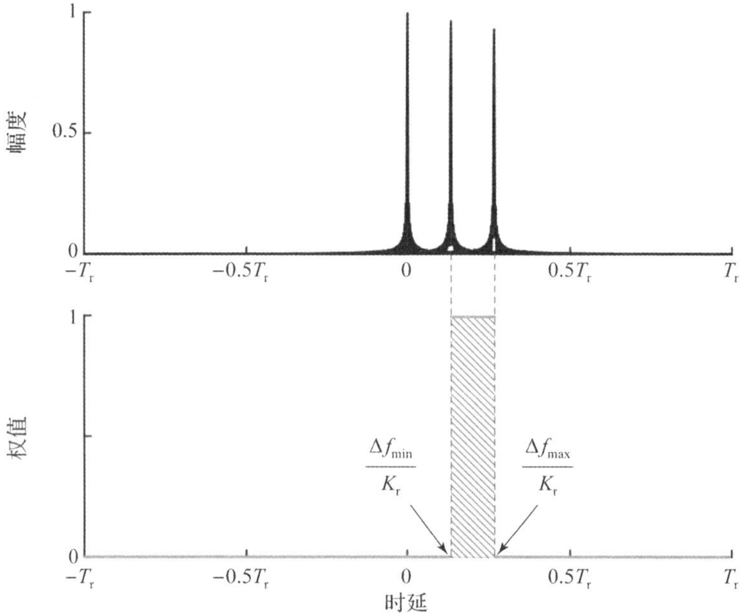

图 6.3　移频干扰距离脉压输出局部抑制权值设置

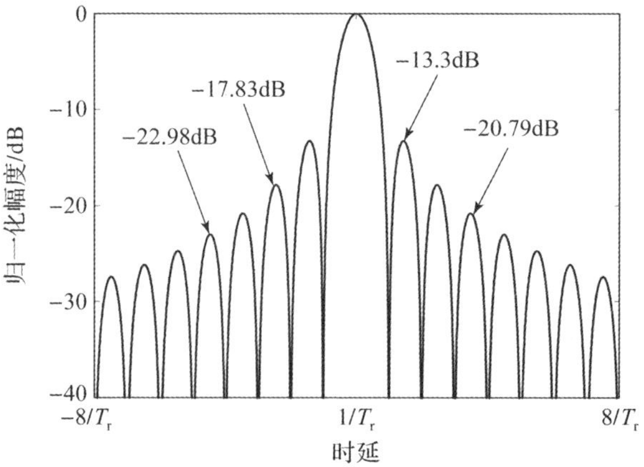

图 6.4　零时延多普勒切片

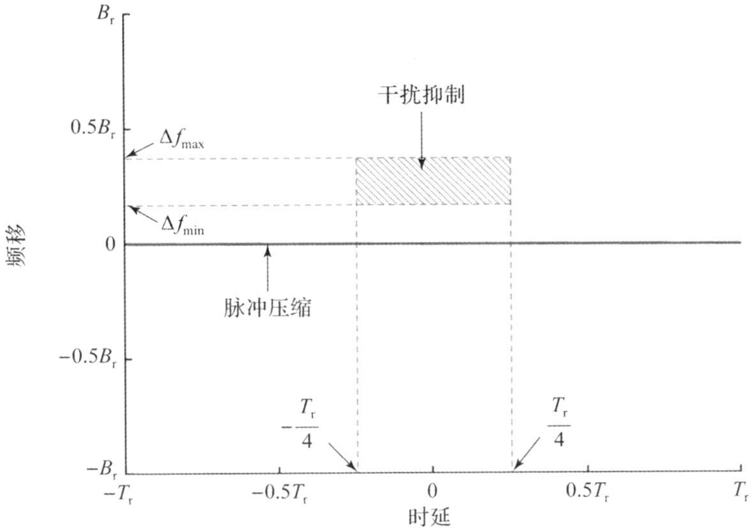

图6.5　抗移频干扰波形与非匹配滤波器联合设计方法

6.1.2　波形捷变

由于移频干扰需要截获完整脉冲信号，因此，移频干扰信号相较于真实目标回波的至少滞后一个脉冲重复周期。假设移频干扰信号滞后于目标回波 K 个脉冲重复周期，则第 m 个发射波形对应移频干扰信号为

$$s_{sfj}(\tau,\eta)=w_r\left(\tau-\frac{2R_j(\eta)}{c}-\tau_j\right)x_m\left(\tau-\frac{2R_j(\eta)}{c}-\tau_j\right)$$
$$\exp\left(j2\pi\Delta f(\eta)\left(\tau-\frac{2R_j(\eta)}{c}-\tau_j\right)\right)w_a(\eta-\eta_{jc})$$
$$\exp\left(-j2\pi f_c\left(\frac{2R_j(\eta)}{c}+\tau_j\right)\right) \tag{6.4}$$

与移频干扰信号相应同一波门时间内，SAR 点目标回波为

$$s_r(\tau,\eta)=\sigma(x,y,z)w_r\left(\tau-\frac{2R(\eta)}{c}\right)x_{m+K}\left(\tau-\frac{2R(\eta)}{c}\right)$$
$$w_a(\eta-\eta_c)\exp\left(-\frac{j4\pi f_c R(\eta)}{c}\right) \tag{6.5}$$

对式（6.5）距离向脉冲压缩处理时，相应的滤波器为 $h_{m+K}^*(\tau)$。忽略时延项，移频干扰信号快时间项为

$$x_{sfj,m}(\tau)=x_m(\tau)\exp(j2\pi\Delta f(\eta)\tau) \tag{6.6}$$

其距离向脉冲压缩结果为

$$r_{\mathrm{sfj1}}(t)=\int_{-\infty}^{\infty}x_{\mathrm{sfj},m}(\tau)h_{m+K}^{*}(\tau-t)\mathrm{d}\tau,\ -\infty<t<+\infty \tag{6.7}$$

因此，移频干扰信号的非匹配滤波输出随慢时间变化，影响移频干扰多普勒历程，进而能够在真目标聚焦的情况下抑制移频干扰的方位向成像处理增益。

6.2 抗移频干扰相位编码波形

由上文分析可知，通过发射低多普勒容限的信号，移频干扰的距离向处理增益将会显著降低。同时，SAR 回波的多普勒带宽相较于信号带宽较小，且其多普勒效应可在距离多普勒域补偿，低多普勒容限的波形也可用于 SAR。除此之外，需提高波形的脉冲压缩性能，以进一步改善雷达的成像质量。例如，在传统的 SAR 信号处理方法中，往往通过加窗，自适应滤波和优化方法来降低脉冲压缩旁瓣水平。本节在假设 SAR 发射相位编码波形的情况下，将积分旁瓣和峰值旁瓣建模为代价函数，介绍低多普勒容限波形设计的抗移频干扰方法。此外，联合设计相位编码波形和非匹配滤波器的互模糊函数仍然具有低多普勒容限特性，其仍然具备抑制脉冲压缩旁瓣和移频干扰能力，且能够提高抗移频干扰联合设计方法的自由度。下文分别阐述两种准则下的联合设计问题求解，并通过仿真验证可行性。

6.2.1 积分旁瓣最小化问题求解

参考 5.2.1.1 节积分旁瓣代价函数，抗移频干扰联合设计问题代价函数为

$$\begin{aligned}f_1(\boldsymbol{x},\boldsymbol{h})&=\boldsymbol{x}^{\mathrm{H}}\boldsymbol{\Lambda}^{\mathrm{H}}\boldsymbol{W}\boldsymbol{\Lambda}\boldsymbol{x}+\lambda_1\left|\boldsymbol{h}^{\mathrm{H}}\boldsymbol{x}-b_{\max}\right|^2\\&=\boldsymbol{h}^{\mathrm{H}}\boldsymbol{\Phi}^{\mathrm{H}}\boldsymbol{W}\boldsymbol{\Phi}\boldsymbol{h}+\lambda_1\left|\boldsymbol{h}^{\mathrm{H}}\boldsymbol{x}-b_{\max}\right|^2\end{aligned} \tag{6.8}$$

而恒模和非匹配滤波器能量约束下的联合设计问题为

$$\begin{aligned}&\min_{\boldsymbol{x},\boldsymbol{h}}\quad f_1(\boldsymbol{x},\boldsymbol{h})\\&\text{s.t.}\quad \boldsymbol{h}^{\mathrm{H}}\boldsymbol{h}=N\\&\qquad |x_n|=1,n=1,\cdots,N\end{aligned} \tag{6.9}$$

对比式（6.9）和式（5.19）对应的联合设计问题，可以发现将帕累托权值 ε 设置为 1，则式（5.19）所述的联合设计问题与抗移频干扰低积分旁瓣联

合设计问题相同。因此可直接用 5.2.2.3 节联合设计算法优化波形与非匹配滤波器，此处不再赘述。

6.2.2　峰值旁瓣最小化问题求解

峰值旁瓣定义脉冲压缩旁瓣电平向量的无穷范数，但是直接处理无穷范数难度较大。本节通过优化 p 范数等价抑制峰值旁瓣，当 p 趋向于无穷时，p 范数与无穷范数是完全等价。此外，p 范数也可进一步等价为

$$\sum_{k=1,k\neq N}^{2N-1} |r_k|^p \tag{6.10}$$

峰值旁瓣抑制的等价联合设计问题模型为

$$\begin{aligned}&\min_{\boldsymbol{h},\boldsymbol{x}}\left\{\sum_{k=1,k\neq N}^{2N-1}|r_k|^p+\lambda_2\left|\boldsymbol{h}^{\mathrm{H}}\boldsymbol{x}-b_{\max}\right|\right\}\\&\text{s.t.}\quad \boldsymbol{h}^{\mathrm{H}}\boldsymbol{h}=N\\&\qquad |x_n|=1,n=1,\cdots,N\end{aligned} \tag{6.11}$$

本节使用两次主分量最小化推导目标函数 $|r_k|^p$ 的近似函数，即

$$a_k|r_k|^2+b_k|r_k|+c \tag{6.12}$$

式中

$$\begin{aligned}a_k&=\frac{t^p-|r_k^{(l)}|^p-p|r_k^{(l)}|^{p-1}(t-|r_k^{(l)}|)}{(t-|r_k^{(l)}|)^2}\\b_k&=p|r_k^{(l)}|^{p-1}-2a_k|r_k^{(l)}|\end{aligned} \tag{6.13}$$

且 $t=\left(\sum_{k=-N+1,k\neq 0}^{N-1}|r_k^{(l)}|^p\right)^{1/p}$，原问题的等价问题为：

$$\begin{aligned}&\min_{\boldsymbol{h},\boldsymbol{x}}\left\{\sum_{k=1,k\neq N}^{2N-1}(a_k|r_k|^2+b_k|r_k|)+\lambda_2\left|\boldsymbol{h}^{\mathrm{H}}\boldsymbol{x}-b_{\max}\right|\right\}\\&\text{s.t.}\quad \boldsymbol{h}^{\mathrm{H}}\boldsymbol{h}=N\\&\qquad |x_n|=1,n=1,\cdots,N\end{aligned} \tag{6.14}$$

第二项如下：

$$b_k|r_k|\leqslant b_k\mathrm{Re}\left\{\frac{r_k^{(l)*}}{|r_k^{(l)}|}r_k\right\} \tag{6.15}$$

以优化波形为例，$r_k=\Lambda_{k,:}\boldsymbol{x}=(\boldsymbol{\Phi}_{k,:}\boldsymbol{h})^*$，因此峰值旁瓣联合优化问题为

$$\min\left\{\boldsymbol{x}^{\mathrm{H}}\boldsymbol{\Lambda}^{\mathrm{H}}W\mathrm{diag}(a)\boldsymbol{\Lambda}\boldsymbol{x}+\lambda_1\|\boldsymbol{h}^{\mathrm{H}}\boldsymbol{x}-b_{\max}\|^2+\mathrm{Re}\left(\sum_{k=-N+1,k\neq 0}^{N-1}b_k\frac{r_k^{(l)*}}{|r_k^{(l)}|}\boldsymbol{\Lambda}_{k,:}\boldsymbol{x}\right)\right\}$$

$$\text{s.t.}\quad \boldsymbol{h}^{\mathrm{H}}\boldsymbol{h}=N$$

$$|x_n|=1,n=1,\cdots,N \tag{6.16}$$

式中

$$\begin{aligned}\sum_{k=1,k\neq N}^{2N-1}\mathrm{Re}\left\{b_k\frac{r_k^{(l)*}}{|r_k^{(l)}|}r_k\right\}=&\\ \mathrm{Re}\left\{\sum_{k=1,k\neq N}^{2N-1}b_k\frac{r_k^{(l)*}}{|r_k^{(l)}|}\boldsymbol{\Lambda}_{k,:}\boldsymbol{x}\right\}=&\\ \mathrm{Re}\left\{\sum_{k=1,k\neq N}^{2N-1}b_k\frac{r_k^{(l)}}{|r_k^{(l)}|}\boldsymbol{\Phi}_{k,:}\boldsymbol{h}\right\}&\end{aligned} \tag{6.17}$$

对式（6.16）中第一项应用主分量最小化方法进行求解简化，$\boldsymbol{\Lambda}^{\mathrm{H}}\boldsymbol{W}\mathrm{diag}(\boldsymbol{a})\boldsymbol{\Lambda}\leqslant\max_{k\neq 0}(a_k)\boldsymbol{\Lambda}^{\mathrm{H}}\boldsymbol{W}\boldsymbol{\Lambda}$，矩阵 $\boldsymbol{\Lambda}^{\mathrm{H}}\boldsymbol{W}\boldsymbol{\Lambda}$ 是托普利兹埃尔米特矩阵，因此，基于快速傅里叶变换估计其最大特征值上界。所以峰值旁瓣最小化问题转化为二次规划问题，可以直接利用积分旁瓣最小化联合设计算法求解该问题。

6.2.3 算法仿真

假设信号码元长度为256，LPG 为 -0.05dB，且波形和非匹配滤波器分别使用相同的随机相位编码序列初始化。分析权值 λ_1 对波形和非匹配滤波器脉冲压缩的 LPG 和积分旁瓣性能的影响。权值依次取值为 $\lambda_1=[1,2,4,8,16,32,64,128,256,512]$。针对不同权值分别开展 50 次独立实验，且使用相同的随机相位编码信号初始化算法发射波形和非匹配滤波器。图 6.6 为 ISLR 和 LPG 随着权值的变化曲线图。可以发现，随着权值增加，LPG 逐渐下降，并逐渐接近设定值 -0.05dB，当权值为 128 时，LPG 值为 -0.0591dB。权值增加积分旁瓣对应的代价函数权重降低，因此使得 ISLR 值呈现逐渐增加趋势。

分析 LPG 变化对 ISLR 性能的影响，权值 $\lambda_1=128$，其余参数与上述实验一样。LPG 设置为[-0.05，-0.2，-0.5，-1，-1.5，-2，-3，-4，-5，-6，-7，-8]，针对不同 LPG 值分别开展 50 次独立重复实验，且使用相同的随机

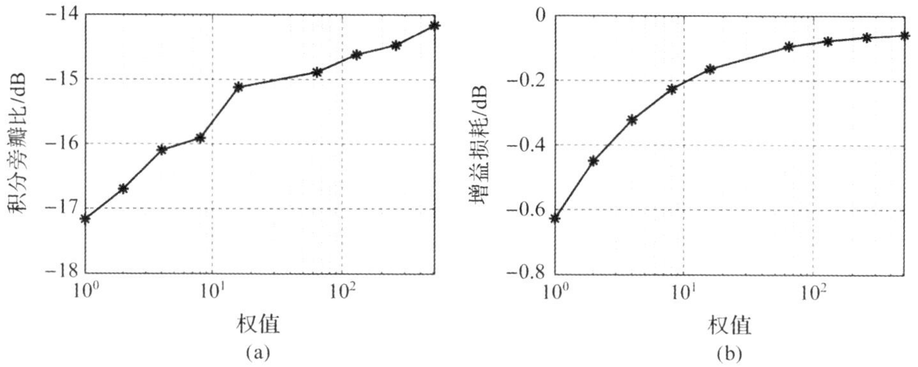

图 6.6 脉冲压缩性能随着权值的变化图

（a）ISLR 随着权值变化；（b）LPG 随权值变化。

相位编码序列组初始化算法发射波形和非匹配滤波器。图 6.7 为 ISLR 随着 LPG 变化图，随着 LPG 减小，ISLR 逐渐降低。因此，损失一定 LPG 能够有效提高雷达脉冲压缩 ISLR 性能，但是随着 LPG 损耗增加，ISLR 改善效果不再明显。这是因为 LPG 值小于 -1.5dB 后，ISLR 改善速度要慢于脉冲压缩峰值下降速度。

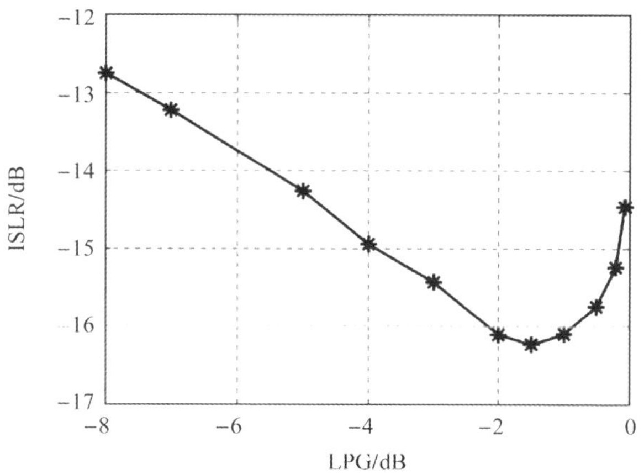

图 6.7 ISLR 性能随 LPG 变化图

假设雷达波形码元长度为 8192，相应的非匹配滤波器码元长度也为 8192。利用低旁瓣联合优化算法设计波形与非匹配滤波器，结果如图 6.8 所示，其归一化 LPG 为 -0.066dB，其 ISLR 为 -14.73dB。

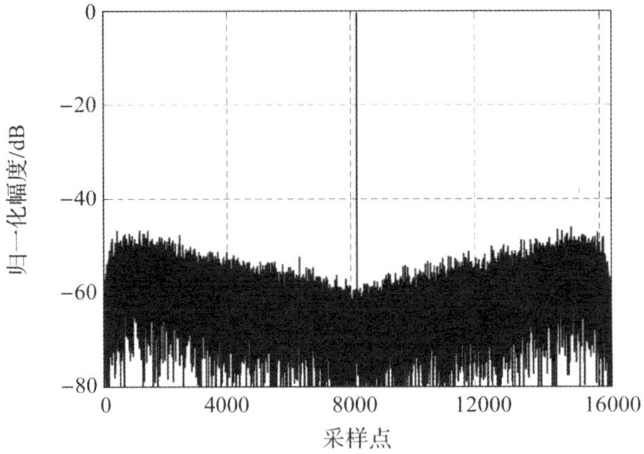

图 6.8　波形非匹配滤波脉冲压缩结果

假设波形和非匹配滤波器码元为2048，权值 $\lambda_2 = N^2$，且 $p = 10$，LPG 值预设为 -0.05dB。作为对比，同时仿真了积分旁瓣准则下的联合设计方法。图 6.9 给出了低积分旁瓣和峰值旁瓣波形设计结果，抑制峰值旁瓣方法得到的脉冲压缩峰值旁瓣为 -42.12dB，LPG 值为 -0.05dB。而抑制积分旁瓣联合设计方法得到的结果峰值旁瓣和 LPG 分别为 -39.18dB 和 -0.05dB。

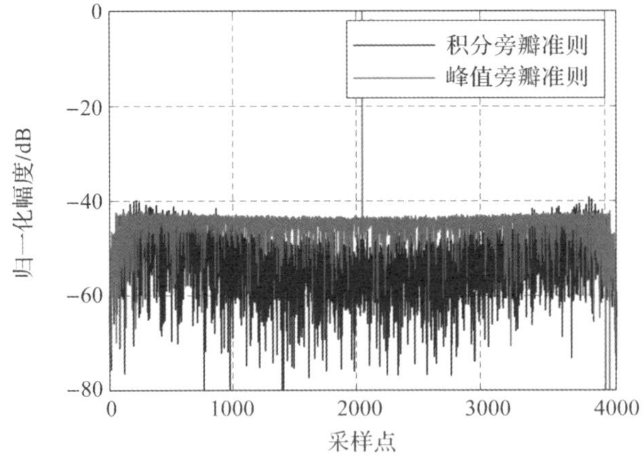

图 6.9　低积分旁瓣和峰值旁瓣准则设计波形非匹配滤波脉冲压缩结果（见彩插）

对比可以发现，峰值旁瓣准则下优化得到的波形非匹配滤波输出结果 PSLR 明显降低，其 ISLR 为 -8.53dB。积分旁瓣准则下联合设计波形的非匹配滤波输出结果 ISLR 值为 -13.87dB，其 ISLR 性能相较于峰值旁瓣准则优化结果改善了 5.24dB。峰值旁瓣准则下得到的 ISLR 性能较差，且积分旁瓣准则下得到结果的 PSLR 也可达到 -39dB，能够满足 SAR 成像需求。因此，本章将在积分旁瓣准则下开展抗移频干扰波形与非匹配滤波器的方法研究。

6.3　抗移频干扰捷变相位编码波形

由 5.3.1 节可知，相位编码波形非匹配滤波脉冲压缩的积分旁瓣抑制目标函数为

$$
\begin{aligned}
f_1(\boldsymbol{X},\boldsymbol{H}) &= \sum_{m=1}^{M} \boldsymbol{x}_m^{\mathrm{H}}\boldsymbol{\Lambda}_m^{\mathrm{H}}\boldsymbol{W}\boldsymbol{\Lambda}_m\boldsymbol{x}_m + \lambda_1 \left| \boldsymbol{h}_m^{\mathrm{H}}\boldsymbol{x}_m - b_m \right|^2 \\
&= \sum_{m=1}^{M} \boldsymbol{h}_m^{\mathrm{H}}\boldsymbol{\Phi}_m^{\mathrm{H}}\boldsymbol{W}\boldsymbol{\Phi}_m\boldsymbol{h}_m + \lambda_1 \left| \boldsymbol{x}_m^{\mathrm{H}}\boldsymbol{h}_m - b_m \right|^2
\end{aligned} \tag{6.18}
$$

恒模波形和非匹配滤波器能量约束下的联合设计问题模型为

$$
\begin{aligned}
&\min_{\boldsymbol{X},\boldsymbol{H}} \quad f_1(\boldsymbol{X},\boldsymbol{H}) \\
&\text{s.t.} \quad \boldsymbol{h}_m^{\mathrm{H}}\boldsymbol{h}_m = N \\
&\qquad\quad \boldsymbol{x}_m \in \mathbb{C}^{N\times 1}, m = 1, \cdots, M
\end{aligned} \tag{6.19}
$$

由于不同脉冲重复周期发射的波形与非匹配滤波器不相关，因此，联合设计问题也可以分解为若干对波形与非匹配滤波器子优化问题：

$$
\begin{aligned}
&\min_{\boldsymbol{x}_m,\boldsymbol{h}_m} \quad f_1(\boldsymbol{x}_m,\boldsymbol{h}_m) \\
&\text{s.t.} \quad \boldsymbol{h}_m^{\mathrm{H}}\boldsymbol{h}_m = N \\
&\qquad\quad \boldsymbol{x}_m \in \mathbb{C}^{N\times 1}
\end{aligned} \tag{6.20}
$$

该问题与 5.2.2 节的抗间歇采样转发干扰问题均为非凸约束二次规划问题，且约束条件也相同，因此可直接利用相应的联合设计算法求解。

根据表 3.1 时宽带宽参数设计捷变波形与非匹配滤波器，其 LPG 预设值为 -0.5dB。图 6.10 为设计 100 个捷变波形非匹配滤波脉冲压缩结果，可以发现其脉冲压缩峰值基本一致，且脉冲压缩的 ISLR 和 PSLR 均被抑制。假设移频干扰频移量为 100kHz，干扰信号滞后 1 个脉冲重复周期，图 6.11 给出了移频干扰信号非匹配滤波输出，移频干扰无法获得信号处理增益。因此，通过联合设计波形与非匹配滤波器，能够在抑制移频干扰信号处理增益情况下获得良好脉冲压缩性能。

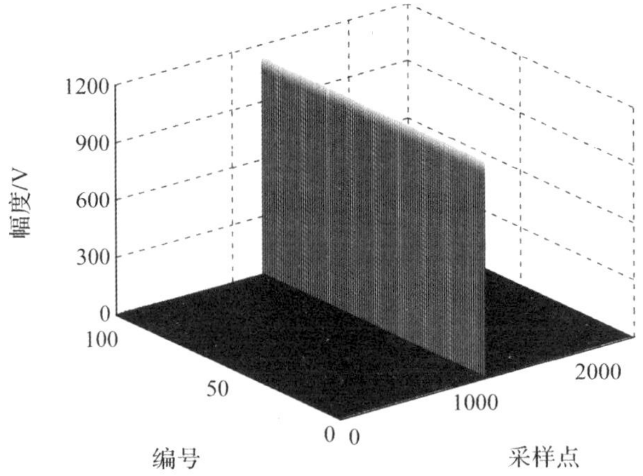

图6.10　捷变波形非匹配滤波脉冲压缩结果（见彩插）

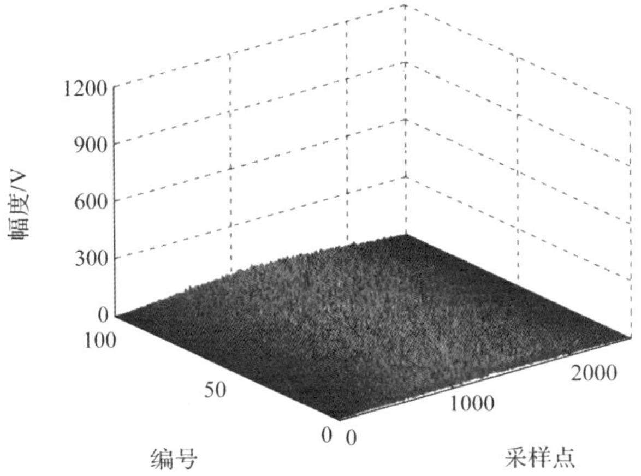

图6.11　移频干扰信号非匹配滤波输出（见彩插）

6.4　抗移频干扰互模糊函数塑形波形

6.4.1　问题建模

假设SAR发射捷变波形，因而需要考虑移频干扰机的时延。给定慢时间 η，距离向的干扰信号离散形式为 $\boldsymbol{x}\odot\boldsymbol{j}_1$，其中，$\boldsymbol{j}_1$ 表示频移项 $\exp(\mathrm{j}2\pi\Delta f(\eta)\tau)$ 的离散向量：

$$\boldsymbol{j}_m = \mathrm{e}^{\mathrm{j}2\pi[\Delta f_m \quad 2\Delta f_m \quad \cdots \quad N\Delta f_m]^{\mathrm{T}}} \tag{6.21}$$

式中：$\Delta f_1=\Delta f(\eta_1)/f_s$ 表示归一化多普勒频率。移频干扰信号非匹配滤波输出为干扰信号和非匹配滤波器的互相关。

根据 6.1.1 节设置的待抑制局部区域 $[-T_r/4 \quad T_r/4]$，定义维度为 $2N-1$ 的离散对角矩阵 $\boldsymbol{W}_j$，其第 $\left[\frac{3}{4}N\right]$ 至 $\left[\frac{5}{4}N\right]$ 个对角元素为 1，其余元素为 0。则局部干扰能量代价函数为 $\|\boldsymbol{W}_j\boldsymbol{\Lambda}\boldsymbol{J}_1\boldsymbol{x}\|_2^2$，$\boldsymbol{J}_1$ 是利用其也可写为 $\|\boldsymbol{W}_j\boldsymbol{\Phi}_m\boldsymbol{h}\|_2^2$，式中

$$\boldsymbol{\Phi}_{mkn}=\begin{cases}0,k\leqslant N,k<n\\0,k>N,k\geqslant n+N\\x_{N-k+n}^{*}j_{N-k+n}^{*},\text{其他}\end{cases}\tag{6.22}$$

频移量为 Δf_1 的目标函数为

$$\begin{aligned}g_1(\boldsymbol{x},\boldsymbol{h})&=\|\boldsymbol{W}_j\boldsymbol{\Lambda}\boldsymbol{x}_{\mathrm{j}}\|_2^2\\&=\|\boldsymbol{W}_j\boldsymbol{\Phi}_1\boldsymbol{h}\|_2^2\end{aligned}\tag{6.23}$$

由于步进移频和随机移频干扰的频移量随慢时间变化，因此应使得波形具有多普勒频移鲁棒性。对移频范围 $[\Delta f_{\min} \quad \Delta f_{\max}]$ 均匀离散采样，建立离散向量为 $[\Delta f_1 \quad \Delta f_2 \quad \cdots \quad \Delta f_M]$。基于此建立的目标函数为：

$$\sum_{m=1}^{M}g_m(\boldsymbol{x},\boldsymbol{h})\tag{6.24}$$

频率采样间隔 $\Delta f_2-\Delta f_1$ 决定干扰抑制函数数量，间隔越小则目标函数数量越多，计算量相应也会增加，反之则计算量会减少。若采样间隔增大，则可能导致设计波形与非匹配滤波器无法满足对所有频移量均满足抑制性能。

恒模波形与非匹配滤波器能量约束下的联合设计问题为

$$\begin{aligned}\min_{\boldsymbol{x},\boldsymbol{h}}\quad & h(\boldsymbol{x},\boldsymbol{h})\\ \text{s.t.}\quad & \boldsymbol{h}^{\mathrm{H}}\boldsymbol{h}=N\\ & |x_n|=1,n=1,\cdots,N\end{aligned}\tag{6.25}$$

式中

$$h(\boldsymbol{x},\boldsymbol{h})=f_1(\boldsymbol{x},\boldsymbol{h})+\xi\sum_{m=1}^{M}g_m(\boldsymbol{x},\boldsymbol{h})\tag{6.26}$$

ξ 表示干扰抑制函数的权值。由于 $[\Delta f_{\min} \quad \Delta f_{\max}]$ 内每一频点所对应的干扰抑制权重相同，干扰抑制函数 $g_m(\boldsymbol{x},\boldsymbol{h})$ 的权值相同。

6.4.2 联合设计算法

6.4.2.1 BSUM 算法原理

BSUM（block successive upper - bound minimization）算法通常可分为以下三个流程：首先将变量分解为若干块变量，求解对各块变量的近似函数；其次，建立关于块变量的等效优化问题，并推导解析解；最后，通过对块变量的循环迭代更新，获得问题的优化解。联合优化设计问题包括 $\boldsymbol{x}$ 和 $\boldsymbol{h}$ 两个块变量，子问题为

$$\begin{aligned} &\min_{\boldsymbol{x}} \quad u^i(\boldsymbol{x},\boldsymbol{x}^{i-1},\boldsymbol{h}^{i-1}) \\ &\text{s.t.} \quad |x_n| = 1, n = 1,\cdots,N \end{aligned} \tag{6.27}$$

和

$$\begin{aligned} &\min_{\boldsymbol{h}} \quad u^i(\boldsymbol{h},\boldsymbol{x}^i,\boldsymbol{h}^{i-1}) \\ &\text{s.t.} \quad \boldsymbol{h}^{\mathrm{H}}\boldsymbol{h} = N \end{aligned} \tag{6.28}$$

$u^i(\boldsymbol{x},\boldsymbol{x}^{i-1},\boldsymbol{h}^{i-1})$ 为第 i 次迭代过程中在给定 $\boldsymbol{x}^{i-1}$ 时 $h(\boldsymbol{x},\boldsymbol{h}^{i-1})$ 的近似函数，而 $u^i(\boldsymbol{h},\boldsymbol{x}^i,\boldsymbol{h}^{i-1})$ 则为给定 $\boldsymbol{h}^{i-1}$ 时 $h(\boldsymbol{x}^i,\boldsymbol{h})$ 的近似函数。

6.4.2.2 波形优化

目标函数 $h(\boldsymbol{x},\boldsymbol{h}^{i-1})$ 展开为

$$\begin{aligned} h(\boldsymbol{x},\boldsymbol{h}^{i-1}) = & \|\boldsymbol{W\Lambda}^{i-1}\boldsymbol{x}\|_2^2 \\ & + \varepsilon\|(\boldsymbol{h}^{i-1})^{\mathrm{H}}\boldsymbol{x} - b_{\max}\|_2^2 \\ & + \xi \sum_{m=1} \|\boldsymbol{W}_j\boldsymbol{\Lambda}^{i-1}\boldsymbol{J}_m\boldsymbol{x}\|_2^2 \end{aligned} \tag{6.29}$$

式中：$\boldsymbol{\Lambda}^{i-1}$ 根据 $\boldsymbol{h}^{i-1}$ 得到。为推导（6.29）的上界，引入下述引理。

引理 6.1：若 $\boldsymbol{P}$ 为半正定埃尔米特矩阵，则函数 $v(z) = z\boldsymbol{P}^{\mathrm{H}}z$ 在 z^i 处的上界为

$$\begin{aligned} u(z,z^i) := & v(z^i) + \langle \nabla v(z^i), z - z^i \rangle \\ & + \frac{1}{2}(z - z^i)^{\mathrm{H}}\boldsymbol{P}_1(z - z^i) \end{aligned} \tag{6.30}$$

式中：$\boldsymbol{P}_1 - \boldsymbol{P}$ 也是半正定埃尔米特矩阵，且 $\langle \nabla v(z^i), z - z^i \rangle = \mathrm{Re}((\nabla v(z^i))^{\mathrm{H}}(z - z^i))$。

式（6.29）第一项中 $\boldsymbol{\Lambda}^{\mathrm{H}}\boldsymbol{W}\boldsymbol{\Lambda}$ 是半正定埃尔米特函数，由引理 6.1 得在 $\boldsymbol{x}^{i-1}$处的近似函数为：

$$
\begin{aligned}
\|\boldsymbol{W}\boldsymbol{\Lambda}^{i-1}\boldsymbol{x}\|_2^2 \leqslant & \|\boldsymbol{W}\boldsymbol{\Lambda}^{i-1}\boldsymbol{x}^{i-1}\|_2^2 \\
& + 2\langle (\boldsymbol{\Lambda}^{i-1})^{\mathrm{H}}\boldsymbol{W}\boldsymbol{\Lambda}^{i-1}\boldsymbol{x}^{i-1}, \boldsymbol{x} - \boldsymbol{x}^{i-1}\rangle \\
& + \frac{1}{2}(\boldsymbol{x} - \boldsymbol{x}^{i-1})^{\mathrm{H}}\boldsymbol{A}(\boldsymbol{x} - \boldsymbol{x}^{i-1})
\end{aligned} \tag{6.31}
$$

式中：$\boldsymbol{A}$ 为对角矩阵，其对角元素可根据计算矩阵 $\boldsymbol{\Lambda}^{\mathrm{H}}\boldsymbol{W}\boldsymbol{\Lambda}$ 的迹或最大特征值上界得到，故而也可写为 $\lambda_1\boldsymbol{I}$。

第二项中的二次项为 $\varepsilon\boldsymbol{x}^{\mathrm{H}}\boldsymbol{h}^{i-1}(\boldsymbol{h}^{i-1})^{\mathrm{H}}\boldsymbol{x}$，线性项为 $-2\varepsilon b_{\max}\langle \boldsymbol{h}^{i-1}, \boldsymbol{x}\rangle$。因此其近似函数为：

$$
\begin{aligned}
\varepsilon\|(\boldsymbol{h}^{i-1})^{\mathrm{H}}\boldsymbol{x} - b_{\max}\|_2^2 \leqslant & \varepsilon\|(\boldsymbol{h}^{i-1})^{\mathrm{H}}\boldsymbol{x}^{i-1}\|_2^2 \\
& - 2\varepsilon b_{\max}\langle \boldsymbol{h}^{i-1}, \boldsymbol{x}\rangle \\
& + 2\varepsilon\langle \boldsymbol{h}^{i-1}(\boldsymbol{h}^{i-1})^{\mathrm{H}}\boldsymbol{x}^{i-1}, \boldsymbol{x} - \boldsymbol{x}^{i-1}\rangle \\
& + \frac{1}{2}\varepsilon N(\boldsymbol{x} - \boldsymbol{x}^{i-1})^{\mathrm{H}}(\boldsymbol{x} - \boldsymbol{x}^{i-1})
\end{aligned} \tag{6.32}
$$

第三项为 M 项干扰抑制函数之和，且干扰抑制函数形式基本一致。不失一般性，以 $\|\boldsymbol{W}_{\mathrm{j}}\boldsymbol{\Lambda}^{i-1}\boldsymbol{J}_m\boldsymbol{x}\|_2^2$ 为例推导其的近似函数。

$$
\begin{aligned}
\|\boldsymbol{W}_{\mathrm{j}}\boldsymbol{\Lambda}^{i-1}\boldsymbol{J}_m\boldsymbol{x}\|_2^2 \leqslant & \|\boldsymbol{W}_{\mathrm{j}}\boldsymbol{\Lambda}^{i-1}\boldsymbol{J}_m\boldsymbol{x}^{i-1}\|_2^2 \\
& + 2\langle \boldsymbol{J}_m^{\mathrm{H}}(\boldsymbol{\Lambda}^{i-1})^{\mathrm{H}}\boldsymbol{W}_{\mathrm{j}}\boldsymbol{\Lambda}^{i-1}\boldsymbol{J}_m\boldsymbol{x}^{i-1}, \boldsymbol{x} - \boldsymbol{x}^{i-1}\rangle \\
& + \frac{1}{2}(\boldsymbol{x} - \boldsymbol{x}^{i-1})^{\mathrm{H}}\boldsymbol{B}_m(\boldsymbol{x} - \boldsymbol{x}^{i-1})
\end{aligned} \tag{6.33}
$$

同理，$\boldsymbol{B}_m$ 可根据 $\boldsymbol{J}_m^{\mathrm{H}}(\boldsymbol{\Lambda}^{i-1})^{\mathrm{H}}\boldsymbol{W}_{\mathrm{j}}\boldsymbol{\Lambda}^{i-1}\boldsymbol{J}_m$ 的矩阵迹计算，并定义为 $\lambda_{m+1}\boldsymbol{I}$。忽略式（6.31）~式(6.33）中的常数项，则波形优化子问题中目标函数为

$$
\begin{aligned}
u^i(\boldsymbol{x}, \boldsymbol{x}^{i-1}, \boldsymbol{h}^{i-1}) = & 2\langle (\boldsymbol{\Lambda}^{i-1})^{\mathrm{H}}\boldsymbol{W}\boldsymbol{\Lambda}^{i-1}\boldsymbol{x}^{i-1}, \boldsymbol{x}\rangle \\
& + \langle \lambda_1\boldsymbol{x}^{i-1}, \boldsymbol{x}\rangle + 2\varepsilon\langle \boldsymbol{h}^{i-1}(\boldsymbol{h}^{i-1})^{\mathrm{H}}\boldsymbol{x}^{i-1}, \boldsymbol{x}\rangle \\
& - 2\varepsilon b_{\max}\langle \boldsymbol{h}^{i-1}, \boldsymbol{x}\rangle + \varepsilon N\langle \boldsymbol{x}^{i-1}, \boldsymbol{x}\rangle \\
& + 2\xi\sum_{m=1}^{M}\langle \boldsymbol{J}_m^{\mathrm{H}}(\boldsymbol{\Lambda}^{i-1})^{\mathrm{H}}\boldsymbol{W}_{\mathrm{j}}\boldsymbol{\Lambda}^{i-1}\boldsymbol{J}_m\boldsymbol{x}^{i-1}, \boldsymbol{x}\rangle \\
& + \xi\sum_{m=1}^{M}\langle \lambda_{m+1}\boldsymbol{x}^{i-1}, \boldsymbol{x}\rangle
\end{aligned} \tag{6.34}
$$

因此，式（6.34）是恒模约束线性规划问题，其最优解为

$$
\boldsymbol{x}^i = -\mathrm{e}^{\mathrm{j}\arg(\boldsymbol{x}_1^{i-1})} \tag{6.35}
$$

式中

$$\begin{aligned}\boldsymbol{x}_1^{i-1} = & 2\xi\sum_{m=1}^{M}\boldsymbol{J}_m^{\mathrm{H}}(\boldsymbol{\Lambda}^{i-1})^{\mathrm{H}}\boldsymbol{W}_{\mathrm{j}}\boldsymbol{\Lambda}^{i-1}\boldsymbol{J}_m\boldsymbol{x}^{i-1}\\ & +2\varepsilon(\boldsymbol{h}^{i-1}(\boldsymbol{h}^{i-1})^{\mathrm{H}}\boldsymbol{x}^{i-1}-b_{\max}\boldsymbol{h}^{i-1})\\ & +\xi\sum_{m=1}^{M}\lambda_{m+1}\boldsymbol{x}^{i-1}+\lambda_1\boldsymbol{x}^{i-1}+\varepsilon N\boldsymbol{x}^{i-1}\\ & +2(\boldsymbol{\Lambda}^{i-1})^{\mathrm{H}}\boldsymbol{W}\boldsymbol{\Lambda}^{i-1}\boldsymbol{x}^{i-1}\end{aligned}\tag{6.36}$$

6.4.2.3 非匹配滤波器

目标函数 $h(\boldsymbol{x}^i,\boldsymbol{h})$ 可写为

$$\begin{aligned}h(\boldsymbol{x}^i,\boldsymbol{h}) = & \|\boldsymbol{W}\boldsymbol{\Phi}^i\boldsymbol{h}\|_2^2\\ & +\varepsilon\|(\boldsymbol{x}^i)^{\mathrm{H}}\boldsymbol{h}-b_{\max}\|_2^2\\ & +\xi\sum_{m=1}\|\boldsymbol{W}_{\mathrm{j}}\boldsymbol{\Phi}_m^i\boldsymbol{h}\|_2^2\end{aligned}\tag{6.37}$$

式（6.37）中第一项的近似函数如下：

$$\begin{aligned}\|\boldsymbol{W}\boldsymbol{\Phi}^i\boldsymbol{h}\|_2^2\leqslant & \|\boldsymbol{W}\boldsymbol{\Phi}^i\boldsymbol{h}^{i-1}\|_2^2\\ & +2\langle(\boldsymbol{\Phi}^i)^{\mathrm{H}}\boldsymbol{W}\boldsymbol{\Phi}^i\boldsymbol{h}^{i-1},\boldsymbol{h}-\boldsymbol{h}^{i-1}\rangle\\ & +\frac{1}{2}(\boldsymbol{h}-\boldsymbol{h}^{i-1})^{\mathrm{H}}\boldsymbol{C}(\boldsymbol{h}-\boldsymbol{h}^{i-1})\end{aligned}\tag{6.38}$$

式中：$\boldsymbol{C}=\mu_1\boldsymbol{I}_N$ 为对角矩阵，对角线上元素可根据 $(\boldsymbol{\Phi}^i)^{\mathrm{H}}\boldsymbol{W}\boldsymbol{\Phi}^i$ 的迹计算，因此其也可写为 $\mu_1\boldsymbol{I}_N$。式（6.37）中第二项的近似函数为

$$\begin{aligned}\varepsilon\|(\boldsymbol{x}^i)^{\mathrm{H}}\boldsymbol{h}-b_{\max}\|_2^2\leqslant & \varepsilon\|(\boldsymbol{x}^i)^{\mathrm{H}}\boldsymbol{h}^{i-1}\|_2^2\\ & -2\varepsilon b_{\max}\langle\boldsymbol{x}^i,\boldsymbol{h}\rangle\\ & +2\varepsilon\langle\boldsymbol{x}^i(\boldsymbol{x}^i)^{\mathrm{H}}\boldsymbol{h}^{i-1},\boldsymbol{h}-\boldsymbol{h}^{i-1}\rangle\\ & +\frac{1}{2}\varepsilon N(\boldsymbol{h}-\boldsymbol{h}^{i-1})^{\mathrm{H}}(\boldsymbol{h}-\boldsymbol{h}^{i-1})\end{aligned}\tag{6.39}$$

第三项的近似函数为

$$\begin{aligned}\|\boldsymbol{W}_{\mathrm{j}}\boldsymbol{\Phi}_m^i\boldsymbol{h}\|_2^2\leqslant & \|\boldsymbol{W}_{\mathrm{j}}\boldsymbol{\Phi}_m^i\boldsymbol{h}^{i-1}\|_2^2\\ & +2\langle(\boldsymbol{\Phi}_m^i)^{\mathrm{H}}\boldsymbol{W}_{\mathrm{j}}\boldsymbol{\Phi}_m^i\boldsymbol{h}^{i-1},\boldsymbol{h}-\boldsymbol{h}^{i-1}\rangle\\ & +\frac{1}{2}(\boldsymbol{h}-\boldsymbol{h}^{i-1})^{\mathrm{H}}\boldsymbol{D}_m(\boldsymbol{h}-\boldsymbol{h}^{i-1})\end{aligned}\tag{6.40}$$

式中：$\boldsymbol{D}_m=\mu_{m+1}\boldsymbol{I}_N$ 为对角矩阵，对角线上元素可根据 $(\boldsymbol{\Phi}_m^i)^{\mathrm{H}}\boldsymbol{W}_{\mathrm{j}}\boldsymbol{\Phi}_m^i$ 的迹计算，因此其也可写为 $\mu_{m+1}\boldsymbol{I}_N$。因此，式（6.28）的最优解为

$$\boldsymbol{h}^{i}=-\sqrt{\frac{N}{(\boldsymbol{z}^{i-1})^{\mathrm{H}}\boldsymbol{z}^{i-1}}}\boldsymbol{z}^{i-1} \tag{6.41}$$

式中

$$\begin{aligned}\boldsymbol{h}_1^{i-1}=&2\xi\sum_{m=1}^{M}(\boldsymbol{\Phi}_m^{i})^{\mathrm{H}}\boldsymbol{W}_{\mathrm{j}}\boldsymbol{\Phi}_m^{i}\boldsymbol{h}^{i-1}\\&+2\varepsilon(\boldsymbol{x}^{i}(\boldsymbol{x}^{i})^{\mathrm{H}}\boldsymbol{h}^{i-1}-b_{\max}\boldsymbol{x}^{i})\\&+\xi\sum_{m=1}^{M}\mu_{m+1}\boldsymbol{h}^{i-1}+\mu_1\boldsymbol{h}^{i-1}+\varepsilon N\boldsymbol{h}^{i-1}\\&+2(\boldsymbol{\Phi}^{i})^{\mathrm{H}}\boldsymbol{W}\boldsymbol{\Phi}^{i}\boldsymbol{h}^{i-1}\end{aligned} \tag{6.42}$$

6.4.3　性能分析

本节分析算法的收敛性能和计算复杂度。若每个子问题均能够得到唯一解，则 BSUM 算法得到的结果是算法的驻点。其子问题均是拟凸优化问题，未考虑非凸约束。因此，本节分析联合设计算法收敛性，基于 BSUM 原理可得联合设计算法单调递减，即

$$h(\boldsymbol{x}^{i-1},\boldsymbol{h}^{i-1})\geqslant h(\boldsymbol{x}^{i},\boldsymbol{h}^{i}) \tag{6.43}$$

证明：求解问题（6.27）意味着

$$\begin{aligned}h(\boldsymbol{x}^{i-1},\boldsymbol{h}^{i-1})&=u^{i}(\boldsymbol{x}^{i-1},\boldsymbol{x}^{i-1},\boldsymbol{h}^{i-1})\\&\geqslant\min_{\boldsymbol{x}\in\boldsymbol{C}^{N\times1}}u^{i}(\boldsymbol{x},\boldsymbol{x}^{i-1},\boldsymbol{h}^{i-1})\\&=u^{i}(\boldsymbol{x}^{i},\boldsymbol{x}^{i-1},\boldsymbol{h}^{i-1})\\&\geqslant h(\boldsymbol{x}^{i},\boldsymbol{h}^{i-1})\end{aligned} \tag{6.44}$$

同理，求解问题（6.28）可得：

$$\begin{aligned}h(\boldsymbol{x}^{i},\boldsymbol{h}^{i-1})&=u^{i}(\boldsymbol{h}^{i-1},\boldsymbol{x}^{i},\boldsymbol{h}^{i-1})\\&\geqslant\min_{\boldsymbol{x}\in\boldsymbol{C}^{N\times1}}u^{i}(\boldsymbol{h},\boldsymbol{x}^{i-1},\boldsymbol{h}^{i-1})\\&=u^{i}(\boldsymbol{h}^{i},\boldsymbol{x}^{i-1},\boldsymbol{h}^{i-1})\\&\geqslant h(\boldsymbol{x}^{i},\boldsymbol{h}^{i})\end{aligned} \tag{6.45}$$

联立式（6.44）和式（6.45）即可得到式（6.43），证毕。

由于算法单调递减，且目标函数 $h(\boldsymbol{x},\boldsymbol{h})$ 是大于零（有下界），易知目标函数会收敛到一个有限值。假设 $\tilde{\boldsymbol{z}}=(\tilde{\boldsymbol{x}},\tilde{\boldsymbol{h}})$，$\{\boldsymbol{z}^{i}\}$ 是联合设计算法产生的序列，任何一个有限点都是问题的一个局部最优点。基于这一性质，进一步分析算法收敛性。首先，将目标函数（6.29）转换为

$$h(\boldsymbol{x},\boldsymbol{h}) = \boldsymbol{x}^{\mathrm{H}}\boldsymbol{P}\boldsymbol{x} + \mathrm{Re}(\boldsymbol{a}^{\mathrm{H}}\boldsymbol{x}) = \boldsymbol{h}^{\mathrm{H}}\boldsymbol{Q}\boldsymbol{h} + \mathrm{Re}(\boldsymbol{b}^{\mathrm{H}}\boldsymbol{h}) \tag{6.46}$$

式中：$\boldsymbol{a} = -2\varepsilon b_{\max}\boldsymbol{h}$；$\boldsymbol{b} = -2\varepsilon b_{\max}\boldsymbol{x}$。

$$\boldsymbol{P} = \xi \sum_{m=1}^{M} \boldsymbol{J}_m^{\mathrm{H}}\boldsymbol{\Lambda}^{\mathrm{H}}\boldsymbol{W}_{\mathrm{j}}\boldsymbol{\Lambda}\boldsymbol{J}_m + \varepsilon\boldsymbol{h}\boldsymbol{h}^{\mathrm{H}} + \boldsymbol{\Lambda}^{\mathrm{H}}\boldsymbol{W}\boldsymbol{\Lambda} \tag{6.47}$$

和

$$\boldsymbol{Q} = \xi \sum_{m=1}^{M} \boldsymbol{\Phi}_m^{\mathrm{H}}\boldsymbol{W}_j\boldsymbol{\Phi}_m + \varepsilon\boldsymbol{x}\boldsymbol{x}^{\mathrm{H}} + \boldsymbol{\Phi}^{\mathrm{H}}\boldsymbol{W}\boldsymbol{\Phi} \tag{6.48}$$

其次，将目标函数转换为实函数形式：

$$H(\tilde{\boldsymbol{x}},\tilde{\boldsymbol{h}}) = \tilde{\boldsymbol{x}}^{\mathrm{H}}\tilde{\boldsymbol{P}}\tilde{\boldsymbol{x}} + \tilde{\boldsymbol{a}}^{\mathrm{T}}\tilde{\boldsymbol{x}} = \tilde{\boldsymbol{h}}^{\mathrm{H}}\tilde{\boldsymbol{Q}}\tilde{\boldsymbol{h}} + \tilde{\boldsymbol{b}}^{\mathrm{T}}\tilde{\boldsymbol{h}} \tag{6.49}$$

式中：$\tilde{\boldsymbol{h}} = [\mathrm{Re}(\boldsymbol{h}^{\mathrm{T}}) \quad \mathrm{Im}(\boldsymbol{h}^{\mathrm{T}})]^{\mathrm{T}}$；$\tilde{\boldsymbol{x}} = [\mathrm{Re}(\boldsymbol{x}^{\mathrm{T}}) \quad \mathrm{Im}(\boldsymbol{x}^{\mathrm{T}})]^{\mathrm{T}}$；$\tilde{\boldsymbol{a}} = [\mathrm{Re}(\boldsymbol{a}^{\mathrm{T}}) \quad \mathrm{Im}(\boldsymbol{a}^{\mathrm{T}})]^{\mathrm{T}}$；$\tilde{\boldsymbol{b}} = [\mathrm{Re}(\boldsymbol{b}^{\mathrm{T}}) \quad \mathrm{Im}(\boldsymbol{b}^{\mathrm{T}})]^{\mathrm{T}}$；

$$\tilde{\boldsymbol{P}} = \begin{bmatrix} \mathrm{Re}(\boldsymbol{P}) & \mathrm{Im}(\boldsymbol{P}) \\ -\mathrm{Im}(\boldsymbol{P}) & \mathrm{Re}(\boldsymbol{P}) \end{bmatrix} \tag{6.50}$$

$$\tilde{\boldsymbol{Q}} = \begin{bmatrix} \mathrm{Re}(\boldsymbol{Q}) & \mathrm{Im}(\boldsymbol{Q}) \\ -\mathrm{Im}(\boldsymbol{Q}) & \mathrm{Re}(\boldsymbol{Q}) \end{bmatrix} \tag{6.51}$$

因此，联合设计问题可重写为

$$\begin{aligned} &\min_{\tilde{\boldsymbol{x}},\tilde{\boldsymbol{h}}} \quad H(\tilde{\boldsymbol{x}},\tilde{\boldsymbol{h}}) \\ &\text{s.t.} \quad \tilde{x}_n^2 + \tilde{x}_{n+N}^2 = 1, n = 1,2,\cdots,N \\ &\qquad \sum_n \tilde{h}_n^2 = N \end{aligned} \tag{6.52}$$

令 $i\to\infty$，则可得 $\tilde{\boldsymbol{x}}^{\infty}$是下述问题的最优解

$$\begin{aligned} \min \quad & (\tilde{\boldsymbol{x}}^{\infty})^{\mathrm{H}}\tilde{\boldsymbol{P}}^{\infty}\tilde{\boldsymbol{x}}^{\infty} + 2\langle \tilde{\boldsymbol{P}}^{\infty}\tilde{\boldsymbol{x}}^{\infty}, \tilde{\boldsymbol{x}} - \tilde{\boldsymbol{x}}^{\infty}\rangle \\ & + \frac{\lambda}{2}\langle \tilde{\boldsymbol{x}} - \tilde{\boldsymbol{x}}^{\infty}, \tilde{\boldsymbol{x}} - \tilde{\boldsymbol{x}}^{\infty}\rangle + \tilde{\boldsymbol{a}}^{\mathrm{T}}\tilde{\boldsymbol{x}} \\ \text{s.t.} \quad & \tilde{x}_n^2 + \tilde{x}_{n+N}^2 = 1, n = 1,2,\cdots,N \end{aligned} \tag{6.53}$$

根据最优条件可得

$$\nabla_{\tilde{\boldsymbol{x}}} H(\tilde{\boldsymbol{x}}^{\infty},\tilde{\boldsymbol{h}}^{\infty})^{\mathrm{T}}\tilde{\boldsymbol{y}}_1 \geqslant 0, \forall \tilde{\boldsymbol{y}}_1 \in T_{\tilde{C}_1}(\tilde{\boldsymbol{x}}^{\infty}) \tag{6.54}$$

式中：$T_{\tilde{C}}(\tilde{\boldsymbol{x}}^{\infty})$表示 $\tilde{\boldsymbol{x}}^{\infty}$处的正切锥。易得

$$(2\tilde{\boldsymbol{P}}^{\infty}\tilde{\boldsymbol{x}}^{\infty}+\lambda\tilde{\boldsymbol{x}}^{\infty}+\tilde{\boldsymbol{a}})^{\mathrm{T}}\tilde{\boldsymbol{y}}_1\geqslant 0,\forall\tilde{\boldsymbol{y}}_1\in T_{\tilde{C}_1}(\tilde{\boldsymbol{x}}^{\infty}) \tag{6.55}$$

同理可得，$\tilde{\boldsymbol{h}}^{\infty}$是下述问题的最优解：

$$\begin{aligned}\min\quad & (\tilde{\boldsymbol{h}}^{\infty})^{\mathrm{H}}\tilde{\boldsymbol{Q}}^{\infty}\tilde{\boldsymbol{h}}^{\infty}+2\langle\tilde{\boldsymbol{Q}}^{\infty}\tilde{\boldsymbol{h}}^{\infty},\tilde{\boldsymbol{h}}-\tilde{\boldsymbol{h}}^{\infty}\rangle\\ & +\frac{\lambda}{2}\langle\tilde{\boldsymbol{h}}-\tilde{\boldsymbol{h}}^{\infty},\tilde{\boldsymbol{h}}-\tilde{\boldsymbol{h}}^{\infty}\rangle+\tilde{\boldsymbol{b}}^{\mathrm{T}}\tilde{\boldsymbol{h}}\\ \text{s.t.}\quad & \sum_n\tilde{h}_n^2=N\end{aligned} \tag{6.56}$$

易得

$$(2\tilde{\boldsymbol{Q}}^{\infty}\tilde{\boldsymbol{h}}^{\infty}+\lambda\tilde{\boldsymbol{h}}^{\infty}+\tilde{\boldsymbol{b}})^{\mathrm{T}}\tilde{\boldsymbol{y}}_2\geqslant 0,\forall\tilde{\boldsymbol{y}}_2\in T_{\tilde{C}_2}(\tilde{\boldsymbol{h}}^{\infty}) \tag{6.57}$$

最后，式（6.55）和（6.57）可重写为

$$\begin{bmatrix}2\tilde{\boldsymbol{P}}^{\infty}\tilde{\boldsymbol{x}}^{\infty}+\lambda\tilde{\boldsymbol{x}}^{\infty}+\tilde{\boldsymbol{a}}\\ 2\tilde{\boldsymbol{Q}}^{\infty}\tilde{\boldsymbol{h}}^{\infty}+\lambda\tilde{\boldsymbol{h}}^{\infty}+\tilde{\boldsymbol{b}}\end{bmatrix}^{\mathrm{T}}\begin{bmatrix}\tilde{\boldsymbol{y}}_1\\ \tilde{\boldsymbol{y}}_2\end{bmatrix}\geqslant 0, \tag{6.58}$$

$$\forall\tilde{\boldsymbol{y}}_1\in T_{\tilde{C}_1}(\tilde{\boldsymbol{x}}^{\infty}),\tilde{\boldsymbol{y}}_2\in T_{\tilde{C}_2}(\tilde{\boldsymbol{h}}^{\infty})$$

式（6.58）可写为

$$\nabla_{\tilde{z}}H(\tilde{z}^{\infty})^{\mathrm{T}}\tilde{\boldsymbol{y}}\geqslant 0,\forall\tilde{\boldsymbol{y}}\in T_{\tilde{C}}(\tilde{z}^{\infty}) \tag{6.59}$$

根据最优化条件可知 $\tilde{z}^{\infty}$为优化问题（6.52）的局部最优解。此外，根据式（6.52）和式（6.25）的等价性易知，基于 BSUM 算法能够收敛到局部最优点。

算法的计算复杂度主要在于更新 $\boldsymbol{x}^i$ 和 $\boldsymbol{h}^i$ 时涉及的矩阵乘法以及矩阵向量乘法。其中，通过优先计算矩阵向量乘法，即可避免矩阵乘法。例如，$\boldsymbol{J}_m^{\mathrm{H}}(\boldsymbol{\Lambda}^{i-1})^{\mathrm{H}}\boldsymbol{W}_j\boldsymbol{\Lambda}^{i-1}\boldsymbol{J}_m\boldsymbol{x}^{i-1}$通过依次从左往右计算。对角矩阵 $\boldsymbol{J}_m$、$\boldsymbol{W}_j$ 和 $\boldsymbol{W}$ 和向量之间的乘法运算可以通过哈达玛积计算，最高阶计算复杂度为 $O(N)$。结合引理 5.3，而矩阵 $\boldsymbol{\Lambda}^{i-1}$、$(\boldsymbol{\Lambda}^{i-1})^{\mathrm{H}}$、$\boldsymbol{\Phi}_m^i$、$(\boldsymbol{\Phi}_m^i)^{\mathrm{H}}$、$\boldsymbol{\Phi}^i$ 和 $(\boldsymbol{\Phi}^i)^{\mathrm{H}}$ 向量之间的乘法运算则可以通过快速傅里叶变换和逆快速傅里叶变换实现，因此联合算法最高阶计算复杂度为 $O(N\lg N)$。

由于 BSUM 联合设计算法是基于固定点的循环算法，可以直接用平方迭代方法加速 BSUM 算法。平方迭代方法加速无需增加额外的运算法则，联合算法

中计算复杂度最高阶数仍然是 $O(N\lg N)$，算法收敛速度将显著加快。

6.4.4 算法仿真

假设雷达发射信号带宽为16MHz，时宽为16μs，模糊函数抑制多普勒频率范围为100~225kHz。通过联合设计算法抑制波形非匹配滤波输出积分旁瓣水平以及模糊函数局部加权积分水平，模糊函数加权积分水平根据范围-2μs至2μs设置。LPG为-0.5dB。同时，对比仿真了基于快速梯度下降（efficient gradient method，EGM）的模糊函数塑形方法。

图6.12给出了基于BSUM算法和EGM算法设计结果的局部模糊函数图。在仿真中，模糊函数的零时延多普勒切片的第一和第四零点为62.5kHz和250kHz，零时延多普勒切片的第2、3、4副瓣在抑制区域范围内。因此，图6.12（a）的EGM方法设计模糊函数局部区域内存在无法抑制的峰值。该峰值为-17.83dB，与理想辛格函数第二副瓣值一致。互模糊函数的表达式如下：

$$\chi'(0,f_{\mathrm{d}}) = \left|\int_{-\infty}^{\infty} x(\tau)h^*(\tau)\exp(\mathrm{j}2\pi f_{\mathrm{d}}\tau)\,\mathrm{d}\tau\right| \tag{6.60}$$

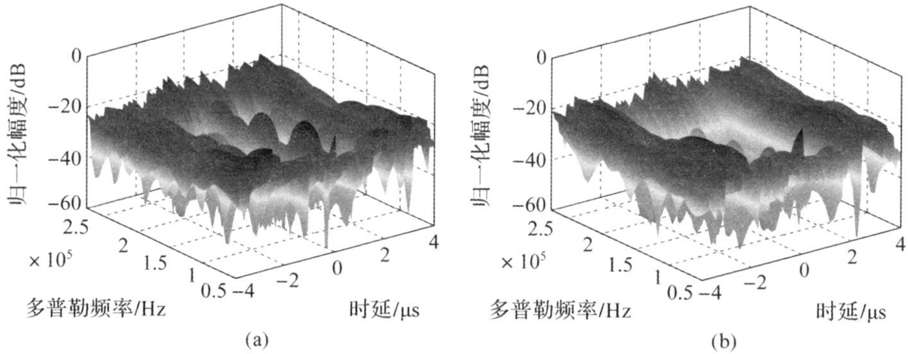

图6.12 局部模糊函数（一）（见彩插）

（a）EGM；（b）联合设计。

式中：$x(\tau)h^*(\tau)$是随时间变化的量，因此其积分结果不是辛格函数，通过联合设计可以进一步零时延多普勒切片的副瓣水平。图6.13（a）表明联合波形与非匹配滤波器设计得到的结果中，零时延多普勒副瓣得到了显著抑制，优于波形设计得到的结果，能够将零时延多普勒峰值改善9.27dB。图6.13（b）表明联合波形与非匹配滤波器设计方法得到的脉冲压缩性能显著优于EGM方法，其 LPG 为 -0.51dB。联合波形与非匹配滤波器设计方法和 EGM 方法的 ISLR 分别为 -7.54dB 和 3.37dB，ISLR 改善约 10.91dB。

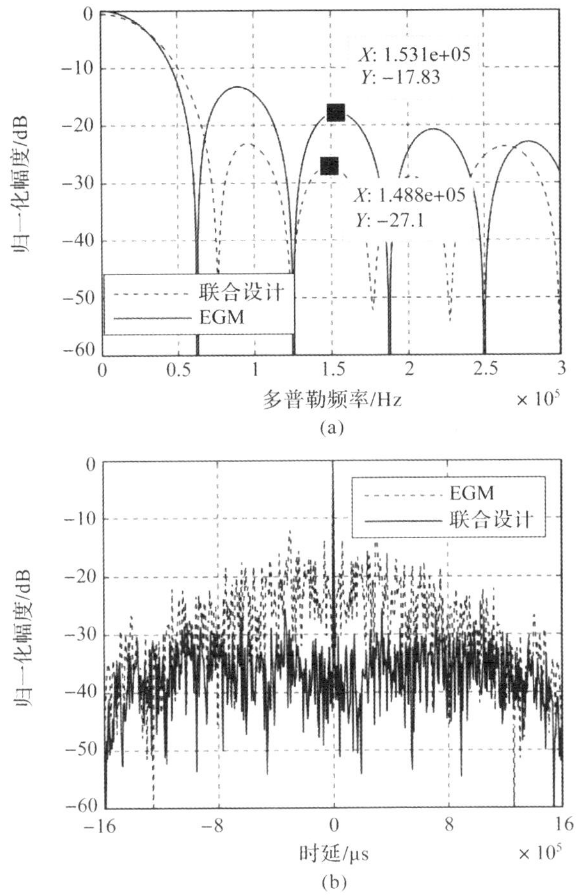

图 6.13　模糊函数切片结果（一）

（a）多普勒切片；（b）脉冲压缩切片。

假设模糊函数抑制多普勒范围为 2～2.125MHz，其余参数与上文保持一致。图 6.14 为两种方法设计得到的模糊函数局部图，其中图 6.14（b）结果中抑制区域更加平坦，基本不存在明显的副瓣。由图 6.15（a）可知，联合设计得到结果的零时延多普勒切片在抑制区域内的峰值水平改善了约 5dB。图 6.15（b）表明联合波形与非匹配滤波器设计方法和 EGM 方法的脉冲压缩 ISLR 分别为 -10.59dB 和 4.4dB，联合波形与非匹配滤波器设计方法改善约 15dB。同时，联合波形与非匹配滤波器设计方法中的 LPG 为 -0.56dB。

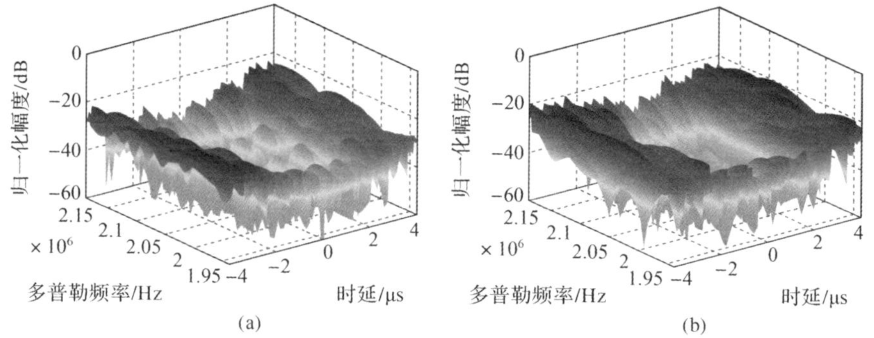

图 6.14　模糊函数（二）（见彩插）

（a）EGM；（b）联合设计。

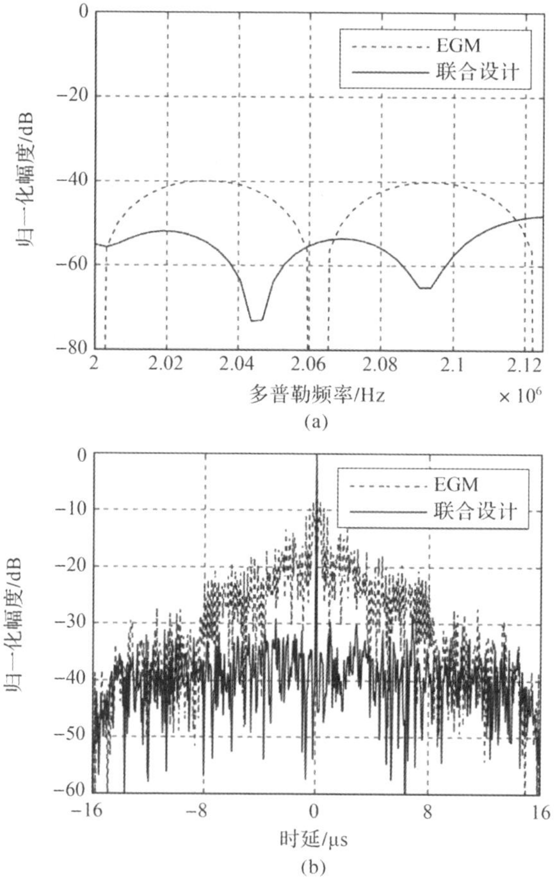

图 6.15　模糊函数切片结果（二）

（a）多普勒切片；（b）脉冲压缩切片。

综合所述，联合设计算法产生的波形与非匹配滤波器能够在给定 LPG 的条件下，同时抑制脉冲压缩积分旁瓣水平和模糊函数局部加权积分水平，这验证了联合设计算法的有效性。相较于传统 EGM 方法，所提出的联合设计方法能够有效抑制模糊函数零时延多普勒切片的副瓣水平，改善模糊函数局部能量抑制性能。联合设计模型中引入了脉冲压缩性能优化目标函数，因此联合设计结果得到的脉冲压缩性能也优于 EGM 方法。

仿真分析联合设计模型中干扰抑制函数的采样间隔、抑制带宽和权值三个参数。假设雷达信号带宽为 16MHz，脉宽 16μs。干扰抑制频率范围为 2.5～2.6MHz，权值为 3，频率采样间隔分别为 100kHz、50kHz、20kHz 和 10kHz。利用随机相位编码序列产生 100 对波形与非匹配滤波器用于算法初始化，每个频率间隔下设计 100 对波形与非匹配滤波器。

图 6.16 为不同采样间隔下波形与非匹配滤波器的局部互模糊函数平均结果。图 6.16（a）为频率采样间隔 100kHz 时得到的局部模糊函数图，此时预

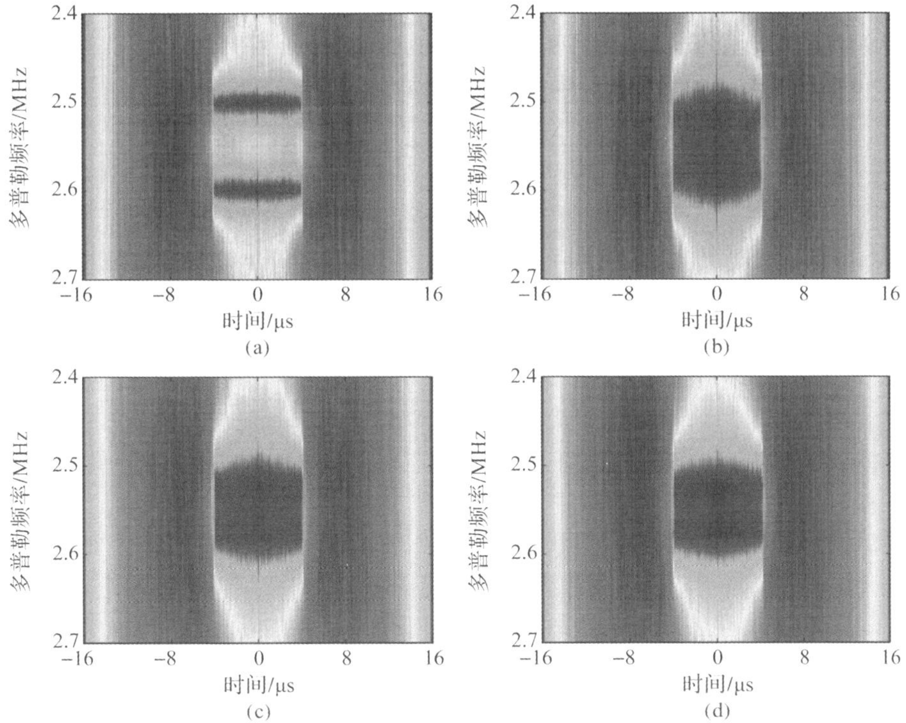

图 6.16　不同采样间隔设计波形局部抑制结果（见彩插）

（a）间隔 100kHz；（b）间隔 50kHz；（c）间隔 20kHz；（d）间隔 10kHz。

期抑制的局部范围内有明显峰值。而当间隔设置小于等于 50kHz 时，图 6.16（b）~（d）表明预期抑制区域无明显峰值。本仿真中，匹配滤波下的零时延多普勒切片旁瓣宽度为 $1/T_r$，即 62.5kHz，若采样间隔大于该值则会导致未抑制其中的副瓣以及其相应的距离局部区域，从而导致出现图 6.16（a）所示现象。当采样间隔小于 $1/T_r$ 时，则能够抑制所有零时延多普勒切片旁瓣及其对应的局部距离局部区域。

为进一步评估不同采样间隔下的脉冲压缩和干扰抑制性能，图 6.17 为干扰加权积分水平比（weighted jamming intergrated levels ratio，WJILR）随频率变化图，表 6.1 不同频率采样间隔下的 ISLR 和 LPG。由图 6.17 可知，频率采样间隔越小，WJILR 越小，干扰抑制性能更好。由于频率采样间隔越小，干扰抑制代价函数数量增加，等效于干扰抑制权值增加，脉冲压缩函数相对权值减小。因此，如表 6.1 所示频率采样间隔越小，ISLR 值逐渐增加，表示脉冲压缩积分旁瓣性能恶化，而 LPG 基本维持不变。尽管采样间隔越小能够获得更优的干扰抑制性能，但是相应的脉冲压缩性能会下降，干扰抑制代价函数增加会导致算法计算量增加。当频率采样间隔为 50kHz 时，在 LPG 为 -1dB 情况下积分旁瓣水平为 -10.03dB，并且 WJILR 均在 -20dB 以下。

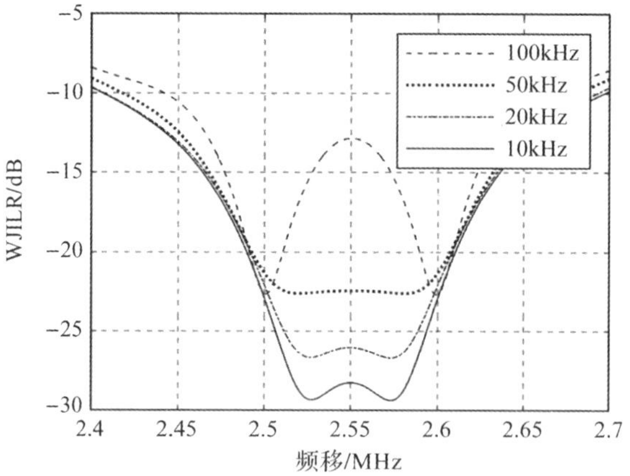

图 6.17　频率采样间隔分析

表 6.1　不同频率采样间隔的脉冲压缩性能

间隔/kHz	100	50	20	10
ISLR/dB	-10.83	-10.03	-9.20	-8.38
LPG/dB	-1.02	-1.03	-1.03	-1.04

综合上述分析，在联合设计模型中，频率采样间隔应小于 $1/T_r$，使得抑制区域内不出现起伏峰值。此外，为了减少模型中干扰抑制函数数量，降低计算复杂度，兼顾脉冲压缩性能，频率采样间隔不应太小。因此，频率采样间隔应设置为略小于 κ/T_r，κ 为经验因子，通常在 0.8 左右。

假设频率采样间隔设置为 50kHz，抑制区域中心频率设置为 250kHz，抑制频率区间宽度分别为 100kHz、200kHz、300kHz 和 400kHz，其余参数保持一致。图 6.18 为联合设计波形与非匹配滤波器的局部互模糊函数图。图 6.19 为 WJILR 随频率变化图。由图可知，抑制区域宽度与预期基本一致，抑制区域的 WJILR 低于 -20dB。由图 6.19 可知，当频率采样间隔固定时，抑制区域宽度越大则 WJILR 越低。当抑制宽度分别为 100kHz、200kHz、300kHz 和 400kHz 时，脉冲压缩 ISLR 分别为 -10.15dB、-9.28dB、-8.46dB 和 -8.36dB，而 LPG 分别为 -1.03dB、-1.03dB、-1.04dB 和 -1.04dB。这是由于抑制区域越大则干扰抑制代价函数数量越多，从而导致等效权重增加。

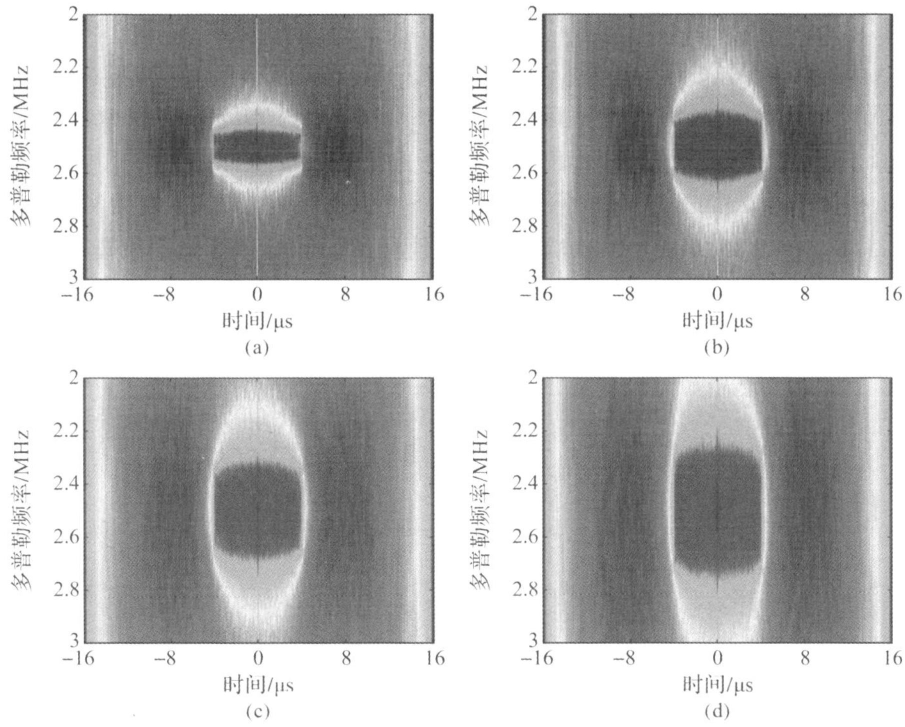

图 6.18　不同抑制宽度局部模糊函数（见彩插）

（a）100kHz；（b）200kHz；（c）300kHz；（d）400kHz。

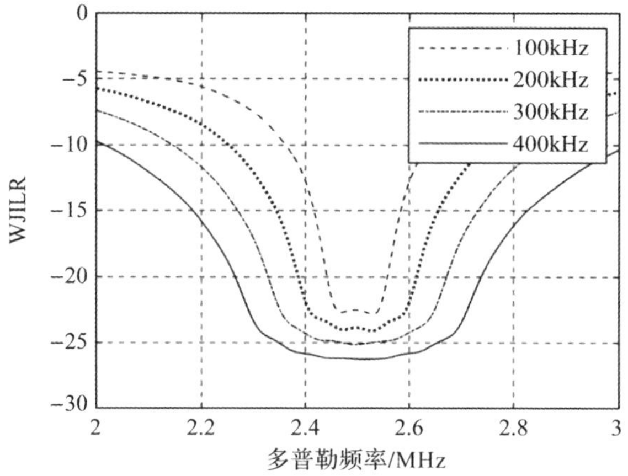

图 6.19　抑制区域宽度分析

因此，联合设计模型能够设计不同干扰抑制宽度准则下的波形与非匹配滤波器。在权值和频率采样间隔保持不变的条件下，随着抑制区域宽度增加，WJILR 值不断减小，即干扰抑制性能不断改善，但是脉冲压缩性能逐渐下降。

为进一步分析干扰权值对联合设计波形与非匹配滤波器性能的影响。在本仿真中，干扰抑制区域宽度为 1MHz，抑制区域中心为 2.5MHz。在权值分别为 0.5、0.75、1 和 2 时，分别设计 100 对波形与非匹配滤波器，平均 ISLR 分别为 -10.19dB、-8.92dB、-7.46dB 和 -6.45dB，而平均 LPG 分别为 -1.03dB、-1.04dB、-1.05dB 和 -1.06dB。随着权值增加，平均 LPG 几乎维持不变，而 ISLR 逐渐增加，即脉冲压缩性能逐渐恶化。图 6.20 为不同干扰权值下 WJILR

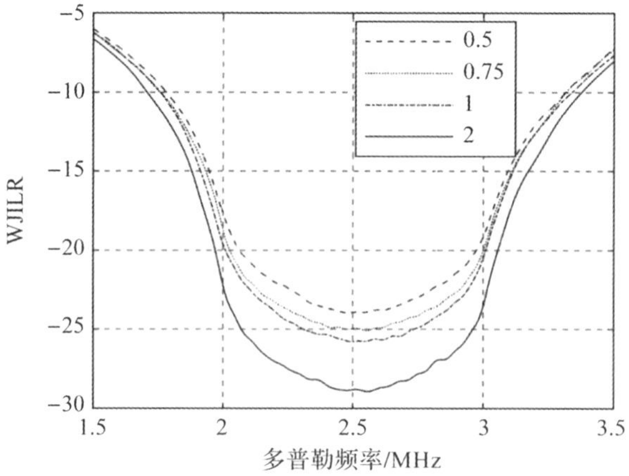

图 6.20　干扰代价函数权值分析

随着频移变化图，由图6.20可知，WJILR均小于-20dB，这说明四种权值设置下均能有效抑制干扰。同时，权值越大，抑制区域的WJILR越低，即干扰抑制性能更优。随着权值增加，干扰抑制和脉冲压缩性能呈现相反变化趋势，因此应设置权值以在脉冲压缩性能和干扰抑制性能之间取得平衡。

6.5　抗移频干扰SAR成像仿真

6.5.1　抗移频干扰低多普勒容限波形

本节评估低多普勒容限波形抗随机移频干扰和步进移频干扰成像性能。作为对比，同时给出了不同移频干扰对LFM波形SAR的成像结果。仿真参数如表3.1所示，场景中设置16个点目标，点目标的距离向和方位向间距均为50m。干扰机位置为(-110,0)m，干扰机频移范围为-0.9MHz(-0.03Br)~-0.15MHz(-0.005Br)。

图6.21为步进移频干扰下的点目标成像结果，其成像前信干比为-20dB。SAR发射LFM波形时，由于合成孔径时间内的移频范围为0.025Br，故干扰区域的距离向长度均约为156.6m。当SAR发射相位编码波形时，移频干扰信号无法获得距离向信号处理增益，因而其距离向的压制范围更大，但相应的干扰幅度更低、效果更差。以(-75,-75)m处目标为参考，评估图6.21（a）标注区域干扰水平，其JPLR为-9.23dB，AJILR为-10.09dB。图6.21（b）相位编码波形成像结果归一化峰值水平和AJILR分别为-17.67dB和-27.38dB。

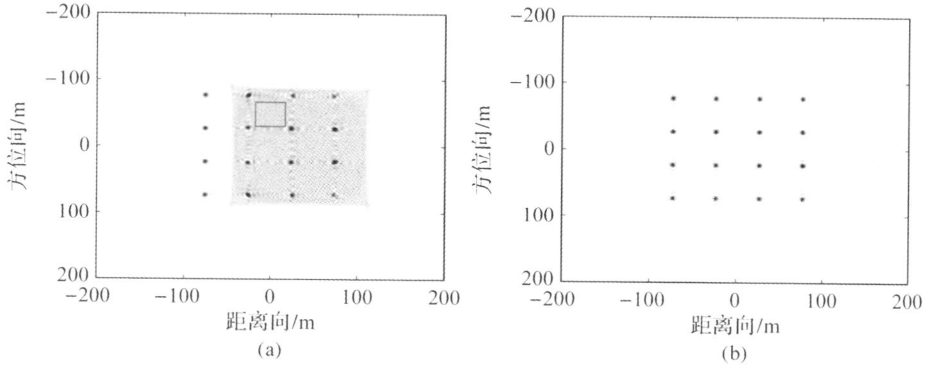

图6.21　步进移频干扰下点目标成像结果（成像前干信比20dB）

（a）LFM波形；（b）相位编码信号。

相较于 LFM 波形，相位编码波形可将步进移频干扰的 JPLR 和 AJILR 分别改善 8.44dB 和 17.29dB。

图 6.22 为成像前干信比 20dB 时，随机移频干扰下的点目标成像结果。当 SAR 发射 LFM 波形时，移频干扰的距离向范围为 156. 6m，且在场景中心产生明显的线状压制。图 6.22（a）LFM 波形成像结果标注区域 JPLR 为 -19.65dB，AJILR 为 -25.99dB。图 6.22（b）为随机移频干扰下相位编码波形成像结果，其中心产生一压制线状干扰，且距离向压制范围更宽。其标注区域的峰值水平为 -35.58dB，AJILR 为 -43.83dB。相较于 LFM 波形 SAR，相位编码 SAR 可将随机移频干扰的 JPLR 改善 15.93dB，而 AJILR 改善约 18.84dB。

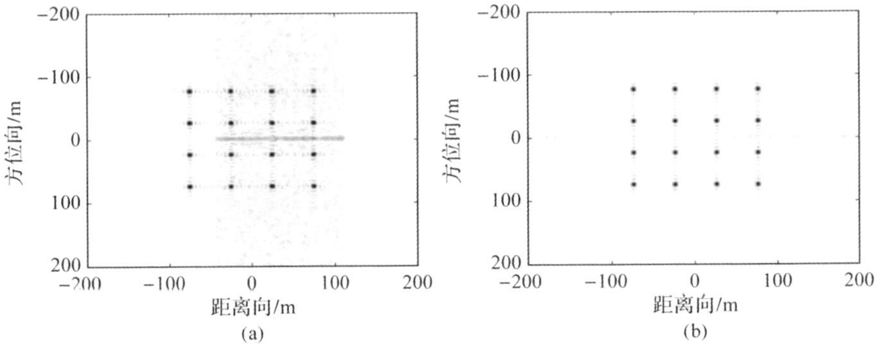

图 6.22 随机移频干扰下点目标成像结果（成像前干信比 20dB）

（a）线性调频信号；（b）相位编码信号。

图 6.23 为随机移频干扰下点目标成像结果，其成像前干信比为 30dB。LFM 波形成像结果中，标注区域的 JPLR 和 AJILR 分别为 -5.34dB 和 -15.90dB。相位编码波形成像结果中，JPLR 和 AJILR 分别改善 20.22dB 和 17.94dB。

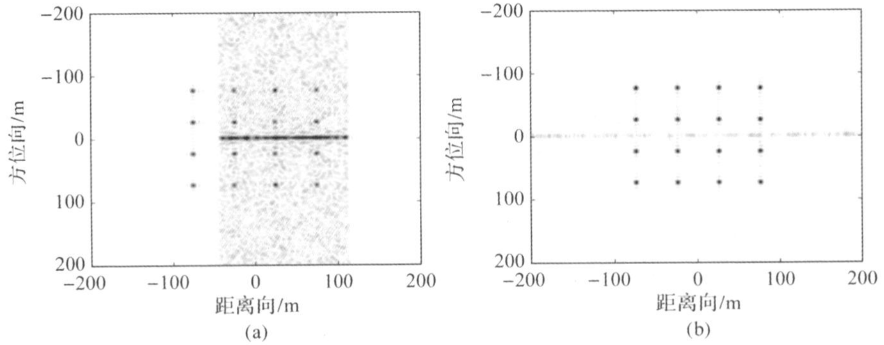

图 6.23 随机移频干扰下点目标成像结果（成像前干信比 30dB）

（a）LFM 波形；（b）相位编码信号。

6.5.2　抗移频干扰低多普勒容限捷变波形

假设 SAR 采用捷变波形，其波形为 6.3 节设计的 100 组波形，仿真参数如表 3.1 所示。干扰样式包括步进移频干扰和随机移频干扰，成像前干信比为 30dB，其余干扰参数与 6.5.1 节相同。图 6.24 给出了脉间波形捷变抗随机移频干扰波形点目标成像结果，其方位中心的线状压制被进一步抑制。评估图 6.21（a）标注区域，其 JPLR 和 AJILR 分别为 -25.54dB 和 -33.54dB。

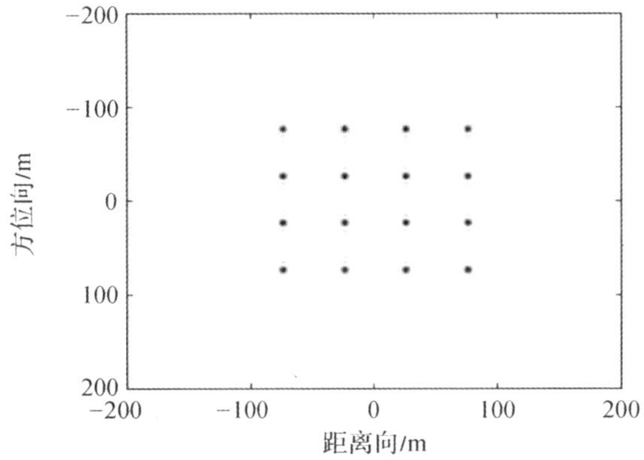

图 6.24　捷变波形抗随机移频干扰成像结果

图 6.25 为脉间波形捷变抗步进移频干扰成像结果，其标注区域干 JPLR 和 AJILR 分别为 -22.50dB 和 -31.8dB。上述结果表明，捷变相位编码波形不仅能够获得与相位编码波形几乎一致的干扰水平，而且能够进一步抑制移频干扰产生的线状压制干扰。

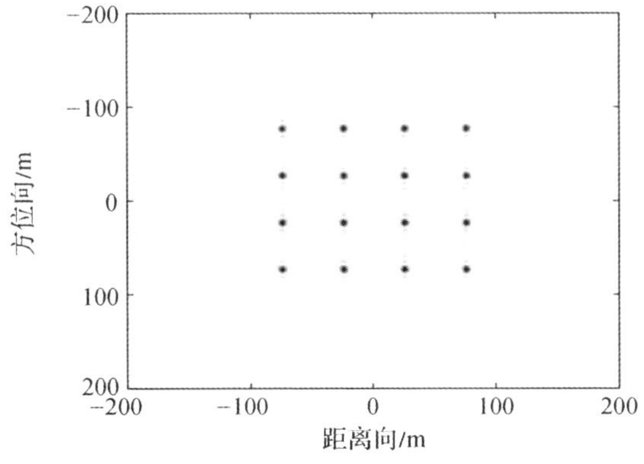

图 6.25　捷变波形抗步进移频干扰成像结果

6.5.3 抗移频干扰互模糊函数塑形波形

假设信号时宽 40μs，带宽 30MHz，即时宽带宽积 1200。预期 LPG 为 -0.5dB，并利用随机相位编码序列初始化。频率采样间隔设置为 20kHz，频率抑制范围为 2MHz 至 3MHz。图 6.26 为联合设计波形在频移量分别为 0Hz 和 2.5MHz 时的非匹配滤波输出。图 6.26（a）所示的脉冲压缩 ISLR 和 LPG 分别为 -10.14dB 和 -0.54dB，基本能满足 SAR 成像要求。图 6.26（b）的 WJILR 为 -23.17dB，且抑制区域内输出峰值小于 -45dB，说明其具备干扰抑制性能。图 6.27 为不同频移下的干扰信号的非匹配滤波输出，在 2~3MHz 干扰信号输出均在预期抑制的距离区域内形成凹陷，因此能够达到干扰抑制效果。

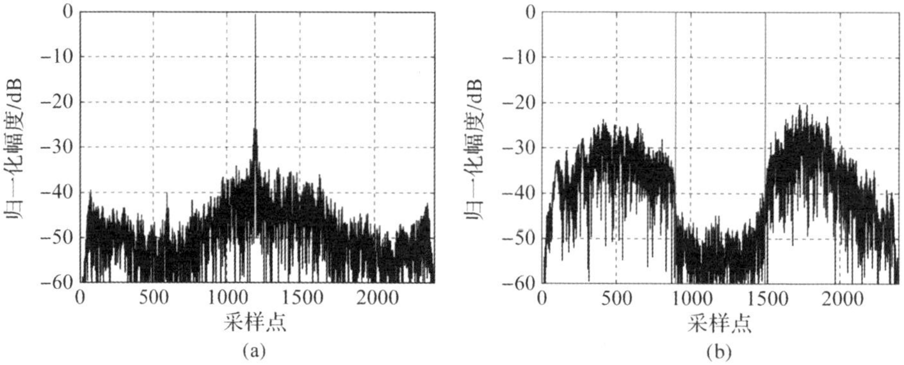

图 6.26 联合设计波形的非匹配滤波输出

（a）发射波形；（b）干扰信号。

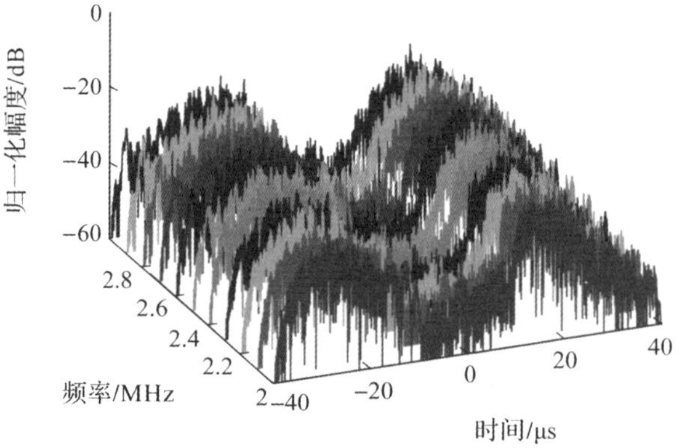

图 6.27 不同频移量干扰信号非匹配滤波输出

假设SAR工作于正侧视模式，信号时宽和带宽分别为40μs和30MHz，其余参数见表3.1。场景中设置九个点目标，距离和方位间隔均为100m，成像前干信比为20dB。作为对比，分别仿真LFM波形、CAN算法设计的低旁瓣相位编码波形和OFDM-LFM波形。且对比波形的带宽均设置为30MHz，脉宽为40μs。OFDM-LFM信号包含四个子脉冲，每个子脉冲信号时宽10μs，带宽7.5MHz。移频干扰的频移量在2~3MHz之间随着慢时间步进变化。

图6.28为抗步进移频干扰的SAR成像结果，由图可知，雷达发射LFM和OFDM-LFM波形时，步进移频干扰的干扰效果为面状压制。而发射低旁瓣相位编码波形，步进移频干扰进能产生类噪声的干扰效果。而发射优化的抗干扰波形时，步进移频干扰无法对上述九个点目标产生干扰效果。步进移频干扰对不同波形的干扰效果说明，互模糊函数塑形波形能够获得最好的抗干扰效果。

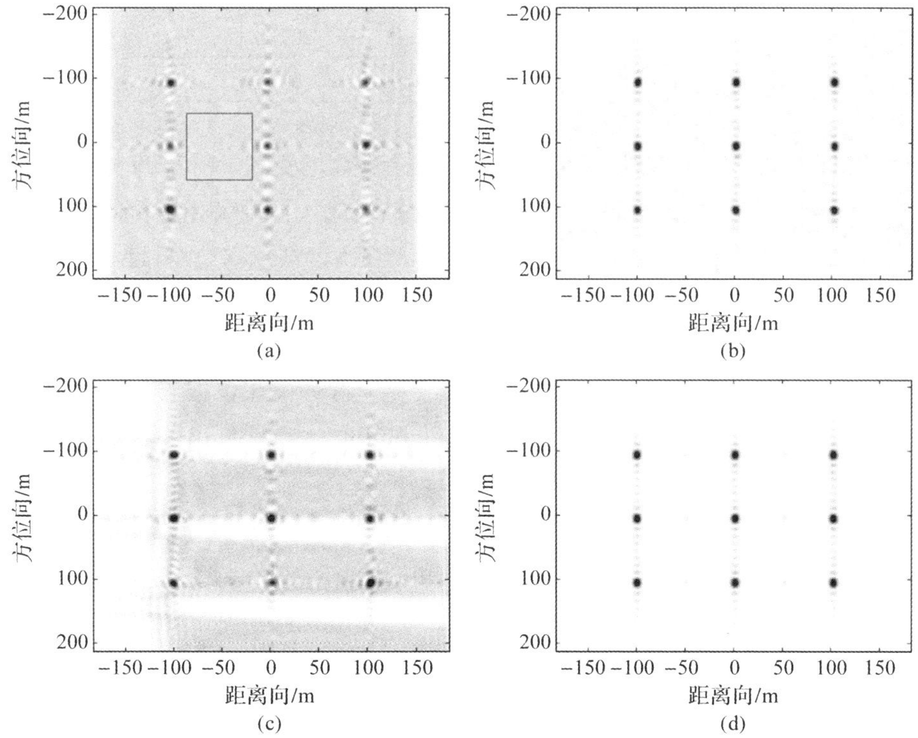

图6.28 抗步进移频干扰SAR成像结果
(a) LFM波形；(b) 低旁瓣相位编码波形；
(c) OFDM-LFM波形；(d) 抗步进移频干扰波形。

对方位 -50~50m，距离 -80~-10m 范围内的干扰水平统计。表6.2 给出了局部区域成像性能评估结果。可以发现，发射 LFM 波形时，区域内的 JPLR 最高，而 OFDM-LFM 波形 JPLR 次之。抗步进移频干扰波形与相位编码波形成像结果的 JPLR 接近。其中低旁瓣相位编码波形的峰值是源于随机移频干扰所形成的类噪声干扰。而抗步进移频干扰波形成像结果中的波形则是由于波形非匹配滤波脉冲压缩产生的副瓣。如图6.26（a）所示，理论上脉压峰值旁瓣水平位于 ±0.3μs 位置，对应为 ±45m 位置，因此，导致图中点目标副瓣在两个目标中心位置产生一峰值，且幅度大于理想脉冲压缩旁瓣水平。此外，抗移频干扰波形成像结果的 AJILR 为 -47.02dB，显著优于其他三种波形，说明随机移频干扰几乎未对目标区域产生影响。

表6.2　步进移频干扰下局部区域成像性能评估结果

波形	LFM	低旁瓣相位编码	OFDM	互模糊函数塑形
JPLR/dB	-8.82	-19.44	-12.62	-19.23
AJILR/dB	-14.54	-30.19	-19.33	-47.02

随机移频干扰成像前干信比为40dB，其余参数不变。由图6.29 可知，雷达发射 LFM 和 OFDM-LFM 波形时，目标完全被压制。低旁瓣相位编码波形成像结果中，方位中心的三个点目标被压制，但能够获得其余六个点目标成像结果。抗移频干扰波形成像结果则可获得九个点目标的成像结果。评估方位 -50~50m，距离 -80~-10m 范围内的成像性能。表6.3 给出了随机移频干扰局部区域成像性能评估结果。LFM 波形、OFDM-LFM 波形、低旁瓣相位编码波形和抗移频干扰波形成像结果中 AJILR 分别为 -14.66dB、-14.90dB、-20.92dB 和 -33.42dB。

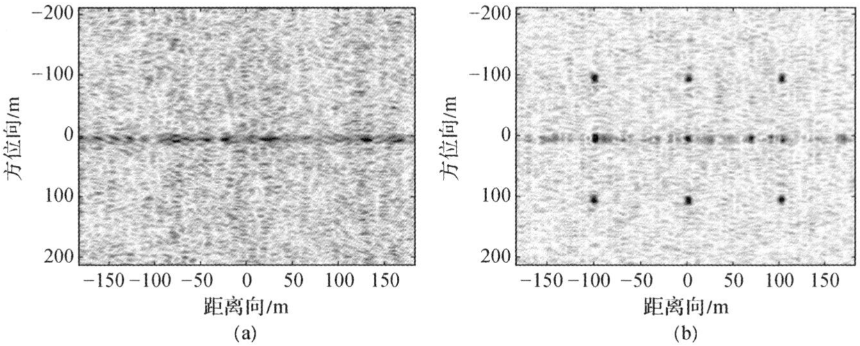

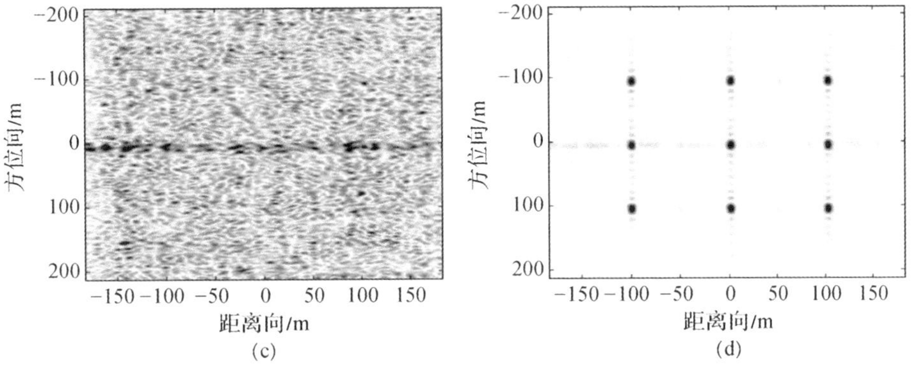

图 6.29　随机移频干扰下 SAR 成像结果

（a）LFM 波形；（b）低旁瓣相位编码波形；（c）OFDM - LFM 波形；（d）抗移频干扰波形。

表 6.3　随机移频干扰局部区域成像性能评估结果

波形	LFM	低旁瓣相位编码波形	OFDM	互模糊函数塑形
JPLR/dB	—	-4.25	—	-15.59
AJILR/dB	-14.66	-20.92	-14.90	-33.42

综合上述分析，抗移频干扰波形与非匹配滤波器设计方法能够同时对抗步进移频干扰和随机移频干扰，故而能够实现对感兴趣区域的抗移频干扰成像探测。相比较于 LFM 波形、OFDM - LFM 波形和低旁瓣相位编码波形，互模糊函数塑形抗移频干扰波形能够获得最优的抗干扰性能，进而验证了抗移频干扰波形的优越性。

选取 radarsat - 1 面目标数据[1]，信号时宽 41.75μs，带宽 30.12MHz，即时宽带宽积 1258。预期 LPG 为 -1.5dB，并利用随机相位编码序列初始化。频率采样间隔设置为 20kHz，频率抑制范围为 1.5 ~ 3MHz。干信比设置为 30dB，成像仿真参数如表 3.1。利用互模糊函数塑形算法设计波形与非匹配滤波器，LPG 为 -1.53dB，脉冲压缩 ISLR 为 -11.34dB，干扰信号的非匹配输出加权积分水平比为 -19.06dB。

图 6.30 为不同波形的 SAR 成像结果，其中图 6.30（a）为未受到干扰时成像结果。图 6.30（b）~（d）为 LFM 波形、低旁瓣相位编码波形和抗移频干扰波形受随机移频干扰后的 SAR 成像结果，由图可知，LFM 波形 SAR 受随机移频干扰后将形成条带压制，且场景中的港口被压制。当 SAR 发射低旁瓣相

位编码波形时，产生了线状和类噪声压制干扰效果，且对陆地产生了掩盖效果。当SAR发射抗干扰波形时，能够获得感兴趣区域图像。将图6.30（a）设置为参考图像，图6.30（b）~（d）为待评估图像，其亮度、对比度、结构和相似度指标如表6.4所示。由上述结果可知，图6.30（d）的相似度指标值最大，表明其与原始图像相似度更高，进而进一步验证了互模糊函数塑形波形抗移频干扰方法的优越性。

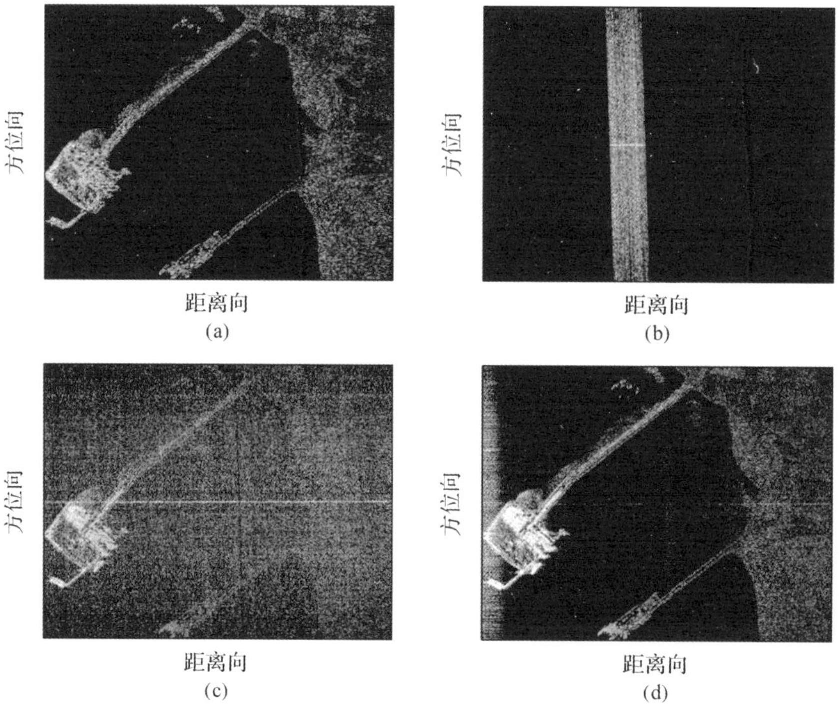

图6.30　SAR成像结果

（a）无干扰成像结果；（b）LFM受随机移频干扰成像结果；
（c）低旁瓣相位编码波形成像结果；（d）抗移频干扰波形成像结果。

表6.4　图像性能评估

	LFM波形	低旁瓣相位编码波形	互模糊函数塑形波形
亮度	0.863	0.744	**0.951**
对比度	0.920	0.999	**0.999**
结构	0.49	0.573	**0.932**
相似度	0.390	0.426	**0.886**

6.6　本章小结

本章首先阐述了抗移频干扰波形设计原理，主要包括低多普勒容限波形抑制距离向成像处理增益、波形分集抑制方位向成像处理增益和互模糊函数塑形抑制干扰局部区域能量。在此基础上，以积分旁瓣和峰值旁瓣为代价函数建立了相位编码波形与非匹配滤波器联合优化模型，对比了两种准则下的波形的脉冲压缩旁瓣性能，并指出积分旁瓣准则下设计波形能够同时获得优异的 PSLR 和 ISLR 性能。阐述了脉间相位编码波形分集的抗移频干扰方法，并指出其相较于低旁瓣波形具有更有的抗移频干扰性能。最后，阐述了基于互模糊函数塑形的抗移频干扰波形设计方法，其能够在强干扰情况下实现对感兴趣局部区域的高性能 SAR 成像。

第7章 抗有源运动调制干扰波形设计

本章基于有源运动调制干扰时延滞后特性，阐述抗有源运动调制干扰的波形设计方法。7.1 节从脉间波形捷变和接收端限幅滤波两方面阐述抗有源运动调制干扰原理。7.2 节阐述联合限幅滤波的抗有源运动调制干扰调频率捷变和相位编码捷变波形，以及抗干扰波形设计算法与仿真。7.3 节通过 SAR 成像仿真评估波形的抗有源运动调制干扰性能。最后总结抗移频干扰波形设计方法。

7.1 抗有源运动调制干扰原理

有源运动调制干扰对截获的 SAR 脉冲信号调制随慢时间规律慢变化的相位，使得干扰信号形成类似运动目标的多普勒历程，进而产生特定干扰图像。由于通常需要截获完整 SAR 脉冲信号，因此，干扰信号通常滞后于目标回波至少一个脉冲重复周期。鉴于此，本章阐述波形捷变方法以破坏有源运动调制干扰多普勒历程，并阐述联合限幅滤波的抗有源运动调制干扰波形设计方法。图 7.1 为抗有源运动调制干扰波形设计原理，包括脉间波形捷变和接收端限幅滤波两部分。

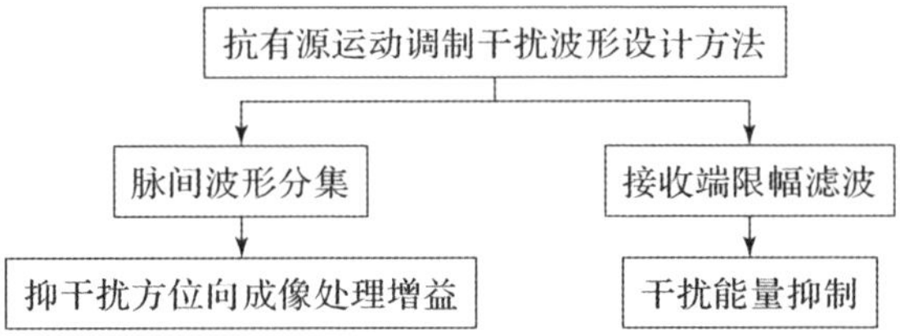

图 7.1　抗有源运动调制干扰波形设计原理

7.1.1 波形捷变

捷变波形 SAR 中，第 m 个发射波形对应的有源运动调制干扰信号快时间项为

$$x_{\mathrm{mj},m}(\tau,\eta)=w_{\mathrm{r}}\left(\tau-\frac{2R_{\mathrm{j}}(\eta)}{c}-\tau_{\mathrm{j}}\right)x_m\left(\tau-\frac{2R_{\mathrm{j}}(\eta)}{c}-\tau_{\mathrm{j}}\right)\tag{7.1}$$

对应波门内点目标回波为

$$\begin{aligned}s_{\mathrm{r}}(\tau,\eta)=&\sigma(x,y,z)w_{\mathrm{r}}\left(\tau-\frac{2R(\eta)}{c}\right)x_{m+K}\left(\tau-\frac{2R(\eta)}{c}\right)\\&w_{\mathrm{a}}(\eta-\eta_c)\exp\left(-\frac{\mathrm{j}4\pi f_{\mathrm{c}}R(\eta)}{c}\right)\end{aligned}\tag{7.2}$$

式中：K 为干扰机滞后的脉冲重复周期数量。目标回波中的快时间项为

$$x_{\mathrm{r}}(\tau,\eta)=w_{\mathrm{r}}\left(\tau-\frac{2R(\eta)}{c}\right)x_{m+K}\left(\tau-\frac{2R(\eta)}{c}\right)\tag{7.3}$$

考虑 SAR 成像处理，此时距离向脉冲压缩滤波器为 $h_{m+K}^{*}(\tau)$。忽略有源运动调制干扰的时延项，干扰信号非匹配滤波输出为

$$r_{\mathrm{mj1}}(t)=\int_{-\infty}^{\infty}x_{\mathrm{mj},m}(\tau)h_{m+K}^{*}(\tau-t)\mathrm{d}\tau,\ -\infty<t<+\infty\tag{7.4}$$

而目标回波非匹配滤波输出为

$$r(t)=\int_{-\infty}^{\infty}x_{\mathrm{r}}(\tau)h_{m+K}^{*}(\tau-t)\mathrm{d}\tau,\ -\infty<t<+\infty\tag{7.5}$$

有源运动调制干扰信号的时延特性，其无法获得 SAR 成像的距离向处理增益。同时，由于脉间波形捷变，不同波门内有源运动调制干扰信号非匹配滤波结果存在差异，即干扰信号无法获得方位向 SAR 成像处理增益。

7.1.2 限幅滤波

在干扰信号滞后至少 1 个脉冲重复周期这一先验知识下，即 K 已知条件下阐述联合接收端限幅滤波干扰抑制方法。图 7.2 为限幅滤波原理框图，其主要包括干扰信号距离向脉冲压缩滤波、限幅滤波和脉冲压缩逆滤波处理。

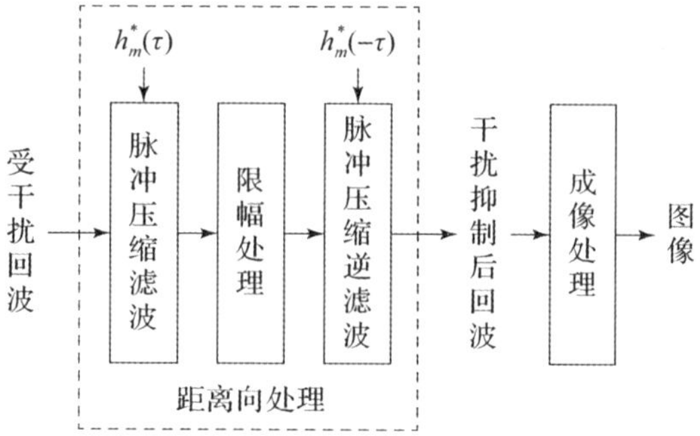

图 7.2　限幅滤波流程图

对第 m 个发射波形对应的有源运动调制干扰信号，使用距离向脉冲压缩滤波器为 $h_m^*(\tau)$，即

$$r_{\mathrm{mj2}}(t)=\int_{-\infty}^{\infty}x_{\mathrm{mj,m}}(\tau)h_m^*(\tau-t)\mathrm{d}\tau,\ -\infty<t<+\infty \tag{7.6}$$

而同波门内的目标回波脉冲压缩处理结果为

$$r'(t)=\int_{-\infty}^{\infty}x_{\mathrm{r}}(\tau)h_m^*(\tau-t)\mathrm{d}\tau,\ -\infty<t<+\infty \tag{7.7}$$

有源运动调制干扰信号能够获得距离向成像处理增益，而目标回波无法获得距离向成像处理增益，即距离向脉冲压缩滤波器 $h_m^*(\tau)$ 输出干扰峰值。由于脉冲压缩后干扰能量基本压缩至峰值位置，因此，使用限幅滤波器抑制干扰输出峰值即可实现对能量的抑制。目标回波和干扰信号的距离向滤波输出 $r_{\mathrm{mj2}}(t)+r'(t)$ 的限幅处理如下

$$r''(t)=\begin{cases}0,r_{\mathrm{mj2}}(t)+r'(t)>\zeta\\ r_{\mathrm{mj2}}(t)+r'(t),其他\end{cases} \tag{7.8}$$

式中：ζ 表示门限。限幅处理后，使用距离向脉冲压缩逆滤波器 $h_m^*(-\tau)$ 将限幅结果恢复至回波域，即 $r''(t)\otimes h_m^*(-\tau)$。经过上述处理后得到干扰抑制后的回波，使用 $h_{m+K}^*(\tau)$ 作为距离向脉冲压缩滤波器，最后利用距离多普勒解耦合成像算法即能够获得干扰抑制后的 SAR 图像。

7.2　联合限幅滤波的抗有源运动调制干扰捷变波形

本节阐述联合限幅滤波的抗有源运动调制干扰调频率极性捷变波形和相位编码捷变波形设计方法，并分析其抗干扰性能。

7.2.1　调频率极性捷变波形

调频率捷变波形以 LFM 波形为基础，改变调频率正负极性，即发射波形可表示为

$$x_m(\tau) = \exp(\mathrm{j}\pi(-1)^m K\tau^2), 0 \leqslant |\tau| \leqslant T_\mathrm{p}/2 \tag{7.9}$$

假设干扰信号滞后真实目标回波 1 个脉冲重复周期，则第 m 个波形对应干扰信号距离相关项为

$$x_{\mathrm{mj},m}(\tau) = w_\mathrm{r}(\tau)\exp(\mathrm{j}\pi(-1)^m K\tau^2) \tag{7.10}$$

而真实目标回波为

$$x_\mathrm{r}(\tau) = w(\tau)\exp(\mathrm{j}\pi(-1)^{m-1} K\tau^2) \tag{7.11}$$

根据驻定相位原理，干扰信号和目标回波分别可表示为

$$X_{\mathrm{mj},m}(f_\tau) = W_\mathrm{r}(f_\tau)\exp\left(-\mathrm{j}\pi(-1)^m \frac{f_\tau^2}{K}\right) \tag{7.12}$$

和

$$X_\mathrm{r}(f_\tau) = W_\mathrm{r}(f_\tau)\exp\left(\mathrm{j}\pi(-1)^m \frac{f_\tau^2}{K}\right) \tag{7.13}$$

第一次脉冲压缩滤波的干扰和目标回波频谱分别为

$$X_{\mathrm{mj},m}(f_\tau) = W_\mathrm{r}(f_\tau) \tag{7.14}$$

和

$$X_\mathrm{r}(f_\tau) = W_\mathrm{r}(f_\tau)\exp\left(\mathrm{j}\pi(-1)^m \frac{2f_\tau^2}{K}\right) \tag{7.15}$$

干扰信号匹配滤波后输出时域为辛格函数，而目标回波输出仍为 LFM 波形。将信号变换至时域限幅处理后，使用干扰信号逆匹配滤波器处理后的目标回波频谱为

$$X_\mathrm{r}(f_\tau) = W_\mathrm{r}(f_\tau)\exp\left(\mathrm{j}\pi(-1)^m \frac{f_\tau^2}{K}\right) \tag{7.16}$$

目标回波经过上述处理后基本不变，而干扰信号因限幅处理而被抑制。

假设 LFM 波形时宽 40μs，带宽 30MHz，信噪比为 0dB，信干比为 -20dB，图 7.3 给出了限幅处理前后的处理结果，由图可知，受干扰回波直接匹配滤波输出结果中，干扰信号与匹配滤波器之间失配，因此仍然能够获取目标峰值，

但干扰能量的分布导致副瓣水平明显抬升。干扰信号匹配滤波结果中，目标回波失配，故而仅能获取干扰信号的峰值。限幅处理后，回波匹配滤波不仅能够获取目标峰值，并且明显能够抑制干扰能量。

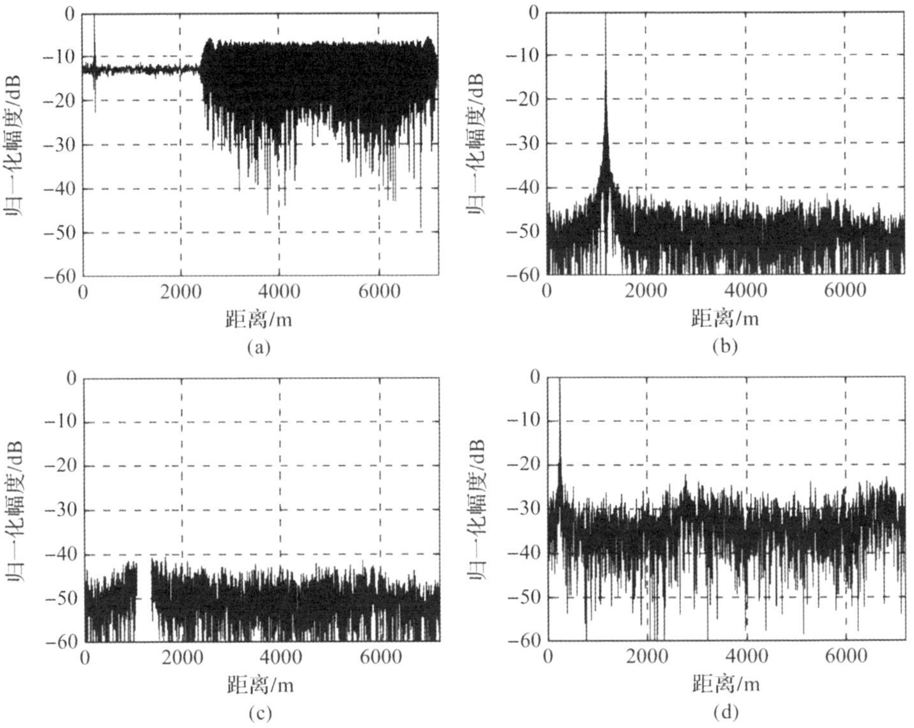

图 7.3　调频率捷变波形限幅滤波结果

（a）直接匹配滤波；（b）干扰信号匹配滤波；（c）限幅处理；（d）干扰抑制结果。

7.2.2　相位编码捷变波形

本节阐述抗有源运动调制干扰的相位编码捷变波形设计方法，包括匹配滤波下相位编码捷变波形和联合非匹配滤波的相位编码波形设计方法。

7.2.2.1　匹配滤波相位编码捷变波形设计

限幅滤波对干扰信号匹配滤波输出峰值作零陷处理，残余干扰信号能量可通过干扰信号及其相应距离脉冲压缩滤波器互相关积分旁瓣表述。忽略时延项后，有源运动调制干扰信号快时间相关项为

$$x_{\mathrm{mj},m}(\tau) = w_{\mathrm{r}}(\tau)x_m(\tau) \tag{7.17}$$

干扰信号匹配滤波输出为

$$r_{\mathrm{mj3}}(t)=\int_{-\infty}^{\infty}x_{\mathrm{mj},m}(\tau)x_m^*(\tau-t)\mathrm{d}\tau,\ -\infty<t<+\infty \tag{7.18}$$

相应的积分旁瓣为

$$\sum_{t=-T_{\mathrm{p}}}^{T_{\mathrm{p}}}|r_{\mathrm{mj3}}(t)|^2-\sum_{t=-T_{\mathrm{sub}}}^{T_{\mathrm{sub}}}|r_{\mathrm{mj3}}(t)|^2 \tag{7.19}$$

因此，抑制有源运动调制干扰相位编码波形设计问题转换为相位编码波形自相关积分旁瓣抑制问题。并且，通过抑制相位编码波形自相关函数积分旁瓣同时能够使得波形满足 SAR 成像对低副瓣的要求。第 m 个波形的积分旁瓣可表示为

$$f(\boldsymbol{x}_m)=\boldsymbol{x}_m^{\mathrm{H}}\boldsymbol{\Phi}_m^{\mathrm{H}}\boldsymbol{W}\boldsymbol{\Phi}_m\boldsymbol{x}_m \tag{7.20}$$

由于匹配滤波中无需考虑信噪比损耗问题，仅需约束波形模值。该问题为

$$\begin{aligned}&\min_{\boldsymbol{x}_m}\quad f(\boldsymbol{x}_m)\\&\text{s.t.}\quad \boldsymbol{x}_m\in\mathbb{C}^{N\times1}\end{aligned} \tag{7.21}$$

上述恒模约束四次规划问题可通过 CAN 算法或者主分量最小化算法求解。不失一般性，假设干扰信号时延为 1 个脉冲重复周期，信号时宽 40μs，带宽 30MHz，利用 CAN 设计两个波形。两个波形的匹配滤波 ISLR 分别为 −12.59dB 和 −12.50dB。仿真设置信噪比为 0dB，干信比为 20dB，图 7.4 给出了其干扰抑制前后的处理结果。联合波形捷变和限幅滤波处理后，干扰被进一步抑制，且信干比得到明显提升。

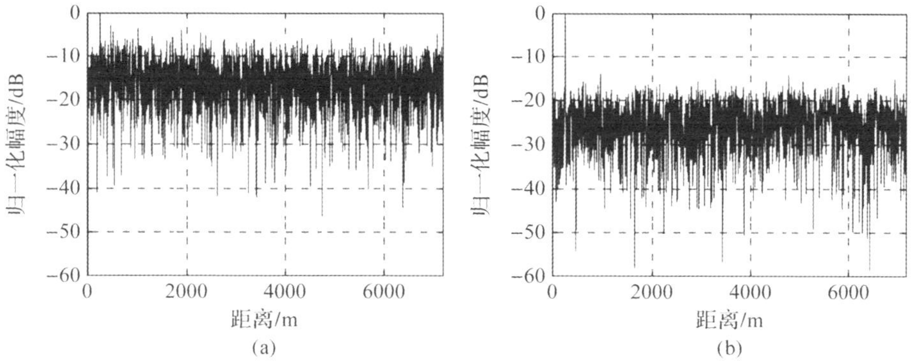

图 7.4　匹配滤波相位编码信号的干扰抑制前后结果

（a）干扰抑制前；（b）干扰抑制后。

7.2.2.2 联合非匹配滤波相位编码捷变波形设计

本节阐述联合非匹配滤波的相位编码捷变波形设计方法，该问题可等价为脉冲压缩积分旁瓣抑制问题。

$$\begin{aligned} \min_{\boldsymbol{x}_m,\boldsymbol{h}_m} \quad & f_1(\boldsymbol{x}_m,\boldsymbol{h}_m) \\ \text{s.t.} \quad & \boldsymbol{h}_m^{\mathrm{H}}\boldsymbol{h}_m = N \\ & \boldsymbol{x}_m \in \mathbb{C}^{N\times 1} \end{aligned} \tag{7.22}$$

该问题可利用低旁瓣波形与非匹配滤波器联合设计算法直接优化设计。假设 LPG 为 -1dB，利用联合设计算法得到的波形于非匹配滤波器 ISLR 分别为 -17.78dB 和 -17.2dB。图 7.5 给出了其干扰抑制前后的结果。可以发现联合非匹配滤波的相位编码捷变波形在限幅滤波后也能够抑制干扰。此外，本节联合非匹配滤波抗干扰波形成像结果的 AJILR 为 -29.66dB，而 7.2.2.1 节波形的 AJILR 为 -24.03dB，这表明通过抑制脉冲压缩副瓣能够进一步提升干扰抑制性能。

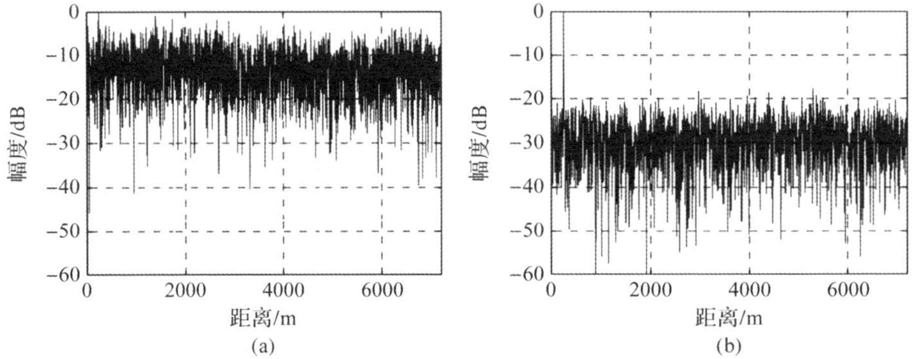

图 7.5 非匹配滤波相位编码信号的干扰抑制前后结果

（a）干扰抑制前；（b）干扰抑制后。

7.3 抗有源运动调制干扰 SAR 成像仿真

假设 SAR 仿真参数如表 3.1 所示，点目标成像中发射波形分别为 CAN 设计的低旁瓣相位编码波形和联合设计相位编码波形，波形捷变数量均为 100。场景中设置 16 个点目标，方位和距离向间距均为 50m。干扰机位置为

（-100m,0m），信干比为-40dB。干扰机样式为有源匀速运动调制干扰，方位速度为200m/s，距离向速度为2m/s。

图7.6匀速运动调制干扰下的联合非匹配滤波设计相位编码波形点目标SAR成像结果，其中图7.6（a）和图7.6（b）为限幅滤波处理前成像结果，图7.6（c）和图7.6（d）为限幅滤波后的点目标成像结果。图7.6（b）中标注区域的JPLR和AJILR分别为-11.67dB和-22.94dB。限幅滤波处理后的标注区域JPLR和AJILR分别为-33.32dB和-44.47dB。

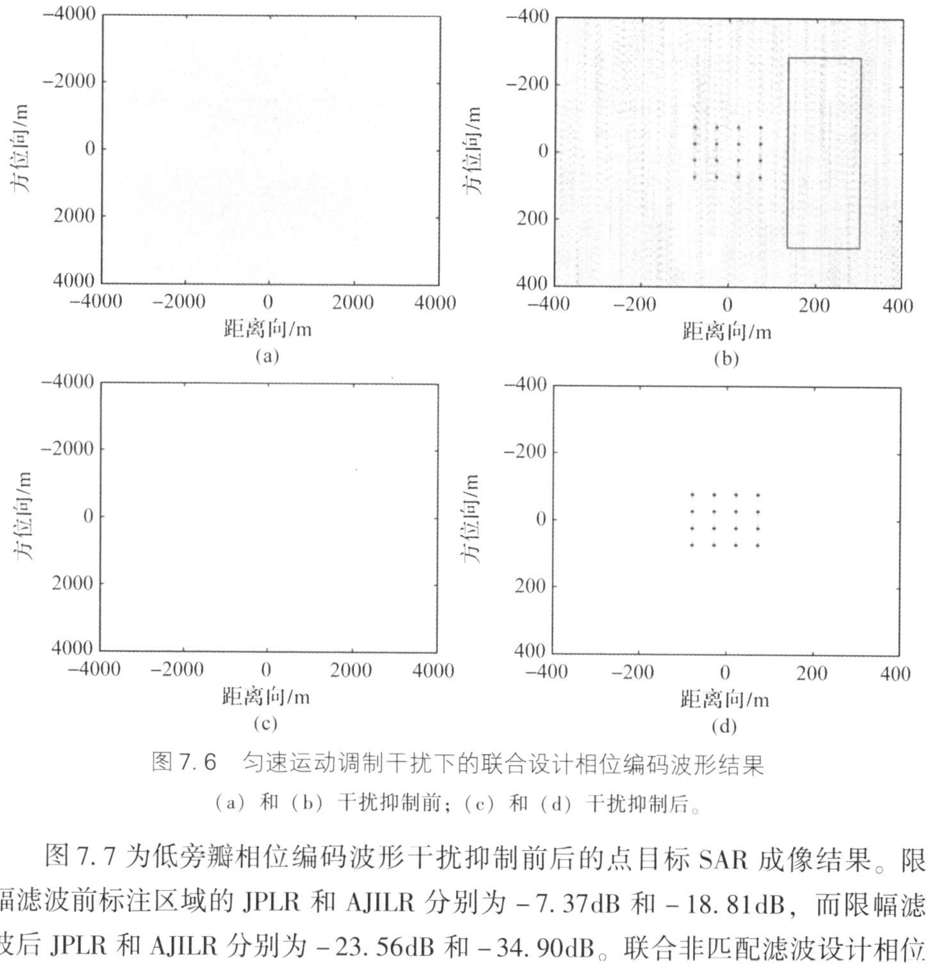

图7.6　匀速运动调制干扰下的联合设计相位编码波形结果

（a）和（b）干扰抑制前；（c）和（d）干扰抑制后。

图7.7为低旁瓣相位编码波形干扰抑制前后的点目标SAR成像结果。限幅滤波前标注区域的JPLR和AJILR分别为-7.37dB和-18.81dB，而限幅滤波后JPLR和AJILR分别为-23.56dB和-34.90dB。联合非匹配滤波设计相位编码波形具有更低的脉冲压缩旁瓣水平，其限幅滤波后成像结果干扰水平低于低旁瓣相位编码波形成像结果，具有更优的抗干扰性能。

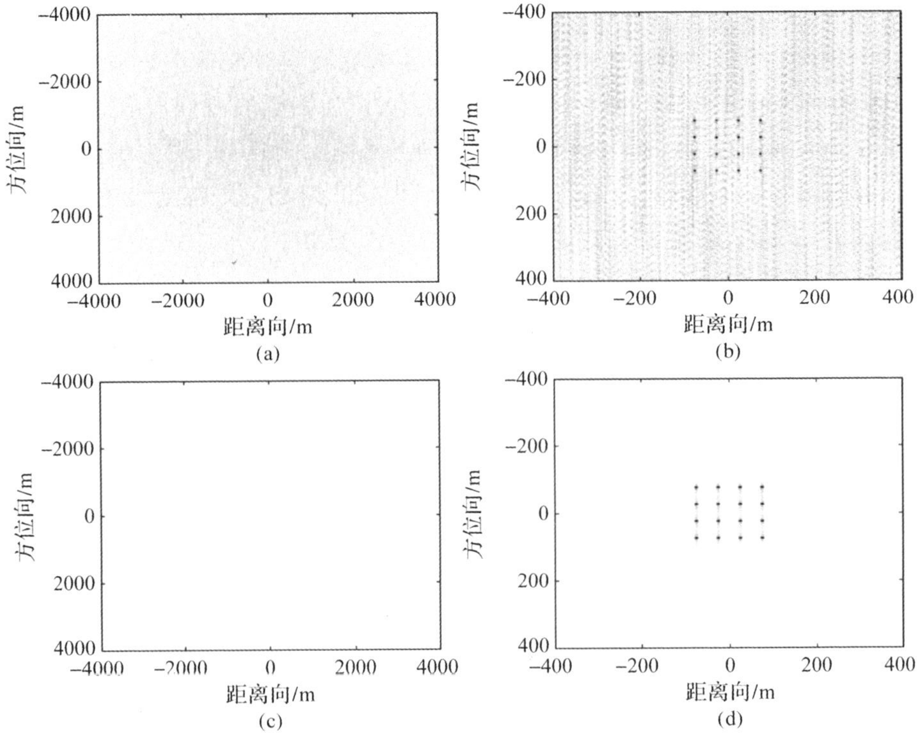

图 7.7　低旁瓣相位编码波形干扰抑制前后结果

（a）和（b）干扰抑制前；（c）和（d）干扰抑制后。

以 radarsat－1 的图像为面目标，仿真参数见表 3.1，发射信号分别为极性捷变 LFM 波形和联合非匹配滤波设计捷变相位编码波形。干扰机位于场景中心，成像前信干比为－20dB。

图 7.8 为匀速运动调制下面目标成像结果，其中图 7.8（a）和图 7.8（b）为正负极性 LFM 波形限幅滤波前后成像结果，图 7.8（c）和图 7.8（d）为联合设计相位编码波形限幅滤波前后成像结果。LFM 波形正负极性捷变情况下，匀速运动调制干扰能够在 SAR 图像中形成间断条带状的压制干扰效果。而在联合非匹配滤波器设计相位编码波形中，匀速运动调制干扰产生类噪声状压制效果。限幅滤波处理后，上述两类捷变波形均能够抑制匀速运动调制干扰，并且图 7.8（b）和图 7.8（d）的相似度指标为 0.99，表明两类波形抗干扰成像后图像性能基本一致。

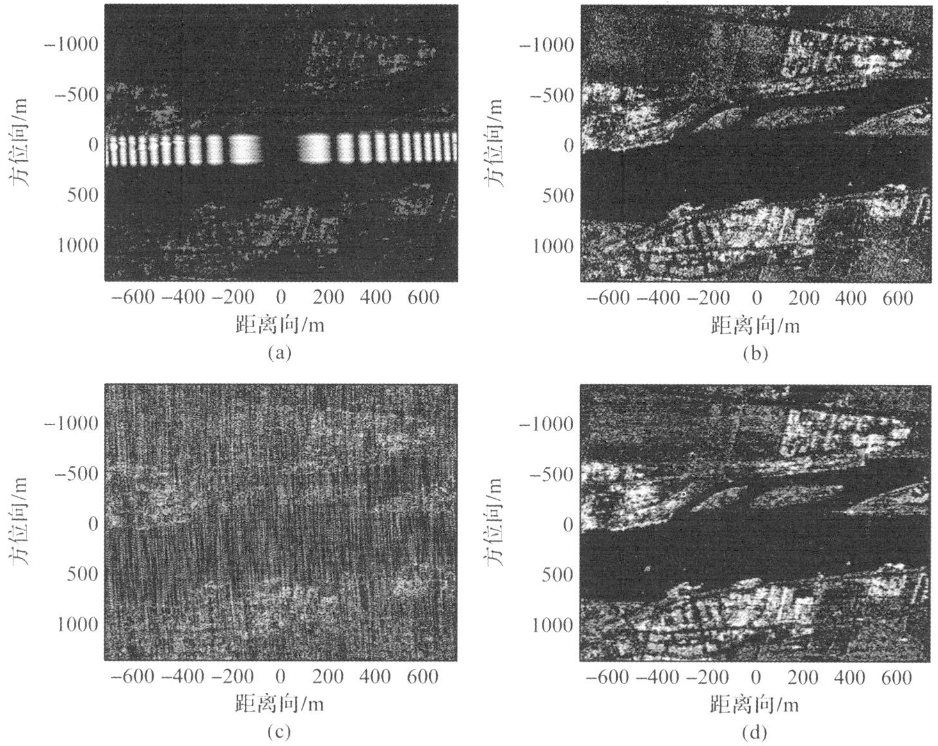

图 7.8　匀速运动调制干扰下面目标成像结果

（a）正负极性捷变；（b）正负极性捷变限幅滤波；

（c）联合非匹配滤波设计波形；（d）联合设计波形限幅滤波。

7.4　本章小结

本章基于有源运动调制干扰信号时域滞后特性，阐述了联合限幅滤波抗干扰波形设计方法，包括调频率极性捷变波形、匹配滤波低旁瓣相位编码捷变波形和联合非匹配滤波相位编码捷变波形。限幅滤波处理包括干扰信号匹配滤波、干扰幅度置零、干扰信号逆匹配滤波三个步骤。调频率捷变波形通过交替发射正负极性 LFM 波形，然后通过限幅处理抑制干扰，并通过逆匹配滤波获得无干扰回波，最后利用距离多普勒成像算法即可获得抗干扰 SAR 图像。在相位编码捷变波形中，基于限幅处理原理指出抑制脉冲压缩旁瓣能够获得更加优异的抗干扰性能。因此，通过联合非匹配滤波设计相位编码捷变波形能够进一步抑制脉冲压缩旁瓣，进而改善抗干扰性能。点目标和面目标 SAR 成像仿真验证了三种波形抗干扰的有效性，在抑制有源运动调制干扰情况下获得高性能的 SAR 图像。

第8章 抗卷积调制干扰波形设计

本章阐述抗卷积调制干扰波形设计方法，8.1 节基于卷积调制干扰滞后至少一个脉冲重复周期这一先验消息，阐述捷变波形和频率捷变波形的抗干扰原理。8.2 节在抗干扰原理基础上阐述联合非匹配滤波的抗卷积调制干扰波形设计方法，并给出相应的优化算法以及数值仿真结果。8.3 节阐述脉间频率捷变波形抗干扰设计方法，并阐述脉间频率随机捷变波形及其稀疏成像性能。8.4 节通过 SAR 成像仿真验证抗卷积干扰波形性能。

8.1 抗卷积调制干扰原理

卷积调制干扰需截获完整 SAR 信号，并且干扰机需要卷积调制噪声或场景模板，干扰信号相较于目标回波至少延迟一个脉冲重复周期，基于这一先验信息阐述了脉间捷变波形和频率捷变波形抗干扰原理。其中，脉间捷变波形的基本原理为抑制干扰距离向和方位向成像处理增益，而脉间频率捷变波形则抑制干扰能量，并通过稀疏恢复成像算法获取感兴趣目标 SAR 图像。

8.1.1 捷变波形

图 8.1 给出了常规 SAR 和波形捷变 SAR 的回波和干扰信号示意图。如图 8.1（a）所示，常规 SAR 所有脉冲重复周期内发射相同波形，因此卷积调制干扰可以获得成像处理增益。不失一般性，假设干扰信号延迟回波一个重复周期，则波形捷变 SAR 回波示意图如图 8.1（b）所示。

捷变波形 SAR 中，第 m 个发射波形对应的卷积调制干扰信号快时间项为

$$x_{\mathrm{snj},m}(\tau,\eta)=w_r\left(\tau-\frac{2R_{\mathrm{j}}(\eta)}{c}-\tau_{\mathrm{j}}\right)x_m\left(\tau-\frac{2R_{\mathrm{j}}(\eta)}{c}-\tau_{\mathrm{j}}\right) \tag{8.1}$$

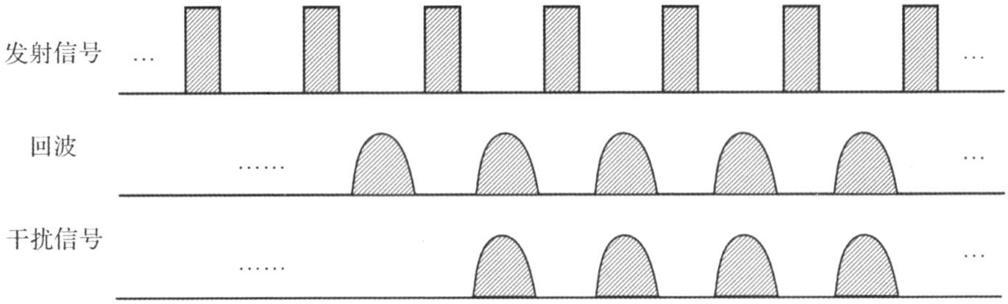

(a)

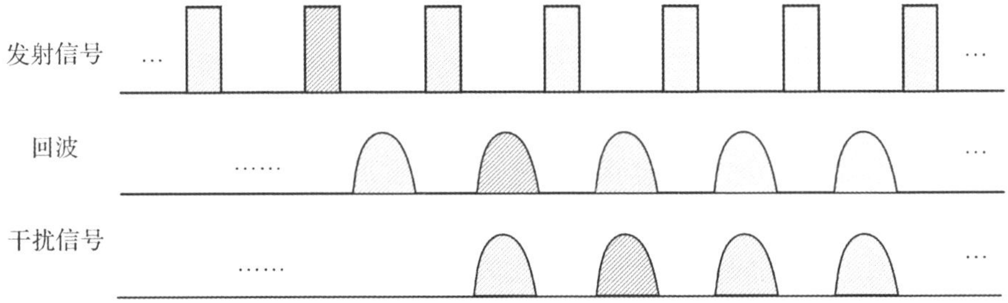

(b)

图 8.1 回波和干扰信号示意图

(a) 常规 SAR；(b) 波形捷变 SAR。

对应波门内点目标回波为

$$s_{\mathrm{r}}(\tau,\eta)=\sigma(x,y,z)w\left(\tau-\frac{2R(\eta)}{c}\right)x_{m+K}\left(\tau-\frac{2R(\eta)}{c}\right)$$
$$w(\eta-\eta_{\mathrm{c}})\exp\left(-\frac{\mathrm{j}4\pi f_{c}R(\eta)}{c}\right) \tag{8.2}$$

干扰信号滞后于真实目标回波，在 SAR 成像距离向脉压处理中，干扰信号将无法获得距离向成像处理增益。同时，波形捷变使得脉冲重复周期内的干扰信号距离向脉冲压缩输出不同，引起卷积调制干扰多普勒历程随机变化，进而抑制干扰方位向 SAR 成像处理增益。

如图 8.2 所示，卷积调制干扰将截获信号卷积调制噪声或欺骗模板，干扰信号分布于 τ_2 和 τ_4 之间。在 LFM 波形 SAR 中，若干扰信号能获得脉冲压缩处理增益，当快时间频移为零时，干扰应分布于 τ_2 时刻之后，但通过移频调制可使干扰图像距离向的范围超前于 τ_2 时刻。换言之，卷积调制干扰掩护的是干扰信号起始时间 τ_2 附近的局部区域。波形捷变 SAR 中，干扰无法获得距离脉冲压缩增益，干扰能量会分布于 $2\tau_2-\tau_4$ 和 τ_4 之间。

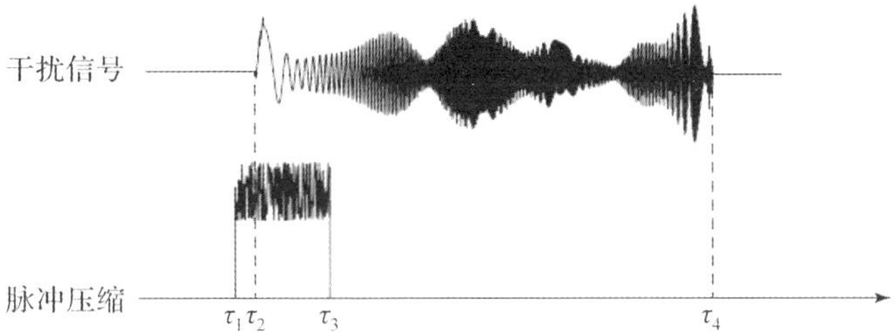

图 8.2　灵巧干扰距离脉压示意图

基于卷积调制干扰局部区域压制或欺骗的特性，阐述基于干扰信号脉冲压缩局部能量抑制的波形与非匹配滤波器联合设计方法，以实现对局部区域的抗干扰 SAR 成像探测。其基本原理是，第 $m-1$ 个波形与第 m 个非匹配滤波器互相关函数在等效零时延位置附近的局部区域凹陷，从而使得卷积调制干扰信号距离向脉冲压缩后的能量分布于感兴趣区域之外。此外，联合设计第 m 个波形与非匹配滤波器使其在较小 LPG 基础上获得低旁瓣，从而实现高性能成像。

综合上述分析，抗卷积调制干扰波形与非匹配滤波器联合设计方法原理包括以下两个方面。一方面，基于干扰信号至少滞后于真实目标回波至少 1 个脉冲重复周期这一先验信息，利用脉间波形捷变抑制干扰距离向和方位向成像处理增益。另一方面，通过联合设计当前脉冲重复周期的波形、非匹配滤波器以及干扰信号对应脉冲重复周期的波形，使得干扰能量分布于其预期掩护区域之外。

8.1.2　频率捷变波形

本节阐述脉间频率捷变 SAR 抗干扰原理，并分别论述窄带卷积调制干扰机和宽带卷积调制干扰机的频率捷变波形抗干扰原理。由于脉间频率捷变 SAR 的载频随着慢时间变化按照一定规律或随机变化，因此，干扰机对载频的跟踪和估计难度将会显著增加，从而有利于提高 SAR 信号的低截获性能。

对窄带卷积调制干扰机而言，当 SAR 发射信号的带宽处于干扰机工作带宽范围内时，干扰机方可截获 SAR 信号。在同一接收波门时间内，SAR 目标回波和实际的干扰信号载频一致，则干扰信号能够最终进入到 SAR 回波。若同一接收波门内，干扰信号与目标回波的载频不相同时，干扰信号则会由于失配而无法进入 SAR 回波。

对宽带卷积调制干扰机而言，由于其工作带宽覆盖了整个带宽，因此其干扰机始终能够截获 SAR 信号。但又因干扰信号和目标回波之间到达 SAR 接收机的时延不同，因而，只有当干扰机和目标之间的载频相同时，干扰信号才会进入 SAR 接收机。为进一步阐述脉间频率捷变 SAR 的抗干扰原理，分析 SAR 目标回波和干扰信号的时延特性。假设 SAR 发射信号需要经过 L 个脉冲重复周期时延后才能到达 SAR 接收机，而干扰机由于截获调制和转发引入的额外时延为 K。则特定脉冲重复周期内，SAR 点目标回波为

$$\begin{aligned}s_{\mathrm{r}}(\tau,\eta)=&\sigma(x,y,z)w\left(\tau-\frac{2R(\eta)}{c}\right)w(\eta-\eta_{\mathrm{c}})\\&x\left(\tau-\frac{2R(\eta)}{c}\right)\exp\left(\mathrm{j}2\pi f(\eta-L\cdot\mathrm{PRF})\left(\tau-\frac{2R(\eta)}{c}\right)\right)\end{aligned}\tag{8.3}$$

SAR 收到干扰信号为

$$\begin{aligned}s_{\mathrm{snj}}(\tau,\eta)=&w\left(\tau-\frac{2R(\eta)}{c}\right)w(\eta-\eta_{\mathrm{c}})x\left(\tau-\frac{2R(\eta)}{c}\right)\\&\exp\left(\mathrm{j}2\pi f(\eta-(L+K)\cdot\mathrm{PRF})\left(\tau-\frac{2R(\eta)}{c}\right)\right)\end{aligned}\tag{8.4}$$

由上述分析，SAR 目标回波和干扰信号载频之间的差值为

$$\Delta f(\eta)=f(\eta-(L+K)\cdot\mathrm{PRF})-f(\eta-L\cdot\mathrm{PRF})\tag{8.5}$$

真实目标回波可下变频为基带信号：

$$\begin{aligned}s_{\mathrm{r}}(\tau,\eta)=&\sigma(x,y,z)w\left(\tau-\frac{2R(\eta)}{c}\right)w(\eta-\eta_{\mathrm{c}})\\&x\left(\tau-\frac{2R(\eta)}{c}\right)\exp\left(-\frac{\mathrm{j}4\pi f(\eta-L\cdot\mathrm{PRF})R(\eta)}{c}\right)\end{aligned}\tag{8.6}$$

而干扰信号经过下变频后表达式为

$$\begin{aligned}s_{\mathrm{snj}}(\tau,\eta)=&\sigma(x,y,z)w\left(\tau-\frac{2R(\eta)}{c}\right)w(\eta-\eta_{\mathrm{c}})\\&x\left(\tau-\frac{2R(\eta)}{c}\right)\exp\left(\mathrm{j}2\pi\Delta f\Delta f(\eta)\left(\tau-\frac{2R(\eta)}{c}\right)\right)\\&\exp\left(-\frac{\mathrm{j}4\pi f(\eta-L\cdot\mathrm{PRF})R(\eta)}{c}\right)\end{aligned}\tag{8.7}$$

若 $\Delta f(\eta)\neq0$，则干扰信号经 SAR 接收机低通滤波后将会被直接滤除。综上所述，由于脉间频率捷变会使得干扰机对 SAR 载频估计的难度增加，因而降低了 SAR 信号的被截获的概率。卷积调制转发干扰信号载频与 SAR 真实目标回波之间载频存在差异，通过利用干扰信号和目标回波之间的载频差异实现对干扰信号的滤除。

8.2 联合非匹配滤波的抗卷积调制干扰波形

8.2.1 问题建模

假设干扰机时延为 1 个脉冲重复周期，设计第 m 个波形与非匹配滤波器时，需要抑制其与第 $m-1$ 个波形互相关局部能量。假设 SAR 发射 M 个捷变波形，则波形矩阵 $\boldsymbol{X}=[\boldsymbol{x}_1 \quad \boldsymbol{x}_2 \quad \cdots \quad \boldsymbol{x}_M]$，其中，$\boldsymbol{x}_m$ 表示第 m 个相位编码波形，其码元长度为 N。相应建立非匹配滤波器矩阵为 $\boldsymbol{H}=[\boldsymbol{h}_1 \quad \boldsymbol{h}_2 \quad \cdots \quad \boldsymbol{h}_M]$，其维度与波形矩阵相同。第 m 个波形与非匹配滤波器互相关为

$$\boldsymbol{r}_m=\boldsymbol{\Lambda}_m\boldsymbol{x}_m \tag{8.8}$$

则积分旁瓣目标函数为

$$f_1(\boldsymbol{x}_m,\boldsymbol{h}_m)=\boldsymbol{x}_m^{\mathrm{H}}\boldsymbol{\Lambda}_m^{\mathrm{H}}\boldsymbol{W}\boldsymbol{\Lambda}_m\boldsymbol{x}_m \tag{8.9}$$

此外，引入目标函数：

$$f_2(\boldsymbol{x}_m,\boldsymbol{h}_m)=\|\boldsymbol{h}_m^{\mathrm{H}}\boldsymbol{x}_m-b_{\max}\|_2^2 \tag{8.10}$$

以积分旁瓣代价函数和峰值增益差的二范数为目标函数，目标函数之间的权值为 ε。因此低旁瓣联合设计的目标函数为

$$f(\boldsymbol{x}_m,\boldsymbol{h}_m)=f_1(\boldsymbol{x}_m,\boldsymbol{h}_m)+\varepsilon f_2(\boldsymbol{x}_m,\boldsymbol{h}_m) \tag{8.11}$$

干扰抑制方面，干扰机时延为 l 个脉冲重复周期，因此，干扰信号可表示为 $\boldsymbol{x}_{m-l}\odot\boldsymbol{j}$，$\odot$表示哈达玛德积。$\boldsymbol{j}$ 表示移频调制函数，由 $\exp(\mathrm{j}2\pi\Delta f(\tau-\tau(\eta)-\tau_J))$ 的离散化向量给出。干扰抑制的代价函数为

$$g(\boldsymbol{x}_{m-l},\boldsymbol{h}_m)=\boldsymbol{h}_m^{\mathrm{H}}\boldsymbol{\Phi}_{\mathrm{J},m-l}^{\mathrm{H}}\boldsymbol{W}_j\boldsymbol{\Phi}_{\mathrm{J},m-l}\boldsymbol{h}_m \tag{8.12}$$

式中：$\boldsymbol{\Phi}_{\mathrm{J},m}$ 表示基于干扰向量 $\boldsymbol{x}_{m-l}\odot\boldsymbol{j}$ 得到互相关计算矩阵。因此联合设计问题如下：

$$\begin{aligned}
&\min_{\boldsymbol{X},\boldsymbol{H}} \quad \sum_{m=1}^{M} f(\boldsymbol{x}_m,\boldsymbol{h}_m)+g(\boldsymbol{x}_{m-l},\boldsymbol{h}_m)\\
&\text{s.t.} \quad \boldsymbol{h}_m^{\mathrm{H}}\boldsymbol{h}_m=N\\
&\quad |x_{nm}|=1, n=1,\cdots,N
\end{aligned} \tag{8.13}$$

8.2.2 问题求解

8.2.2.1 算法推导

式（8.13）是非凸约束多变量多目标函数优化问题，直接求解难度大，且存在计算量大的问题。为了简化问题，首先基于坐标分块方法分解目标函数。在第一次坐标分块处理中，以第 m 个波形和非匹配滤波器为块变量分解问题，并且采用第 1 个至第 M 个的顺序依次处理，则联合优化设计问题可分解为以下 M 个子优化问题：

$$\begin{aligned}&\min_{\boldsymbol{x}_m,\boldsymbol{h}_m}\quad f(\boldsymbol{x}_m,\boldsymbol{h}_m)+g(\boldsymbol{x}_{m-l},\boldsymbol{h}_m)\\&\text{s.t.}\quad \boldsymbol{h}_m^{\mathrm{H}}\boldsymbol{h}_m=N\\&\qquad |x_{nm}|=1,n=1,\cdots,N\end{aligned}\tag{8.14}$$

在第 m 个波形与非匹配滤波器联合设计时，第 $m-1$ 个波形已固定。其次，基于第 m 个波形与非匹配滤波器约束条件不同这一特点，采用 BSUM 方法优化求解式（8.13）。同时式（8.14）第二次分块处理后的波形和非匹配滤波器优化子问题分别为

$$\begin{aligned}&\min_{\boldsymbol{x}_m}\quad f(\boldsymbol{x}_m,\boldsymbol{h}_m)\\&\text{s.t.}\quad |x_{nm}|=1,n=1,\cdots,N\end{aligned}\tag{8.15}$$

和

$$\begin{aligned}&\min_{\boldsymbol{h}_m}\quad f(\boldsymbol{x}_m,\boldsymbol{h}_m)+g(\boldsymbol{x}_{m-l},\boldsymbol{h}_m)\\&\text{s.t.}\quad \boldsymbol{h}_m^{\mathrm{H}}\boldsymbol{h}_m=N\end{aligned}\tag{8.16}$$

由于目标函数是关于波形或非匹配滤波器的二次函数，且波形与非匹配滤波器受非凸约束，因此，上述两个子问题均为 NP－Hard 问题。为求取其主分量函数，引入下述引理。

引理 8.1：给定任意非匹配滤波器，且满足 $\boldsymbol{h}_m^{\mathrm{H}}\boldsymbol{h}_m=N$，忽略常数项后 $f(\boldsymbol{x}_m,\boldsymbol{h}_m)$ 在 $\boldsymbol{x}_m^{(l)}$ 处的主分量函数为

$$\begin{aligned}f'(\boldsymbol{x}_m,\boldsymbol{x}_m^{(l)},\boldsymbol{h}_m)=&\alpha\boldsymbol{x}_m^{\mathrm{H}}\boldsymbol{x}_m+(\boldsymbol{x}_m^{(l)})^{\mathrm{H}}(\alpha\boldsymbol{I}_N-\boldsymbol{\Lambda}_m^{\mathrm{H}}\boldsymbol{W}\boldsymbol{\Lambda}_m)\boldsymbol{x}_m^{(l)}\\&+\varepsilon N\boldsymbol{x}_m^{\mathrm{H}}\boldsymbol{x}_m+\varepsilon(\boldsymbol{x}_m^{(l)})^{\mathrm{H}}(N\boldsymbol{I}_N-\boldsymbol{h}_m\boldsymbol{h}_m^{\mathrm{H}})\boldsymbol{x}_m^{(l)}\\&+2\mathrm{Re}(\boldsymbol{x}_m^{\mathrm{H}}(\boldsymbol{\Lambda}_m^{\mathrm{H}}\boldsymbol{W}\boldsymbol{\Lambda}_m-\alpha\boldsymbol{I}_N)\boldsymbol{x}_m^{(l)})\\&+2\varepsilon\mathrm{Re}(\boldsymbol{x}_m^{\mathrm{H}}(\boldsymbol{h}_m\boldsymbol{h}_m^{\mathrm{H}}-N\boldsymbol{I}_N)\boldsymbol{x}_m^{(l)})\end{aligned}$$

$$-2\varepsilon b_{\max}\mathrm{Re}(\boldsymbol{h}_m^{\mathrm{H}}\boldsymbol{x}_m) \tag{8.17}$$

式中：α 保证 $\alpha\boldsymbol{I}_N-\boldsymbol{\Lambda}_m^{\mathrm{H}}\boldsymbol{W}\boldsymbol{\Lambda}_m$ 是半正定埃尔米特矩阵。

证明：首先，当 $\boldsymbol{P}$ 为半正定埃尔米特矩阵时，$\boldsymbol{x}^{\mathrm{H}}\boldsymbol{P}\boldsymbol{x}$ 在 $\boldsymbol{x}_0$ 处的主分量函数为 $\boldsymbol{x}^{\mathrm{H}}\boldsymbol{Q}\boldsymbol{x}+2\mathrm{Re}(\boldsymbol{x}^{\mathrm{H}}(\boldsymbol{Q}-\boldsymbol{P})\boldsymbol{x}_0)$，其中，$\boldsymbol{Q}\geq\boldsymbol{P}$。因此，忽略常数项后易得 $\boldsymbol{x}_m^{\mathrm{H}}\boldsymbol{\Lambda}_m^{\mathrm{H}}\boldsymbol{W}\boldsymbol{\Lambda}_m\boldsymbol{x}_m$ 主分量函数为式（8.17）的第一项。并且由于 $\mathrm{tr}(\boldsymbol{h}_m\boldsymbol{h}_m^{\mathrm{H}})=\mathrm{tr}(\boldsymbol{h}_m^{\mathrm{H}}\boldsymbol{h}_m)=N$，故 $N\boldsymbol{I}_N\geq\boldsymbol{h}_m\boldsymbol{h}_m^{\mathrm{H}}$，进而可得 $\varepsilon\boldsymbol{x}_m^{\mathrm{H}}\boldsymbol{h}_m\boldsymbol{h}_m^{\mathrm{H}}\boldsymbol{x}_m$ 的主分量函数为第二项。第三项为 $f_2(\boldsymbol{x}_m,\boldsymbol{h}_m)$ 中的线性项。此外，式（8.17）中 α 可以根据引理 5.4 计算矩阵 $\boldsymbol{\Lambda}_m^{\mathrm{H}}\boldsymbol{W}\boldsymbol{\Lambda}_m$ 的最大特征值下界或迹得到。

引理 8.2：给定任意波形，且满足 $|x_{nm}|=1,n=1,\cdots,N$，则 $f(\boldsymbol{x}_m,\boldsymbol{h}_m)$ 在 $\boldsymbol{h}_m^{(l)}$ 处的主分量函数为

$$\begin{aligned}f''(\boldsymbol{x}_m,\boldsymbol{h}_m,\boldsymbol{h}_m^{(l)})=&\beta\boldsymbol{h}_m^{\mathrm{H}}\boldsymbol{h}_m+(\boldsymbol{h}_m^{(l)})^{\mathrm{H}}(\beta\boldsymbol{I}_N-\boldsymbol{\Phi}_m^{\mathrm{H}}\boldsymbol{W}\boldsymbol{\Phi})\boldsymbol{h}_m^{(l)}\\&+\varepsilon N\boldsymbol{h}_m^{\mathrm{H}}\boldsymbol{h}_m+(\boldsymbol{h}_m^{(l)})^{\mathrm{H}}(N\boldsymbol{I}_N-\boldsymbol{x}_m\boldsymbol{x}_m^{\mathrm{H}})\boldsymbol{h}_m^{(l)}\\&+2\mathrm{Re}(\boldsymbol{h}_m^{\mathrm{H}}(\boldsymbol{\Phi}_m^{\mathrm{H}}\boldsymbol{W}\boldsymbol{\Phi}-\beta\boldsymbol{I}_N)\boldsymbol{h}_m^{(l)})\\&+2\varepsilon\mathrm{Re}(\boldsymbol{h}_m^{\mathrm{H}}(\boldsymbol{x}_m\boldsymbol{x}_m^{\mathrm{H}}-N\boldsymbol{I}_N)\boldsymbol{h}_m^{(l)})\\&-2\varepsilon b_{\max}\mathrm{Re}(\boldsymbol{h}_m^{\mathrm{H}}\boldsymbol{x}_m)\end{aligned} \tag{8.18}$$

引理 8.3：给定任意波形，且满足 $|x_{nm}|=1,n=1,\cdots,N$，则 $g(\boldsymbol{x}_m,\boldsymbol{h}_m)$ 在 $\boldsymbol{h}_m^{(l)}$ 处的主分量函数为

$$\begin{aligned}g'(\boldsymbol{x}_{m-l},\boldsymbol{h}_m,\boldsymbol{h}_m^{(l)})=&2\mathrm{Re}(\boldsymbol{h}_m^{\mathrm{H}}(\boldsymbol{\Phi}_{\mathrm{J},m-l}^{\mathrm{H}}\boldsymbol{W}_j\boldsymbol{\Phi}_{\mathrm{J},m-l}-\gamma\boldsymbol{I}_N)\boldsymbol{h}_m^{(l)})\\&+\beta\boldsymbol{h}_m^{\mathrm{H}}\boldsymbol{h}_m+(\boldsymbol{h}_m^{(l)})^{\mathrm{H}}(\gamma\boldsymbol{I}_N-\boldsymbol{\Phi}_{\mathrm{J},m-l}^{\mathrm{H}}\boldsymbol{W}_j\boldsymbol{\Phi}_{\mathrm{J},m-l})\boldsymbol{h}_m^{(l)}\end{aligned} \tag{8.19}$$

上述两个引理证明与引理 8.1 类似，此处不再赘述。

因此，在第 l 次迭代过程中的波形更新表达式通过求解下述问题得出：

$$\begin{aligned}&\min_{\boldsymbol{x}_m}\quad f'(\boldsymbol{x}_m,\boldsymbol{x}_m^{(l)},\boldsymbol{h}_m^{(l)})\\&\text{s.t.}\quad |x_{nm}|=1,n=1,\cdots,N\end{aligned} \tag{8.20}$$

忽略常数项后，式（8.20）为恒模约束线性规划问题，其解析表达式如下：

$$\boldsymbol{x}_m^{(l+1)}=-\exp(\mathrm{j}\arg(\boldsymbol{y}_m^{(l)})) \tag{8.21}$$

其中：

$$\begin{aligned}\boldsymbol{y}_m^{(l)}=&(\boldsymbol{\Lambda}_m^{\mathrm{H}}\boldsymbol{W}\boldsymbol{\Lambda}_m-\alpha\boldsymbol{I}_N)\boldsymbol{x}_m^{(l)}\\&+\varepsilon(\boldsymbol{h}_m^{(l)}(\boldsymbol{h}_m^{(l)})^{\mathrm{H}}-N\boldsymbol{I}_N)\boldsymbol{x}_m^{(l)}-\varepsilon b_{\max}\boldsymbol{h}_m^{(l)}\end{aligned} \tag{8.22}$$

在第 l 次迭代过程中的非匹配滤波器优化问题为

$$\begin{aligned}&\min_{\boldsymbol{h}_m} \quad f''(\boldsymbol{x}_m^{(l+1)},\boldsymbol{h}_m,\boldsymbol{h}_m^{(l)}) + g'(\boldsymbol{x}_m^{(l+1)},\boldsymbol{h}_m,\boldsymbol{h}_m^{(l)}) \\ &\text{s. t.} \quad \boldsymbol{h}_m^{\mathrm{H}}\boldsymbol{h}_m = N\end{aligned} \tag{8.23}$$

忽略常数项后，式（8.23）为线性规划问题，解如下：

$$\boldsymbol{h}_m^{(l+1)} = \sqrt{\frac{N}{(\boldsymbol{y}_m^{(l+\frac{1}{2})})^{\mathrm{H}}\boldsymbol{y}_m^{(l+\frac{1}{2})}}}\boldsymbol{y}_m^{(l+\frac{1}{2})} \tag{8.24}$$

其中

$$\begin{aligned}\boldsymbol{y}_m^{(l+\frac{1}{2})} = &(\boldsymbol{\Phi}_m^{\mathrm{H}}\boldsymbol{W\Phi} - \beta\boldsymbol{I}_N)\boldsymbol{h}_m^{(l)} \\ &+ (\boldsymbol{x}_m^{(l+1)}(\boldsymbol{x}_m^{(l+1)})^{\mathrm{H}} - N\boldsymbol{I}_N)\boldsymbol{h}_m^{(l)} - \varepsilon b_{\max}\boldsymbol{x}_m^{(l+1)} \\ &+ (\boldsymbol{\Phi}_{\mathrm{J},m-l}^{\mathrm{H}}\boldsymbol{W}_{\mathrm{j}}\boldsymbol{\Phi}_{\mathrm{J},m-l} - \gamma\boldsymbol{I}_N)\boldsymbol{h}_m^{(l)}\end{aligned} \tag{8.25}$$

采用平方迭代法加速式（8.21）和式（8.25）的波形和非匹配滤波器更新表达式，算法可以归纳如算法 8.1 所示。

算法 8.1：抗卷积调制干扰波形设计算法

输入：波形捷变数量 M，非匹配滤波器和波形长度 N

```
m = 1;
利用随机相位编码序列初始化 x_m, h_m
重复
if m < l
      利用零向量对 x_{m-l} 初始化
else
      利用矩阵 X 的第 m-l 个列向量初始化 x_{m-l}
end
   l = 1;
   重复
      更新波形 x_m^{(l+1)};
      平方迭代方法加速更新 x_m^{(l+1)}
      更新波形 h_m^{(l+1)};
      平方迭代方法加速更新 h_m^{(l+1)}
      l = l+1;
   直至收敛
m = m+1;
直至 m = M;
```

输出：波形矩阵 $\boldsymbol{X}$ 和非匹配滤波器矩阵 $\boldsymbol{H}$

8. 2. 2. 2　算法性能分析

首先，根据 BSUM 算法原理，有

$$
\begin{aligned}
f(\boldsymbol{x}_m^{(l)},\boldsymbol{h}_m^{(l)}) &= f'(\boldsymbol{x}_m^{(l)},\boldsymbol{x}_m^{(l)},\boldsymbol{h}_m^{(l)}) \\
&\overset{(i)}{\geqslant} f'(\boldsymbol{x}_m^{(l+1)},\boldsymbol{x}_m^{(l)},\boldsymbol{h}_m^{(l)}) \\
&\overset{(ii)}{\geqslant} f'(\boldsymbol{x}_m^{(l+1)},\boldsymbol{x}_m^{(l+1)},\boldsymbol{h}_m^{(l)}) \\
&= f(\boldsymbol{x}_m^{(l+1)},\boldsymbol{h}_m^{(l)})
\end{aligned}
\tag{8.26}
$$

式中：步骤（i）是由于 $\boldsymbol{x}_m^{(l+1)}$ 是问题（8. 20）的最优解；步骤（ii）则是根据 BSUM 算法原理得到。同理可以得到：

$$
f(\boldsymbol{x}_m^{(l+1)},\boldsymbol{h}_m^{(l)}) + g(\boldsymbol{x}_{m-l},\boldsymbol{h}_m^{(l)}) \geqslant f(\boldsymbol{x}_m^{(l+1)},\boldsymbol{h}_m^{(l+1)}) + g(\boldsymbol{x}_{m-l},\boldsymbol{h}_m^{(l+1)}) \tag{8.27}
$$

并且，由于 $g(\boldsymbol{x}_{m-l},\boldsymbol{h}_m^{(l)})$ 在波形优化过程中是常数，因此易得

$$
f(\boldsymbol{x}_m^{(l)},\boldsymbol{h}_m^{(l)}) + g(\boldsymbol{x}_{m-l},\boldsymbol{h}_m^{(l)}) \geqslant f(\boldsymbol{x}_m^{(l+1)},\boldsymbol{h}_m^{(l)}) + g(\boldsymbol{x}_{m-l},\boldsymbol{h}_m^{(l)}) \tag{8.28}
$$

综合式（8. 28）和式（8. 29）可以得出目标函数值单调递减，即

$$
f(\boldsymbol{x}_m^{(l)},\boldsymbol{h}_m^{(l)}) + g(\boldsymbol{x}_{m-l},\boldsymbol{h}_m^{(l)}) \geqslant f(\boldsymbol{x}_m^{(l+1)},\boldsymbol{h}_m^{(l+1)}) + g(\boldsymbol{x}_{m-l},\boldsymbol{h}_m^{(l+1)}) \tag{8.29}
$$

此外，由于目标函数大于等于 0。根据单调有界准则可得，任意 $l\to\infty$ 得到的 $\boldsymbol{x}_m^{(\infty)}$、$\boldsymbol{h}_m^{(\infty)}$ 均是问题的稳定解。

推论 8. 1：假设函数 h：$\mathbb{R}^N\to\mathbb{R}$ 为光滑函数，若

$$
\nabla h(z^*)^{\mathrm{T}} v \geqslant 0, \forall v \in T_z(z^*) \tag{8.30}
$$

则 z^* 是函数 h 在子集 $Z\subset\mathbb{R}^N$ 上的局部最优点，其中，T_z（z^*）为 z^* 处的正切锥。

因此，算法 8. 1 得到的有限点 $\boldsymbol{x}_m^{(\infty)}$、$\boldsymbol{h}_m^{(\infty)}$ 是式（8. 14）的驻点，相关证明可以参考 6. 4. 3 节。其次，由于波形和非匹配滤波器的更新表达式可通过快速傅里叶变换计算，α、β 和 γ 的计算也可通过快速傅里叶变换得到，算法不包含矩阵向量乘法和矩阵乘法等运算，并且加速方法不会引入更高阶的计算复杂度，因此联合算法计算复杂度中最高阶数为 $O(N\lg N)$。

8. 2. 3　数值仿真

8. 2. 3. 1　可行性分析

假设发射信号时宽为 16μs，带宽 16MHz，即波形和非匹配滤波器码长为

256。干扰信号滞后于目标回波 1 个脉冲重复周期，干扰抑制区域为[-64，64]，干扰频移量为 0MHz，且 LPG 预设值为 -0.1dB。联合设计算法中干扰权值为 5，算法最大迭代次数为 5000 次。作为对比，给出了 Wecan 算法数值仿真结果，正交波形数量为 2，且抑制区域为[-64,64]。

图 8.3 所示为抗卷积调制干扰波形设计算法和 Wecan 算法设计结果。抗卷积调制干扰波形设计算法和 Wecan 算法的运行时间分别为 14.15s 和 460.36s。图 8.3（a）~图 8.3（c）为抗卷积调制干扰波形设计算法的波形与非匹配滤波器的相关水平，图 8.3（d）至图 8.3（f）为 Wecan 算法设计波形的相关水平。由图 8.3 可知，抗卷积调制干扰波形设计算法能够抑制波形的非匹配滤波脉冲压缩全局旁瓣水平，而 Wecan 算法则仅能抑制局部积分旁瓣水平。此外，两种算法均能抑制互相关的局部积分水平，但抗卷积调制干扰波形设计算法得到的结果局部互相关性能明显优于 Wecan 算法。

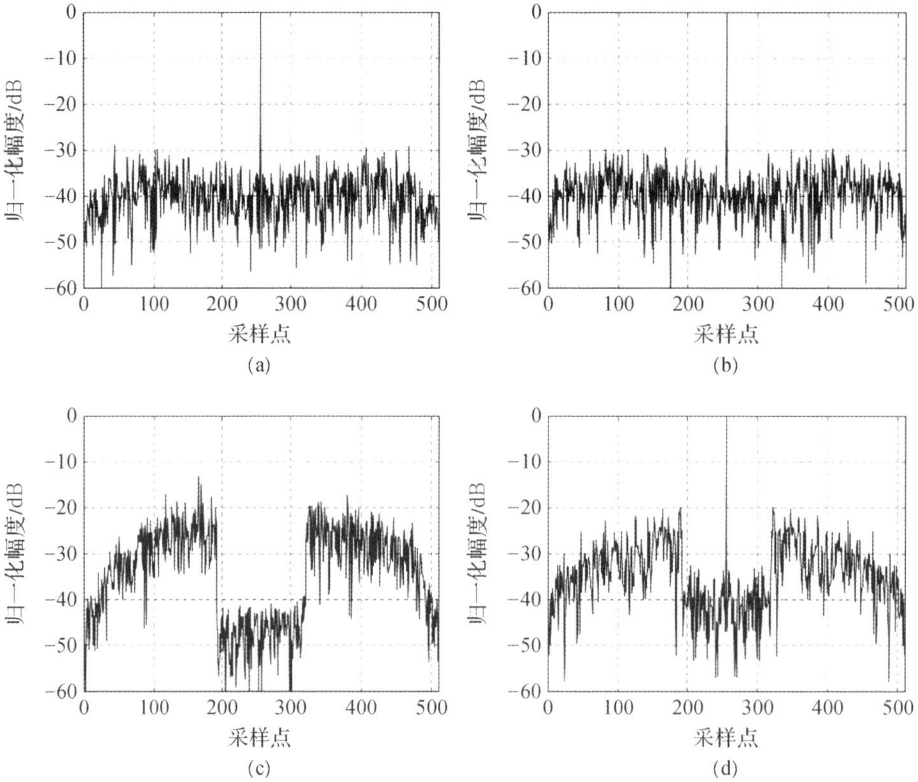

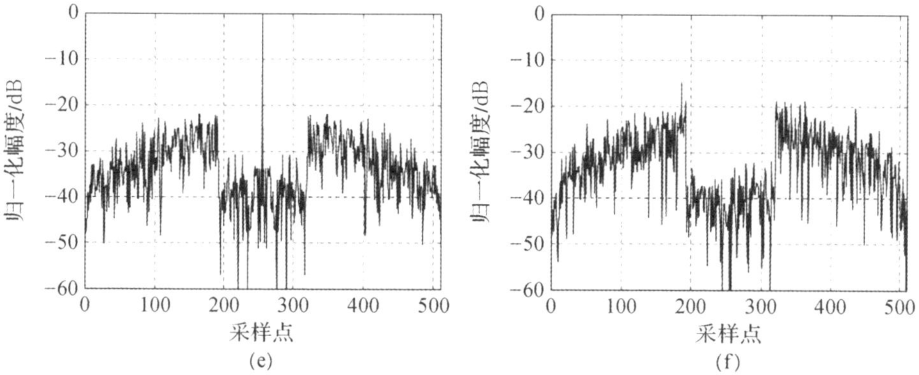

图 8.3　抗卷积调制干扰波形设计算法和 Wecan 算法设计波形的自相关和互相关水平。

(a)~(c) 为抗卷积调制干扰波形设计算法的波形与非匹配滤波器的相关水平；

(d)~(f) 为 Wecan 波形的相关水平。

表 8.1 给出了上述两种设计方法得到波形的 LPG、ISLR、加权积分旁瓣比(weighted intergrated sidelobe levels ratio，WISLR) 和加权互相关积分水平比(weighted crosscorrelation intergrated levels ratio，WCILR)。由表 8.1 可知，抗卷积调制干扰波形设计方法中非匹配滤波导致的 LPG 为 -0.12dB，而 Wecan 算法的 LPG 为 0dB。此外，联合非匹配滤波的波形设计方法具有更高的设计自由度，且仅需抑制前一波形与当前非匹配滤波器的互相关加权积分水平，因此，抗卷积调制干扰波形设计算法得到的 ISLR、WISLR 和 WCILR 性能均优于 Wecan 算法。

表 8.1　联合设计性能评估

方法		LPG	ISLR	WISLR	WCILR
Wecan	x1	0	-2.99	-16.90	—
	x2	0	-3.21	-16.39	—
	x1&x2	—	—	—	-14.69
算法 8.1	x1&h1	-0.12	**-9.99**	**-17.55**	—
	x2&h2	-0.12	**-10.65**	**-17.31**	—
	x1&h2	—	—	—	**-17.68**

综合上述分析，抗卷积调制干扰波形设计算法能够在较小 LPG 的情况下同时获得高脉冲压缩和干扰抑制性能，验证了所提联合设计模型的可行性。相

较于传统 Wecan 算法，抗卷积调制干扰波形设计算法运行速度更快，且同时能够获得更优的脉冲压缩和干扰抑制性能，进而验证算法的优越性。

8.2.3.2 参数分析

本节分析模型中频移量、干扰抑制宽度和权值对脉冲压缩和干扰抑制性能的影响。假设信号时宽 16μs，带宽 16MHz，LPG 预设值为 -1dB。干扰频移量分别为 0MHz、0.5MHz、2MHz 和 4MHz，干扰抑制范围设置为[-64,64]，权值为 20，各频移量分别设计 50 对波形与非匹配滤波器。

图 8.4 为不同干扰频移量下设计的干扰信号与非匹配滤波器的平均互模糊函数。由图可知，不同频移量情况下，联合设计方法均能够在预期设定位置处形成局部凹陷，意味着联合设计方法能够有效抑制干扰。并且，当实际频移量相较于算法预期设置值偏移 ±1kHz 时，仍然能抑制局部区域的 WJILR，说明其具有一定多普勒棒性。

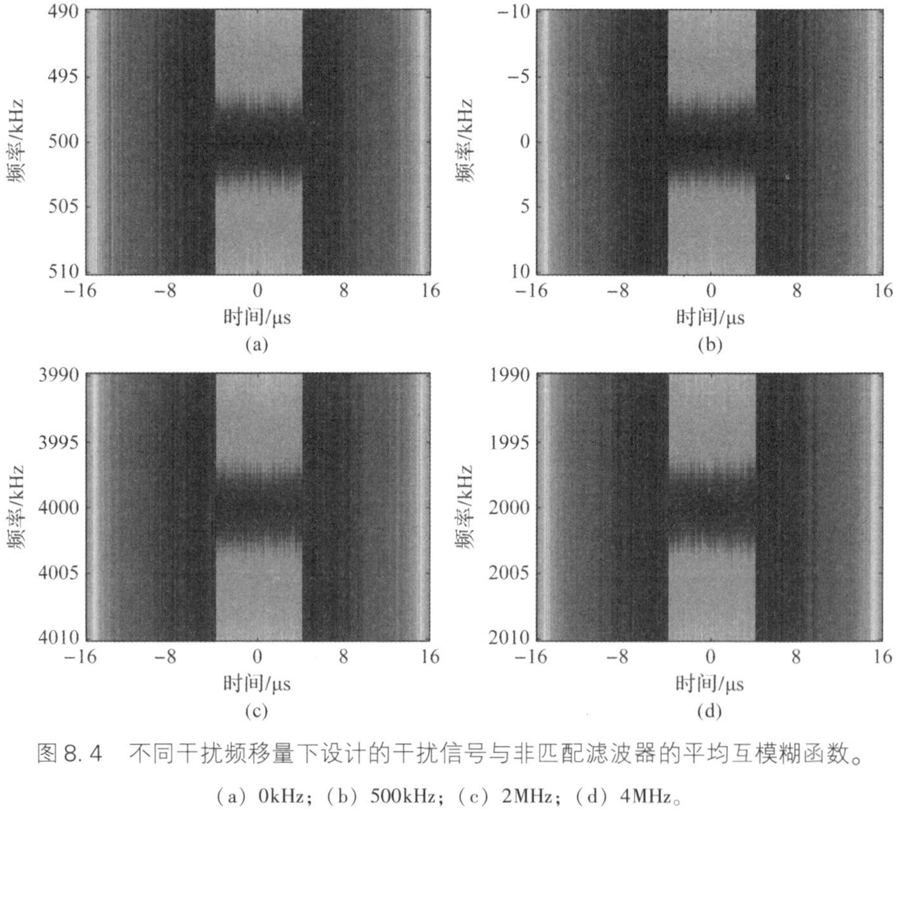

图 8.4　不同干扰频移量下设计的干扰信号与非匹配滤波器的平均互模糊函数。

(a) 0kHz；(b) 500kHz；(c) 2MHz；(d) 4MHz。

表 8.2 为 50 对波形与非匹配滤波器的干扰抑制和脉冲压缩性能。可以发现，不同频移量下 WJILR 和干扰加权峰值水平比（weighted jamming peak levels ratio，WJPLR）性能接近，WJILR 均在 -20dB 以下，WJPLR 均在 -50dB 以下。联合设计波形的非匹配滤波脉冲压缩 LPG 均为 -1.01dB，基本与预设值一致，脉冲压缩的 ISLR 和 PSLR 分别小于 -10.5dB 和 -28.5dB。上述结果表明提出的联合设计方法在频移量先验信息情况下，能够具备抗干扰和高脉冲压缩性能的波形与非匹配滤波器。

表 8.2　联合设计性能

	频移量	0MHz	0.5MHz	2MHz	4MHz
干扰抑制	WJILR	-21.6329	-22.1860	-21.4299	-21.6329
	WJPLR	-51.4378	-51.6503	-51.4613	-51.3037
脉压	LPG	-1.0136	-1.0136	-1.0136	-1.0137
	ISLR	-10.6376	-10.6121	-10.5624	-10.6454
	PSLR	-28.7471	-28.9430	-28.5950	-28.9972

假设干扰频移量设置为 2MHz，干扰权值为 5，干扰抑制宽度比（suppression width ratio，SWR）分别为 66.66%、50%、33.33%、25%、20% 和 16.67%，其余仿真参数与上文一致。图 8.5 为联合设计方法得到的波形与非匹配滤波器脉冲压缩和干扰抑制性能随着 SWR 变化趋势图，由图可知，随着 SWR 的增加，ISLR、PSLR、WJILR 和 WJPLR 值均呈现增加趋势，意味着脉冲压缩性能和干扰抑制性能逐渐下降。可以发现当 SWR 大于 35% 时，ISLR 值大于 -10dB，此时 WJILR 和 WJPLR 分别大于 -20dB 和 -40dB。在联合设计方法中，LPG 为 -1dB 情况下应将抑制区域范围设置在 35% 以内。若需要进一步增益待抑制区域宽度，则进一步降低脉冲压缩 LPG。

假设权值分别为 1、5、10、15 和 20，干扰抑制区域宽度为 25%，LPG 预设值为 -1dB，其余仿真参数与上文一致。图 8.6 为权值对脉冲压缩和干扰抑制性能的影响，由图可知，脉冲压缩 ISLR 和 PSLR 随着权值增加逐渐增加，WJILR 和 WJPLR 则呈现相反的变化趋势。因此，在联合设计模型中，应合适选择权值以权衡脉冲压缩和干扰抑制性能。例如，在本仿真中，将权值设置为 5 时，ISLR 和 PSLR 分别为 -11.37dB 和 -28.87dB，而 WJILR 和 WJPLR 分别为 -21.89dB 和 -51.32dB，能够同时获得高脉冲压缩性能和干扰抑制性能。

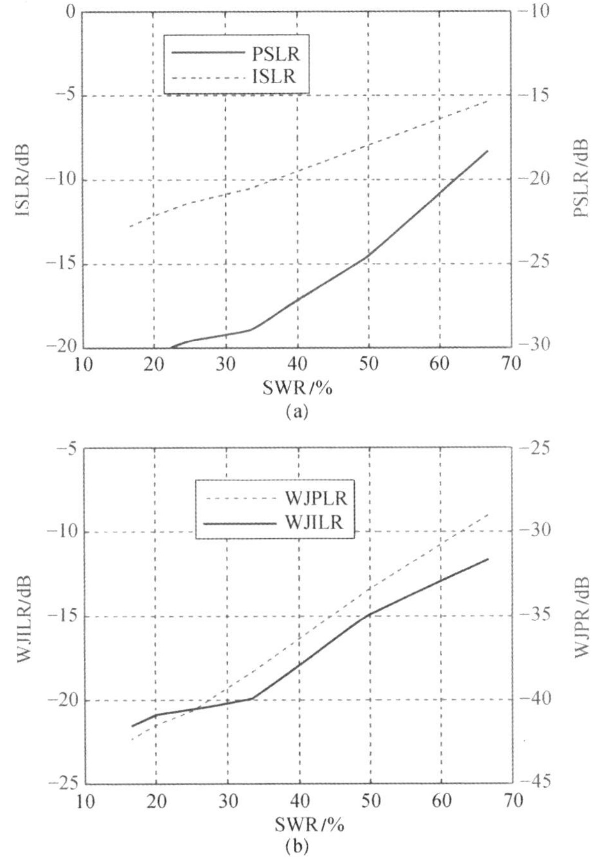

图 8.5　联合设计性能随干扰抑制宽度比变化图

（a）脉冲压缩旁瓣；（b）干扰局部抑制水平。

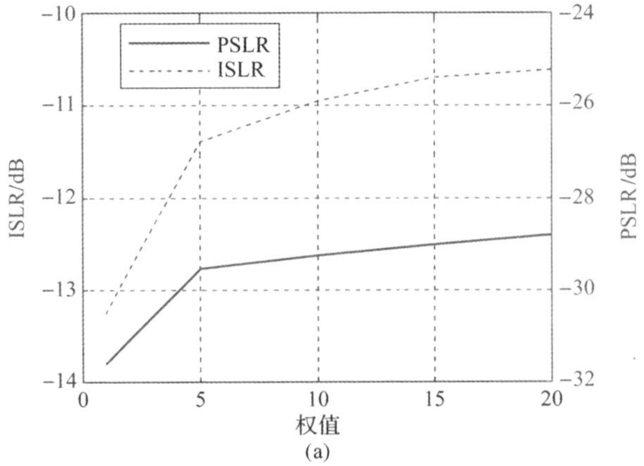

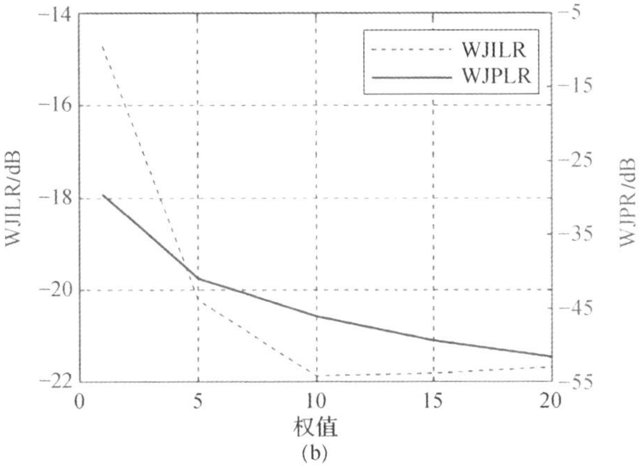

图 8.6 权值对脉冲压缩和干扰抑制性能的影响
(a) 脉冲压缩旁瓣；(b) 干扰局部抑制水平。

8.3 抗卷积调制干扰频率捷变波形

8.3.1 频率随机捷变波形

在第 2 章中讨论了频率步进捷变 SAR 的稀疏微波成像方法。由于 SAR 载频随着方位慢时间步进捷变，方位模糊分量（假目标）可以获得距离向的全部成像处理增益和方位向部分成像处理增益，导致强散射点的模糊分量稀疏成像后为虚假目标。此外，多通道数据成像部分位置无法形成相参积累，故频率步进捷变 SAR 无法改善成像效果。为了提高 SAR 抗干扰稀疏成像的性能，本节阐述频率随机捷变波形，即 $F_{vc}(\eta)$ 是随机函数。

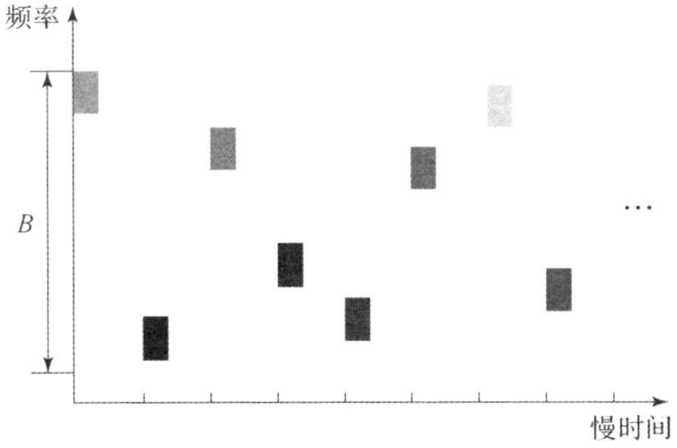

图 8.7 随机捷变频 SAR 载频随慢时间变化图

假设第 i 个频率通道数据可以分解为 K 个欠采样频率对应数据，即，相应的欠采样周期分别为 $f_{sa,i1}$，$f_{sa,i2}$，…，$f_{sa,iK}$。结合式（3.96），第 i 个频点的第 k 个欠采样通道数据脉冲压缩输出为

$$y_{ik}(\eta)=\sum_{n=-\infty}^{\infty}\left\{\frac{1}{2}\mathrm{sinc}\left(\frac{n\pi}{2}\right)\left(1-\frac{|\eta|}{TL_i}\right)\exp(\mathrm{j}n\pi f_{sa,ik}\eta)\cdot\mathrm{sinc}[\pi(nf_{sa,ik}+Ka_i\eta)(TL_i-|\eta|)]\right\} \tag{8.31}$$

第 i 个频率通道的输出为上述各通道数据输出之和。

$$y_i(\eta)=\sum_{k=1}^{K}\sum_{n=-\infty}^{\infty}\left\{\frac{1}{2}\mathrm{sinc}\left(\frac{n\pi}{2}\right)\left(1-\frac{|\eta|}{TL_i}\right)\cdot\mathrm{sinc}[\pi(nf_{sa,ik}+Ka_i\eta)(TL_i-|\eta|)]\cdot\exp(\mathrm{j}n\pi f_{sa,ik}\eta)\right\} \tag{8.32}$$

对于目标而言，其对应为各欠采样通道中 $n=0$ 时对应的分量，因而可表示为

$$u_i(\eta)=\frac{1}{2}\mathrm{sinc}(\pi(Ka_i\eta)(TL_i-|\eta|))\left(1-\frac{|\eta|}{TL_i}\right) \tag{8.33}$$

式（8.33）说明，各等效欠采样通道的目标输出可以直接相参积累，因此目标幅度可以得到加强。方位模糊分量为

$$c_i(\eta)=\sum_{k=1}^{K}\sum_{n=-\infty,n\neq 0}^{\infty}\frac{1}{2}\mathrm{sinc}\left(\frac{n\pi}{2}\right)\left(1-\frac{|\eta|}{TL_i}\right)\cdot\mathrm{sinc}[\pi(nf_{sa,ik}+Ka_i\eta)(TL_i-|\eta|)]\cdot\exp(\mathrm{j}n\pi f_{sa,ik}\eta) \tag{8.34}$$

需要注意的是，第 i 个频点数据的第 k 个和第 m 个欠采样通道之间第一模糊分量之间的距离为

$$\Delta x_{a,i,km}=V\frac{f_{sa,ik}}{\Delta f_{\mathrm{d}}}TL_i-V\frac{f_{sa,im}}{\Delta f_{\mathrm{d}}}TL_i \tag{8.35}$$

由式（8.35）可知，在同一频率通道中，等效欠采样频率差异，其对应的模糊分量位置之间也存在差异，无法形成积累，这意味着不同频率通道的模糊分量能量无法积累。综上，随机捷变频 SAR 成像后，目标分量可以获得与步进捷变频 SAR 几乎相同的积累增益，方位模糊的相参积累增益被进一步减小。在正则化稀疏成像方法中，有利于增强前景感兴趣目标并抑制方位模糊分量，进而提高成像性能。

8.3.2　成像性能仿真

本节通过 X 波段 SAR 仿真实验验证所提方法的可行性，其中机载场景为中国科学院 2004 年采集的 0.5m 分辨率的数据，仿真参数见表 8.3。雷达工作带宽 $B=750\text{MHz}$，瞬时带宽为 250MHz，载频捷变范围为 9.35～9.85GHz。假设在 9.35GHz、9.6GHz 和 9.85GHz 位置处获得 16.66% 欠采样数据量。

表 8.3　机载 SAR 参数

参数	值
飞机高度	10km
多普勒带宽	443Hz
瞬时带宽	250MHz
脉宽	10μs
平台速度	250m/s
斜视角	0°

图 8.8 所示为原始数据 chirp scaling 算法成像结果和 100% 采样数据的单通道稀疏成像结果，其频点为 9.6GHz。场景包括车辆、建筑和道路结构等强散射感兴趣目标，在本组仿真重点分析这三个关键信息的成像性能。由图 8.8 可知，稀疏成像结果提取了图中车辆、建筑和道路边缘等强散射目标，而抑制了弱散射目标，进而验证了基于近似观测稀疏成像的有效性。

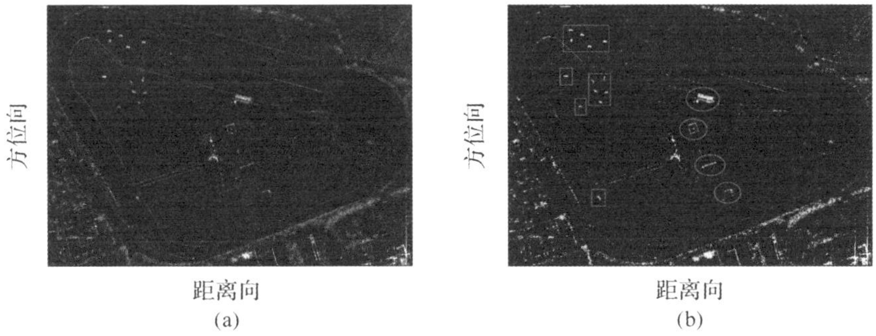

图 8.8　原始成像数据和 100% 采样数据稀疏成像结果

（a）原始图像；（b）稀疏成像结果（见彩插）。

图 8.9 为频率捷变波形 SAR 的单通道、多通道稀疏成像结果。其中，图 8.9（a）和图 8.9（b）分别为步进捷变频和随机捷变频 SAR 16.66% 采样

数据的单通道稀疏成像结果，由图可知，步进捷变频 SAR 稀疏成像结果中包含了大量的虚假车辆和建筑目标，并且道路和车辆结构也被破坏，因此稀疏重构失败。在随机捷变频 SAR 稀疏成像结果中，车辆、建筑等目标被精确重构，并且场景中的虚假目标也被抑制了，因此，相较于步进捷变频 SAR 成像结果，随机捷变频 SAR 的稀疏成像结果性能更优。此外，分别对比图 8.9（c）、（d）和图 8.9（e）、（f）可以发现与上述描述类似的规律，即随机捷变频 SAR 稀疏成像结果中，车辆、建筑和道路的图像和结构等信息均要优于步进捷变频 SAR。因此，在稀疏微波成像方法中，随机捷变频波形要优于步进捷变频波形。

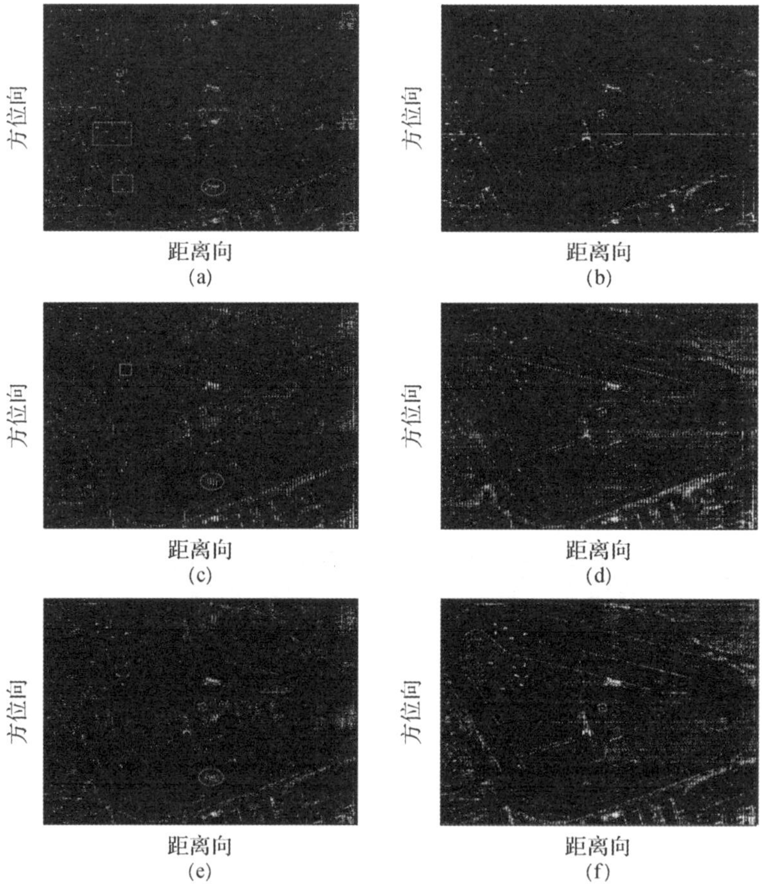

图 8.9　捷变频 SAR 稀疏成像结果（见彩插）

（a）步进捷变频单通道；（b）随机捷变频单通道；

（c）相位补偿前步进捷变频三通道；（d）相位补偿前随机捷变频三通道；

（e）相位补偿后步进捷变频三通道；（f）相位补偿后随机捷变频三通道步进。

在步进捷变频 SAR 中，方位向欠采样率是固定不变的。随着欠采样率的下降，模糊分量与主目标之间的距离越来越小，且由于模糊分量的幅度可以近似为三角函数$(1-|\eta|/TL_i)$，此时模糊分量与目标幅度差异也逐渐缩小。因此，当目标幅度起伏时，方位模糊分量幅度可能会大于真实的弱目标，进而在稀疏 SAR 中形成虚假目标。另外，随机捷变频 SAR 方位欠采样频率可等效为一组欠采样率的组合，不同等效欠采样率的方位模糊分量位置存在差异，而所有的目标在位置和相位上均一致。随机捷变频体制下目标强度与步进捷变频仍然是一致的，而模糊目标强度被抑制。因此，捷变频 SAR 体制可利用稀疏微波成像方法获取强散射点 SAR 图像。

在单通道微波稀疏成像方法中，尽管随机捷变频 SAR 能够得到车辆和建筑的准确图像和结构信息，但是其仍然丢失了道路等关键信息。对比图 8.9（b）和图 8.9（d）可以发现，通过利用三通道频率数据，成像结果不仅准确获取了车辆和建筑的图像信息，同时还能够获取道路结构等信息。对比图 8.9（a）和图 8.9（c），多频率通道稀疏成像结果中的虚假车辆和机动目标均被抑制，并且道路轮廓也被呈现出来。这说明多频率通道 SAR 微波稀疏成像性能要优于单通道稀疏成像结果。

此外，图 8.9（c）和图 8.9（d）中存在明暗交替条纹现象，这不仅导致部分车辆目标无法通过稀疏成像提取，还导致建筑目标结构被严重破坏。由图 8.9（e）可知，成像结果包含了场景中的所有车辆目标图像，且建筑结构也得到了一定改善。在图 8.9（f）中，所有的车辆、建筑和道路轮廓等均被准确成像，并且场景中没有虚假目标。对比可知，相位补偿后多频率通道稀疏成像结果要明显优于相位补偿前的结果。

以图 8.8（b）为参考图像，表 8.4 列出了图 8.9 中成像结果性能，由表可知，在步进捷变频和随机捷变频体制 SAR 中，多通道的稀疏成像结果得亮度、对比度和结构性能均要优于单通道稀疏成像结果。因此，多通道稀疏成像结果的相似度指标值均要大于单通道稀疏成像结果的相似度指标值，这表明多通道稀疏成像结果要优于单通道稀疏成像结果。其次，在相同稀疏成像方法中，随机捷变频体制 SAR 成像结果各项指标值均显著大于步进捷变频 SAR，这表明随机捷变频 SAR 的成像性能要优于步进捷变频 SAR 成像结果。最后，在随机捷变频 SAR 体制中，相位补偿后的稀疏成像结果中亮度、结构和相似度指标值均要大于相位补偿前的稀疏成像结果。但是，相位补偿前的成像结果对比度指标值略大于成像后的对比度指标，这可能是相位补偿前的对消效应。

表 8.4　稀疏成像性能对比

	步进单通道	步进三通道相位补偿前	步进多通道相位补偿后	随机单通道	随机多通道相位补偿前	随机多通道相位补偿后
亮度	0.3865	0.4479	0.4719	0.5115	0.8652	**0.8660**
对比度	0.4395	0.4258	0.5106	0.5218	**0.7737**	0.7675
结构	0.3372	0.4129	0.4094	0.5444	0.5402	**0.6318**
相似度	0.0573	0.0787	0.0986	0.1453	0.3616	**0.4199**

综上所述，在 SAR 微波稀疏成像中，随机捷变频体制要明显优于步进捷变频体制。通过利用多个频率通道数据则可以显著提高稀疏重构概率，并有效改善稀疏微波成像的结果。通过相位补偿则可进一步改善多频率通道 SAR 稀疏成像性能，提高成像探测准确性。

星载 SAR 多通道稀疏成像中场景为高分三号超精细条带 SAR 数据，场景分辨率为 3m。发射信号带宽 80MHz，载频捷变频范围为 5.2 ~ 5.4GHz，多普勒带宽为 2108.7Hz，平台速度 7140m/s。SAR 采用随机捷变频波形，在 5.2GHz、5.3GHz 和 5.4GHz 位置处获得 11.11% 采样数据量。

图 8.10 为 GF-3 星载 SAR 数据成像结果，图 8.10（a）和图 8.10（b）为 5.4GHz 原始场景 100% 和 11.11% 数据单通道稀疏成像结果，图 8.10（c）和图 8.10（d）则分别为相位补偿前后的多通道稀疏成像结果，由图可知，采用 11.11% 采样数据单通道稀疏成像时，基本无法获得标注区域内舰船图像信息，因而稀疏重构失败。由图 8.10（c）和图 8.10（d）可以看出，通过利用三个频率通道的数据，基本已经能够获得大型的舰船目标图像信息，进而验证了三通道稀疏成像的有效性。

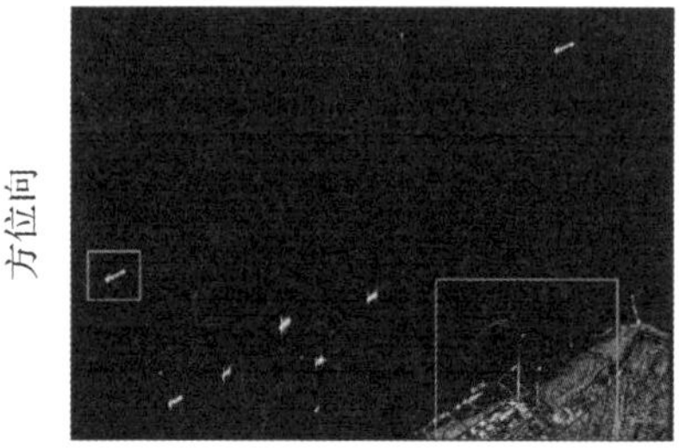

(a)

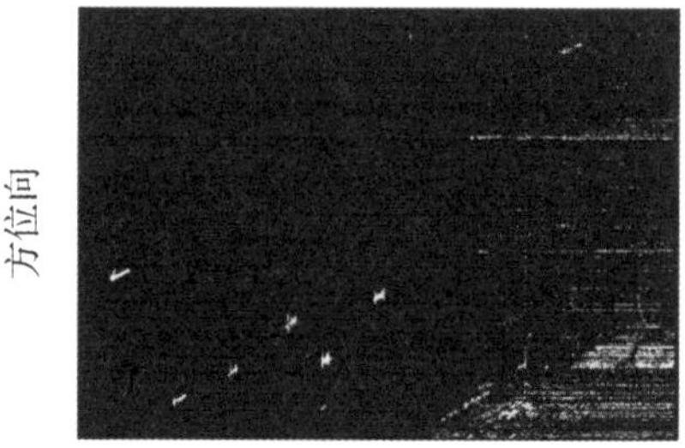

(b)

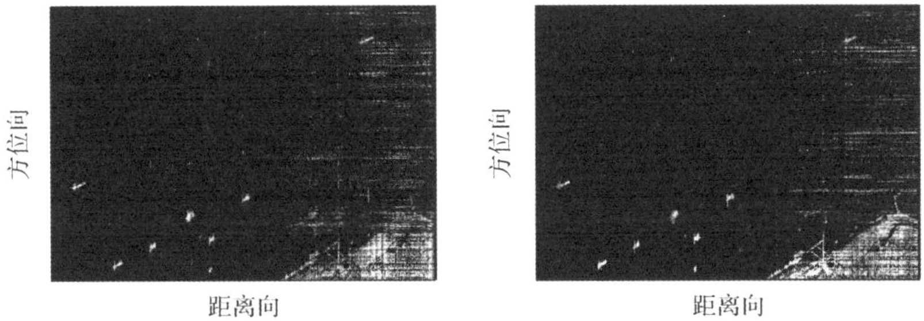

(c)　　(d)

图 8.10　星载 SAR 数据随机捷变频多通道稀疏成像结果

（a）100% 数据稀疏成像；（b）11.11% 数据稀疏成像；

（c）相位补偿前三通道稀疏成像；（d）相位补偿后三通道稀疏成像。

图 8.11（a）~（c）分别为 100% 稀疏重构舰船目标成像结果，11.11% 采样数据三频率通道相位补偿前后的稀疏成像结果，由图可知，三通道稀疏成像方法获取了大型舰船目标图像，并且舰船的外形结构基本得以保留。目视结果可以看出图 8.11（c）的舰船结构连贯性更强，而相位补偿前的结构连贯性破坏更为严重。以图 8.11（a）为基准图像，图 8.11（b）和图 8.11（c）的对比度信息如表 8.5 所示。由表可知，相位补偿后的三通道稀疏成像亮度、结构和相似度指标值均大于相位补偿前稀疏成像结果，这说明相位补偿之后的三通道稀疏成像结果要优于相位补偿前成像结果。

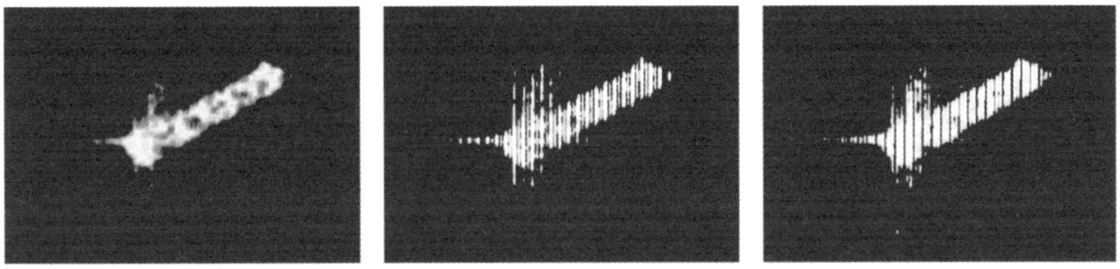

(a)　　(b)　　(c)

图 8.11　星载 SAR 数据随机捷变频局部区域稀疏成像结果

（a）100% 数据稀疏成像；（b）相位补偿前三通道稀疏成像；（c）相位补偿后三通道稀疏成像。

表 8.5　舰船目标对比度信息

	相位补偿前	相位补偿后
亮度	0.8668	**0.8803**
对比度	**0.7026**	0.6933
结构	0.8487	**0.8736**
相似度	0.5169	**0.5332**

综上所述，相较于单通道稀疏成像，多频率通道成像数据能够有效提升稀疏成像的质量。并且经过相位补偿，三通道稀疏成像的性能能够得到进一步提升。

8.4 抗卷积调制干扰 SAR 成像仿真

8.4.1 联合非匹配滤波的抗卷积调制干扰波形

本节分析基于波形捷变与非匹配滤波器设计方法的抗灵巧噪声干扰性能。假设信号带宽为 30MHz，时宽为 40μs，则信号的时宽带宽积为 1200。斜视角为 0°，其余仿真参数见表 3.1。首先利用联合设计算法在 0MHz 和 0. 5MHz 情况下设计 500 对波形与非匹配滤波器，其脉冲压缩和干扰抑制性能如表 8.6 所示。其脉冲压缩 LPG 为 -1.01dB，而 ISLR 分别优于 -10.73dB 和 -10.71dB。WCILR 和加权峰值水平比分别优于 -28dB 和 -56.9dB，而 JILR 均为 -0.23dB。上述结果表明联合设计波形与非匹配滤波器具有良好的干扰抑制和脉冲压缩性能。

表 8.6　时宽带宽积 1200 波形与非匹配滤波器性能

	指标	0MHz	0.5MHz
干扰抑制	WJILR	-28.05	-28.19
	JILR	-0.23	-0.23
	WJPLR	-57.05	-56.99
脉冲压缩	LPG	-1.01	-1.01
	ISLR	-10.73	-10.71
	PSLR	-34.71	-34.68

假设场景中央设置五个点目标，点目标距离和方位向间隔均为 100m。干扰机频移量为 0MHz，等效位于场景中心位置，成像前干信比为 40dB。灵巧噪声干扰模板为随机噪声，即干扰信号方位向不相关。图 8.12 为 500 个波形捷变时的成像结果，可发现干扰信号成像后能量分布于距离场景中心 1500m 以外的区域，而中心区域 3000m 范围则几乎未受干扰影响。图 8.12（b）所示的成像结果表明，在干信比 40dB 情况下，仍能获得场景中心的目标图像，且图中标注区域的成像后干信比为 -23.07dB。

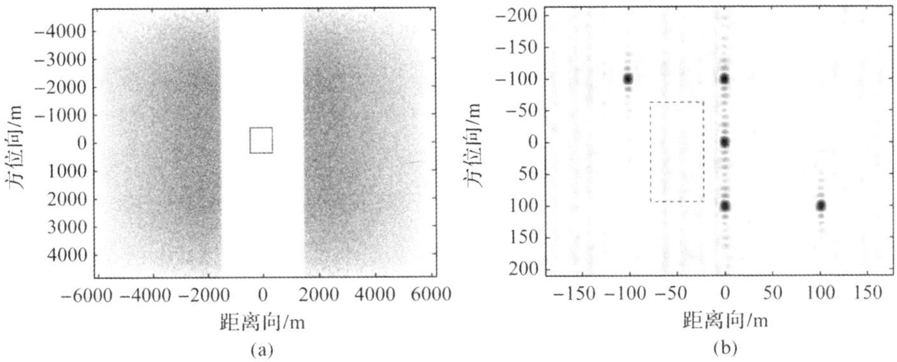

图8.12　捷变数量500时点目标成像结果

（a）点目标成像结果；（b）点目标成像局部结果。

假设灵巧噪声干扰噪声模板为慢时间带限噪声，点目标间距设置为50m，干扰机频移量为0.5MHz，其余参数与上文保持一致。作为对比，分别仿真了OFDM－LFM和正负极性捷变波形的抗干扰成像结果。其中，OFDM－LFM波形为数量为100。图8.13为灵巧噪声干扰下点目标成像结果，由图可知，当

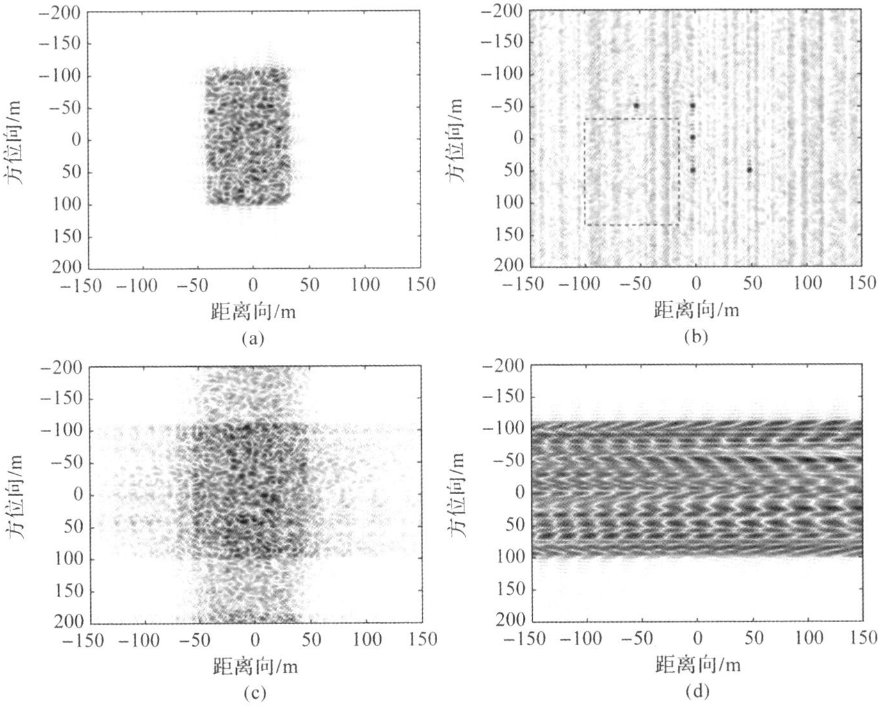

图8.13　灵巧噪声干扰下点目标成像结果

（a）LFM波形；（b）抗干扰信号；（c）OFDM－LFM信号；（d）正负极性捷变波形。

SAR 发射 LFM 波形时，干扰形成距离向 86m、方位向 235m 的面状压制干扰，且点目标均被压制。雷达发射 OFDM LFM 和正负极性捷变 LFM 波形时，干扰图像沿距离和方位向展宽，但此时仍无法获得场景中心点目标图像。而 SAR 发射抗干扰波形时，则能够获得场景中心五个目标的图像，且抗干扰成像结果中干信比为 -13.38dB。

为进一步分析抗灵巧噪声干扰成像结果，给出目标场景抗干扰成像结果。如图 8.14 所示，面目标场景为 radarsat-1 数据，仿真参数如表 3.1 所示。成像前干信比为 5dB。灵巧噪声干扰的噪声模板方位向为带限噪声，其低通滤波器截止频率为 100Hz，快时间噪声时宽为 5.3μs。采用时域逐点叠加方法产生 SAR 回波。

图 8.14　原始图像

图 8.15 所示为灵巧噪声干扰情况下不同波形的 SAR 成像结果。由图可知，LFM 波形成像结果中，灵巧噪声产生了面状压制干扰，其距离和方位向压制宽度分别为 800 米和 830 米，场景中两个桥梁目标均被压制。当雷达发射正负极性调频和 OFDM-LFM 波形时，灵巧噪声干扰形成条带状干扰，场景中桥梁目标仍受到干扰。利用联合设计的波形与非匹配滤波器则能够实现抗卷积调制干扰 SAR 成像，且桥梁目标成像性能最优。

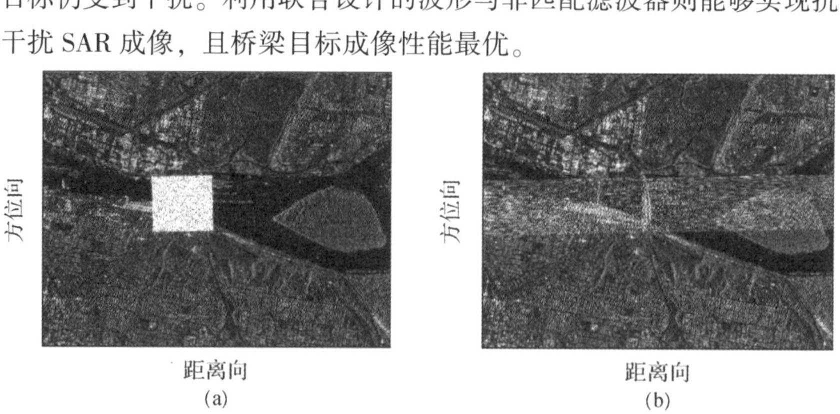

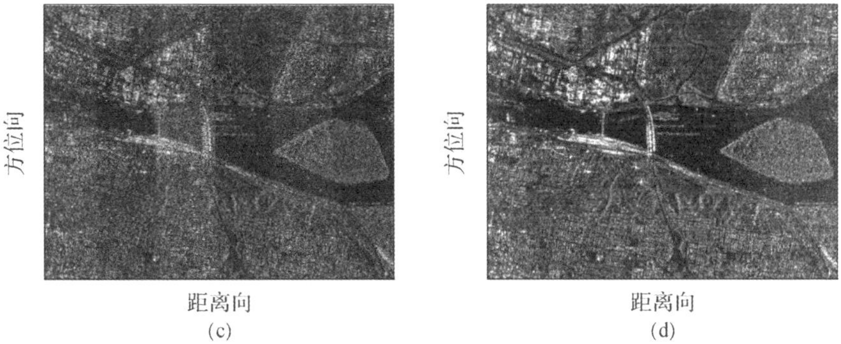

图 8.15　灵巧噪声干扰下不同波形成像结果

（a）LFM 波形；（b）正负极性捷变波形；（c）OFDM - LFM 波形；（d）抗干扰波形。

为进一步评估成像性能，分析 LFM 波形中灵巧噪声压制区域范围的相似度和 PSNR 指标。由于 LFM 波形中，桥梁区域均已被压制，因此不评估其成像质量。SAR 发射极性捷变 LFM 波形时，相似度和 PSNR 分别为 0.71 和 27.60，而发射 OFDM - LFM 时，相似度和 PSNR 分别为 0.66 和 27.47。采用联合设计的波形与非匹配滤波器时，相似度和 PSNR 分别为 0.98 和 30.60。上述结果表明，相较于传统的极性捷变 LFM 和 OFDM - LFM 波形，设计的抗干扰波形与非匹配滤波器具有更好的干扰抑制性能。

同时利用维纳滤波器滤除成像结果中干扰引入的类低频噪声，以进一步提高图像质量。图 8.16（a）为滤波处理前的抗干扰成像结果，图 8.16（b）为维纳滤波器处理后的结果。以原始无干扰图像为参考，滤波处理前的成像结果

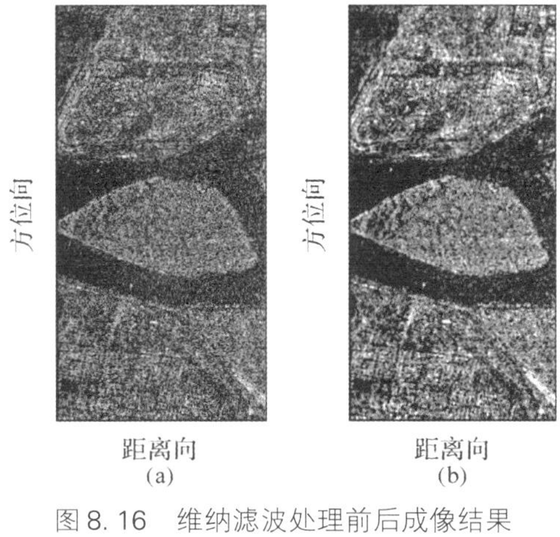

图 8.16　维纳滤波处理前后成像结果

（a）滤波前；（b）滤波后。

相似度和 PSNR 分别为 0.73dB 和 28.17dB，而滤波处理后的相似度和 PSNR 分别为 0.80dB 和 29.00dB。结果表明，提出的联合抗干扰方法会导致抑制区域以外的成像结果性能下降，但经过维纳滤波处理后可以进一步提高成像性能。因此，所提出的方法能够有效提升对感兴趣的抗干扰成像性能，同时对干扰抑制区域以外的成像性能影响也比较小。

由于假设在 1 个脉冲重复周期时延情况下，设计波形与非匹配滤波器，因此有必要分析时延误差时成像性能。图 8.17 给出了干扰机时延存在误差时的抗干扰波形与非匹配滤波器成像结果，其中时延为两个脉冲重复周期，由图可知，此时仍然可以获得场景中两个桥梁的 SAR 图像，且成像结果的相似度和 PSNR 分别为 0.78dB 和 29.10dB。这是由于抗卷积调制干扰波形设计方法采用波形捷变方法，因此干扰信号与当前脉冲重复周期的非匹配滤波器仍然是失配的，无法获得距离向成像处理增益，且波形捷变使得干扰信号无法获得方位向成像处理增益。上述结果表明，抗卷积调制干扰波形设计方法在时延存在误差时，仍能获得感兴趣区域的抗干扰 SAR 成像结果，进而证明了方法对时延的鲁棒性。

图 8.17　时延为两个脉冲重复周期时成像结果

8.4.2　抗卷积调制干扰频率随机捷变波形

为了评估脉间频率捷变 SAR 的抗干扰性能，评估灵巧噪声干扰下的脉间频率捷变 SAR 成像性能。由于脉间频率随机捷变 SAR 的成像性能优于脉间频率步进捷变 SAR，因此，本节仅评估脉间频率随机捷变波形的抗干扰性能。在脉间频率随机捷变 SAR 干扰信号仿真中，首先考虑干扰机能否截获 SAR 信号。其次，考虑干扰机时延引起的干扰信号在 SAR 接收机中的频率失配问题，即只有干扰信号和目标回波载频相同时，其才可以进入 SAR 接收机。在抗灵巧卷积噪声干扰评估中，所使用的仿真场景为 8. 3. 2 节的机载场景。

脉间载频数为 6，相邻载频之间间隔为 250MHz，即载频分别为 8. 85GHz、9. 1GHz、9. 35GHz、9. 6GHz、9. 85GHz 和 10. 1GHz。干扰机工作频点为 9. 1GHz，干扰机瞬时带宽为 250MHz，信干比为 -25dB，干扰机引入的时延为两个脉冲重复间隔时间。噪声模板的快时间宽度为 0. 4μs。在窄带干扰机情况中，干扰机仅在快时间卷积随机噪声，即干扰信号脉间不具有相关性，因而所形成的干扰效果为条带压制效果。作为对比，同时给出了传统 SAR 载频固定时灵巧噪声干扰下的成像结果。

图 8. 18 为灵巧噪声干扰下的 SAR 成像结果。图 8. 18（b）使用的三个通道数据对应载频分别为 9. 35GHz、9. 6GHz、9. 85GHz。由图 8. 18（a）可知，灵巧噪声干扰会对 SAR 产生压制条带干扰，干扰条带内的车辆目标均被压制。由图 8. 18（b）可知，通过选择不包含干扰信号的通道数据，灵巧噪声干扰无法实现对场景中目标的压制，其中标记条带位置的相似度指标值为 0. 5174。这说明通过选择无干扰频带的回波可实现目标的成像探测，进而提高 SAR 抗干扰性能。

图 8. 18　灵巧噪声干扰下的 SAR 成像结果

（a）LFM 波形；（b）频率捷变稀疏成像结果。

分析宽带干扰机情况下脉间频率随机捷变 SAR 的抗干扰效果，即干扰机能够截获所有载频对应的 SAR 发射信号。此外，由于传统灵巧噪声干扰方法脉间去除了相关性，因此无法获得方位向的信号处理增益。其距离向的扩展范围与传统灵巧噪声干扰方式一致，本仿真中快时间噪声时宽仍为 0. 4μs。而噪声模板的慢时间带宽为 75Hz，即方位向压制长度为 100m，信干比为 -5dB。

图 8. 19 为新型灵巧噪声干扰下的 SAR 成像结果。在传统 LFM 波形 SAR

中，新型的灵巧噪声干扰信号能够形成面状压制干扰。灵巧噪声干扰使得压制干扰范围内的车辆目标无法识别，且道路轮廓被损坏。在脉间频率随机捷变 SAR 中，由于脉间载频随慢时间变化，因而干扰机截获到 SAR 信号调制转发后，干扰信号仍无法进入 SAR 回波中。因此，脉间频率捷变 SAR 的稀疏成像结果几乎未受到干扰，且能够获得灵巧干扰预期压制范围内的车辆目标。

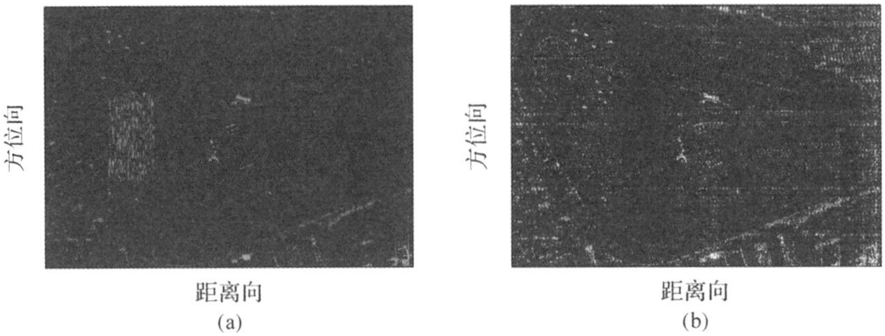

图 8.19　新型灵巧噪声干扰下的 SAR 成像结果

（a）LFM 波形；（b）频率捷变稀疏成像结果。

分析脉间频率随机捷变 SAR 抗欺骗干扰的性能。在欺骗干扰中，为了达到尽可能逼真的欺骗干扰效果，干扰信号的功率应接近于真实回波的功率。因此信干比设置为 0dB。真实目标场景为图 8.10 中的原始数据。欺骗干扰相较于真实回波的时延为六个脉冲重复时间。在传统 SAR 中，载频为 5.4GHz，而脉间频率捷变 SAR 中，载频范围为 5.1～5.9GHz，共计九个频点。载频捷变方式为随机，各频点对应的回波数据欠采样率为 11.11%。

图 8.20 为传统 SAR 和脉间频率随机捷变 SAR 在欺骗干扰下的成像结果，图 8.20（b）为相位补偿后的三通道稀疏微波成像结果。传统 SAR 的载频固定，欺骗干扰信号经过若干脉冲重复时间间隔到达 SAR 接收机后，与真实目标回波的载频仍然是相同的，因此干扰信号与 SAR 接收机之间不存在失配问题。由图 8.20（a）可知，欺骗干扰在场景中形成了逼真的虚假场景，导致场景中的舰船目标被欺骗场景覆盖。而在脉间频率随机捷变 SAR 中，由于欺骗干扰信号与 SAR 干扰机之间的失配，进而导致大部分欺骗干扰信号未能进入 SAR 回波中。图 8.20（b）所示的稀疏成像结果中欺骗场景被抑制，且得到了准确的真实的舰船目标图像。因此，上述对比仿真进一步验证了本章脉间频率捷变波形设计抑制 SAR 卷积调制干扰的有效性。

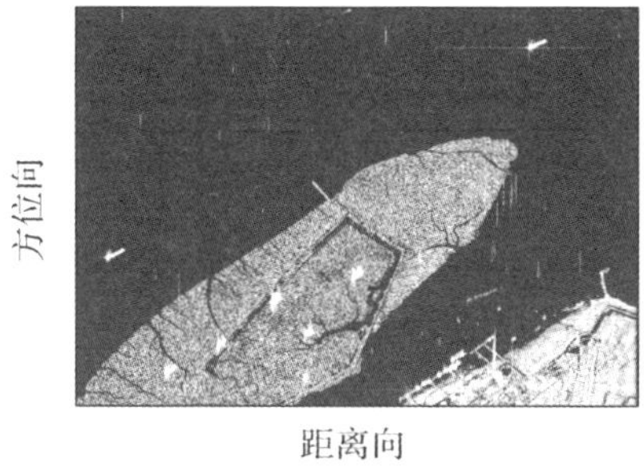

(a)

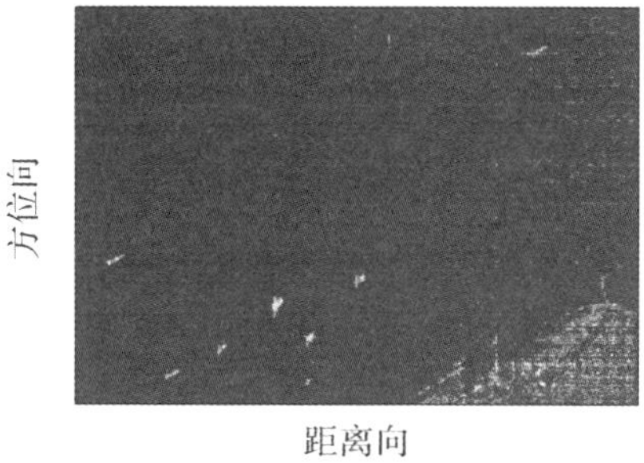

(b)

图 8.20　欺骗干扰下的 SAR 成像结果

(a) LFM 波形；(b) 频率捷变稀疏成像结果。

8.5　本章小结

本章阐述了抗卷积调制干扰的波形设计原理，包括波形捷变抑制成像处理增益、非匹配滤波器抑制局部干扰能量和频率捷变抑制干扰能量三部分。阐述了联合非匹配滤波捷变波形的抗卷积调制干扰问题建模、算法推导和模型参数分析，并通过仿真结果验证了联合非匹配滤波的抗卷积调制干扰方法的有效性。阐述了脉间频率随机捷变波形设计方法，通过理论分析与仿真验证其能够获得更优的稀疏恢复性能。最后，通过数值仿真验证了联合非匹配滤波的捷变波形和频率随机捷变波形抗卷积调制干扰性能。

参考文献

[1] Ian G Cumming, Frank H Wong. Digital Processing of Synthetic Aperture Radar Data: Algorithms and implementation [M]. 2004.

[2] 邓云凯，禹卫东，张衡，等. 未来星载SAR技术发展趋势 [J]. 雷达学报，2020，9 (1)：1 -33.

[3] Bolte J, Pauwels E. Majorization - minimization procedures and convergence of SQP methods for semi - algebraic and tame programs [J]. Mathematics of Operations Research, 2014, 41 (2).

[4] 胡东辉，吴一戎. 合成孔径雷达散射波干扰研究 [J]. 电子学报，2002，30 (12)：1882 -1884.

[5] 刘业民，刘忠，代大海. 散射波干扰对合成孔径雷达成像干扰效果的分析 [J]. 电子学报，2011，26 (2)：400 -406，414.

[6] 李永祯，黄大通，邢世其，等. 合成孔径雷达干扰技术研究综述 [J]. 雷达学报，2020，9 (5)：封2，753 -764.

[7] 黄洪旭，黄知涛，周一宇. 对合成孔径雷达的随机移频干扰 [J]. 信号处理，2007，23 (1)：41 -45.

[8] 黄洪旭，黄知涛，吴京，等. 对合成孔径雷达的步进移频干扰 [J]. 宇航学报，2011，32 (4)：898 -902.

[9] 畅鑫，董春曦，唐峥钊，等. 对SAR的脉间周期式移频调制干扰 [J]. 电子与信息学报，2018，40 (02)：470 -478.

[10] 王雪松，刘建成，张文明，等. 间歇采样转发干扰的数学原理 [J]. 中国科学E辑：信息科学，2006 (08)：891 -901.

[11] Feng D, Tao H, Yang Y, et al. Jamming de - chirping radar using interrupted - sampling repeater [J]. Science China. Information sciences, 2011, 54 (10): 2138 -2146.

[12] 吴晓芳，王雪松，卢焕章. 对SAR的间歇采样转发干扰研究 [J]. 宇航学报，2009，30 (5)：2043 -2048.

[13] 杨伟宏，陈永光，王涛. 对波形捷变SAR的间歇采样快/慢时间调制干扰 [J]. 系统工程与电子技术，2012，34 (12)：2456 -2462.

[14] 张静克，代大海，邢世其，等. 对调频斜率极性捷变SAR间歇采样转发干扰效果分析 [J]. 系统工程与电子技术，2015，37 (5)：1029 -1034.

[15] 吴其华. 宽带雷达信号间歇采样调制方法及应用研究 [D]. 国防科技大学，2019.

[16] 吴晓芳. SAR - GMTI运动调制干扰技术研究 [D]. 长沙：国防科学技术大学，2009.

[17] 王雪松，肖顺平，李永祯，等. 合成孔径雷达微动干扰 [M]. 科学出版社，2016.

[18] 刘业民，刘忠，代大海，等. 基于微动调制的间歇采样转发干扰研究 [J]. 宇航学报，2011，32

(11): 2417 - 2424.

[19] 王盛利，于立，倪晋麟，等. 合成孔径雷达的有源欺骗干扰方法研究 [J]. 电子学报，2003，31 (12): 1900 - 1902.

[20] 赵博. 合成孔径雷达欺骗干扰方法研究 [D]. 西安：西安电子科技大学，2015.

[21] 周超，刘泉华，胡程. 间歇采样转发式干扰的时频域辨识与抑制 [J]. 雷达学报，2019，8 (01): 100 - 106.

[22] 刘永才. 对多模式高分辨合成孔径雷达的大场景欺骗干扰技术研究 [D]. 国防科技大学，2017.

[23] Sun Q, Shu T, Yu K, et al. A Novel deceptive jamming method against two - channel SAR - GMTI based on two jammers [J]. IEEE sensors journal, 2019, 19 (14): 5600 - 5610.

[24] Natsuaki R, Motohka T, Watanabe M, et al. An autocorrelation - based radio frequency interference detection and removal method in azimuth - frequency domain for SAR image [J]. IEEE Journal of Selected Topics in Applied Earth Observations and Remote Sensing, 2017, 10 (12): 5736 - 5751.

[25] 吕波，冯起，张晓发，等. 对 SAR 的随机脉冲卷积干扰研究 [J]. 中国电子科学研究院学报，2008 (03): 276 - 279.

[26] 房明星，王杰贵，雷磊. SAR 雷达二维噪声卷积调制干扰研究 [J]. 现代防御技术，2014，42 (2): 139 - 144, 160.

[27] 黄大通，邢世其，刘业民，等. 基于噪声卷积调制的 SAR 虚假信号生成新方法 [J]. 雷达学报，2020，9 (5): 898 - 907.

[28] Zhang S, Xing M, Guo R, et al. Interference suppression algorithm for SAR based on time - frequency transform [J]. IEEE Transactions on Geoscience and Remote Sensing, 2011, 49 (10): 3765 - 3779.

[29] Zhou F, Tao M, Bai X, et al. Narrow - band interference suppression for SAR based on independent component analysis [J]. IEEE Transactions on Geoscience and Remote Sensing, 2013, 51 (10): 4952 - 4960.

[30] Tao M, Zhou F, Zhang Z. Wideband interference mitigation in high - resolution airborne synthetic aperture radar data [J]. IEEE Transactions on Geoscience and Remote Sensing, 2016, 54 (1): 74 - 87.

[31] Huang Y, Liao G, Zhang L, et al. Efficient narrowband RFI mitigation algorithms for SAR systems with reweighted tensor structures [J]. IEEE Transactions on Geoscience and Remote Sensing, 2019, 57 (11): 9396 - 9409.

[32] Zhao B, Huang L, Li J, et al. Target reconstruction from deceptively jammed single - channel SAR [J]. IEEE Transactions on Geoscience and Remote Sensing, 2018, 56 (1): 152 - 167.

[33] 甘荣兵，王建国，何川. 双路对消抑制对合成孔径雷达的弹射式干扰 [J]. 信号处理，2005，21 (1): 27 - 30.

[34] 于春锐，张永胜，董臻，等. SAR 有源压制干扰抑制效果评估方法研究 [J]. 应用基础与工程科学学报，2012，20 (4): 725 - 738.

[35] 郭睿，孙光才，王玉，等. 极化 SAR 中的有源干扰抑制分析_郭睿 [J]. 宇航学报，2010，32 (6): 1365 - 1372.

[36] Soumekh M. SAR - ECCM using phase - perturbed LFM chirp signals and DRFM repeat jammer

penalization [J]. IEEE transactions on aerospace and electronic systems, 2006, 42 (1): 191 - 205.

[37] Wang W. MIMO SAR OFDM chirp waveform diversity design with random matrix modulation [J]. IEEE Transactions on Geoscience and Remote Sensing, 2015, 53 (3): 1615 - 1625.

[38] 代大海，王雪松，肖顺平. PolSAR 有源假目标干扰的鉴别与对消 [J]. 电子学报，2007，35 (9): 1779 - 1783.

[39] He H, Li J, Stoica P. Waveform design for active sensing systems: a computational approach [M]. N. Y., U. S.: Cambridge University Press, 2012.

[40] Wu L, Babu P, Palomar D P. Transmit waveform/receive filter design for MIMO radar with multiple waveform constraints [J]. IEEE Transactions on Signal Processing, 2018, 66 (6): 1526 - 1540.

[41] Akhtar J. Orthogonal block coded ECCM schemes against repeat radar jammers [J]. IEEE Transactions on Aerospace and Electronic Systems, 2009, 45 (3): 1218 - 1226.

[42] Zhou K, Li D, Song X, et al. A method of improving the correlation properties of OFDM chirp waveform diversity [J]. IEEE Geoscience and Remote Sensing Letters, 2021, 28 (9): 1550 - 1554.

[43] Imani S, Nayebi M M. A coordinate descent framework for beampattern design and waveform synthesis in MIMO radars [J]. IEEE Transactions on Aerospace and Electronic Systems, 2021: 57 (6). 3552 - 3562.

[44] STOICA P, HE H, LI J. New algorithms for designing unimodular sequences with good correlation properties [J]. IEEE Transactions on Signal Processing, 2009, 57 (4): 141 5 - 1425.

[45] Soltanalian M, Stoica P. Computational design of sequences with good correlation properties [J]. IEEE transactions on signal processing, 2012, 60 (5): 2180 - 2193.

[46] Esmaeili - Najafabadi H, Ataei M, Sabahi M F. Designing sequence with minimum PSL using chebyshev distance and its application for chaotic MIMO radar waveform design [J]. IEEE Transactions on Signal Processing, 2017, 65 (3): 690 - 704.

[47] Naghsh M M, Soltanalian M, Stoica P, et al. A doppler robust design of transmit sequence and receive filter in the presence of signal - dependent interference [J]. IEEE Transactions on Signal Processing, 2014, 62 (4): 772 - 785.

[48] Zhang J, Xu H, Liu W, et al. Joint design of transmit weight sequence and receive filter for improved target information acquisition in high - resolution radar [J]. IEEE Transactions on Geoscience and Remote Sensing, 2022, 60: 1 - 14.

[49] Zhao D, Wei Y, Liu Y. PCFM radar waveform design with spectral and correlation considerations [J]. IEEE Transactions on Aerospace and Electronic Systems, 2017, 53 (6): 2885 - 2898.

[50] 全英汇，方文，沙明辉，等. 频率捷变雷达波形对抗技术现状与展望 [J]. 系统工程与电子技术，2021，43 (11): 3126 - 3136.

[51] Nadav Levanon, Mozeson E. Radar Signals [M]. Hoboken, New Jersey.: John Wiley Sons, Inc., 2004.

[52] 吴一戎，洪文，张冰尘. 稀疏微波成像导论 [M]. 北京：科学出版社，2018

[53] Bolte J E O, Sabach S, Teboulle M. Proximal alternating linearized minimization for nonconvex and nonsmooth problems [J]. Mathematical Programming, 2014, 1 (1): 459 - 494.

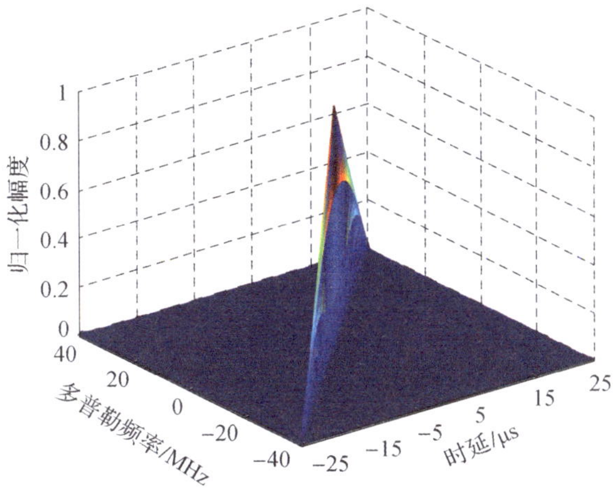

图 2.3　LFM 波形模糊函数

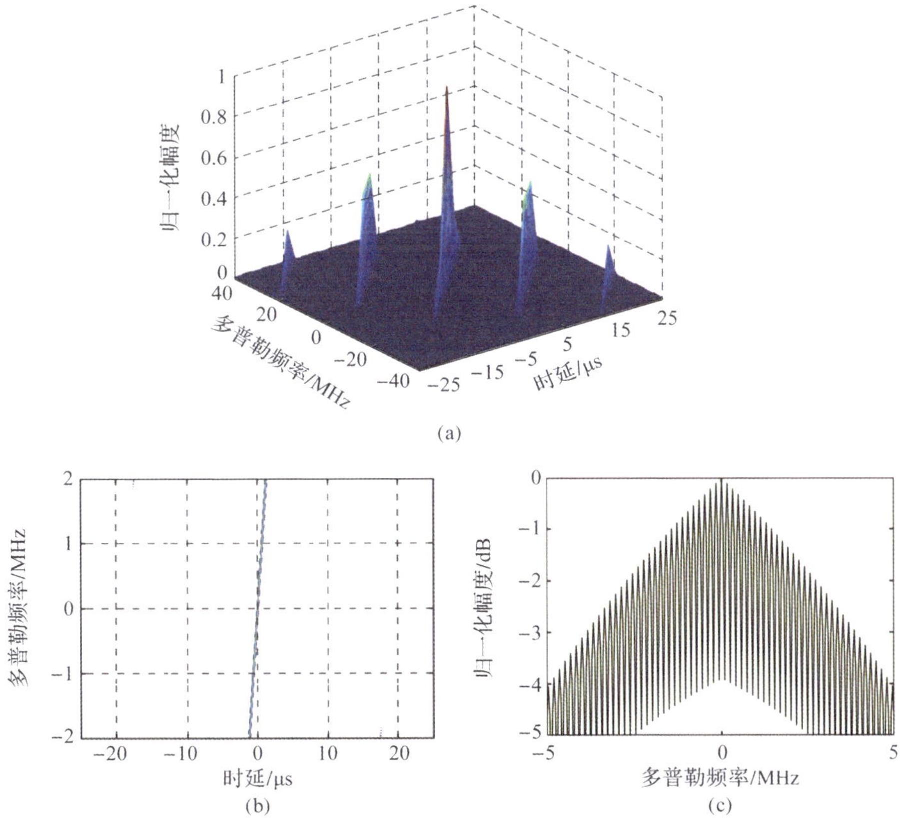

图 2.7　OFDM－LFM 波形（三）

（a）模糊函数三维图；（b）模糊函数等高线图；（c）模糊函数零时延切片结果。

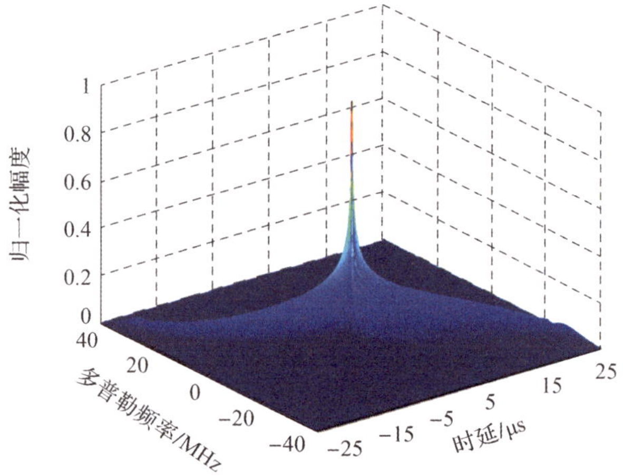

图 2. 10　非线性调频波形模糊函数

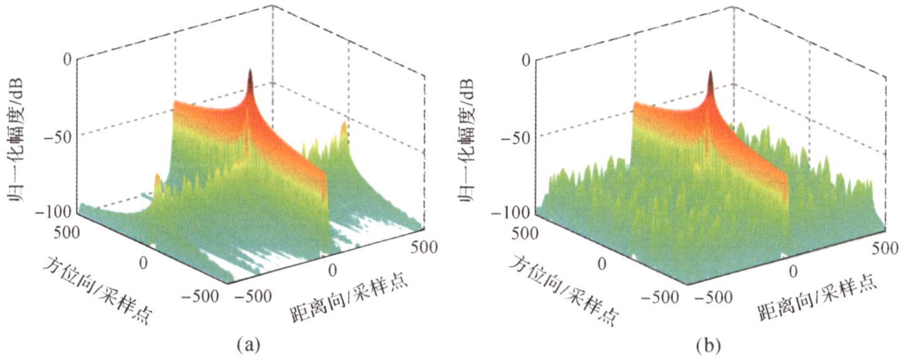

图 3. 6　捷变波形 SAR 点目标成像结果

（a）捷变数量 10；（b）捷变数量 100。

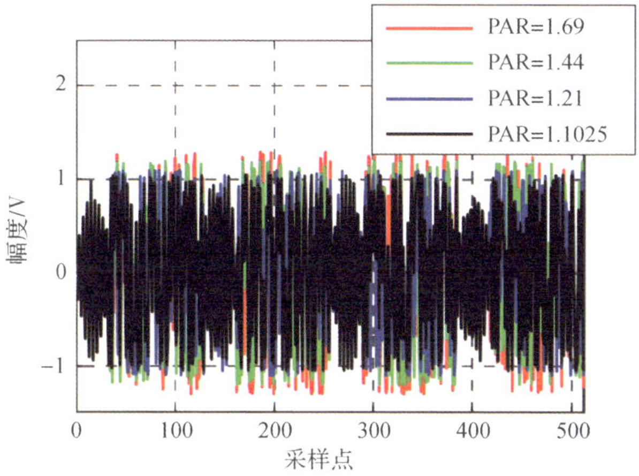

图 5.5　不同 PAR 约束波形实部图

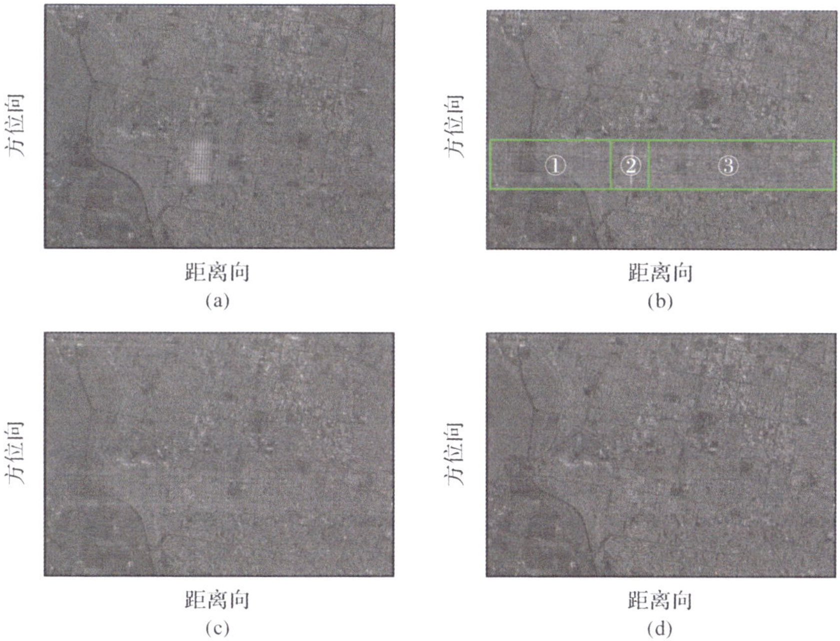

图 5.13　抗有源微动调制间歇采样转发干扰成像结果

（a） LFM 波形受干扰成像结果；（b） 低旁瓣波形受干扰匹配滤波成像结果；（c） 低旁瓣波形受干扰非匹配滤波成像结果；（d） 联合设计波形受干扰成像结果。

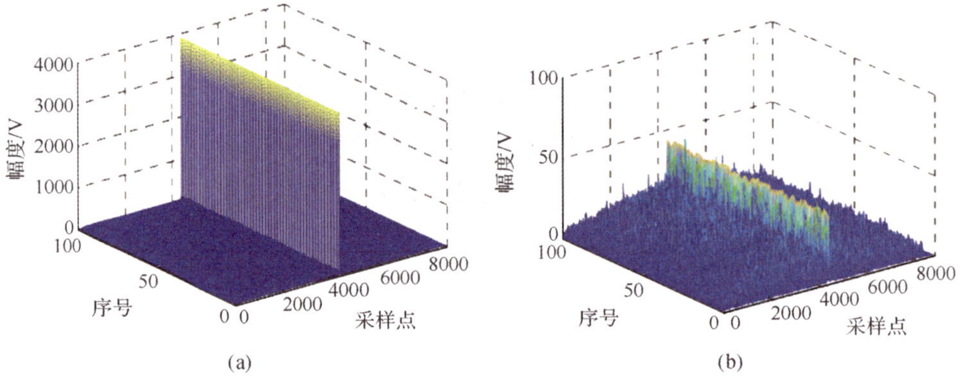

图 5.14　第一种情况下设计的 100 个恒模波形与对应干扰信号的非匹配滤波输出

（a）波形的非匹配滤波输出结果；（b）干扰信号的非匹配滤波输出结果。

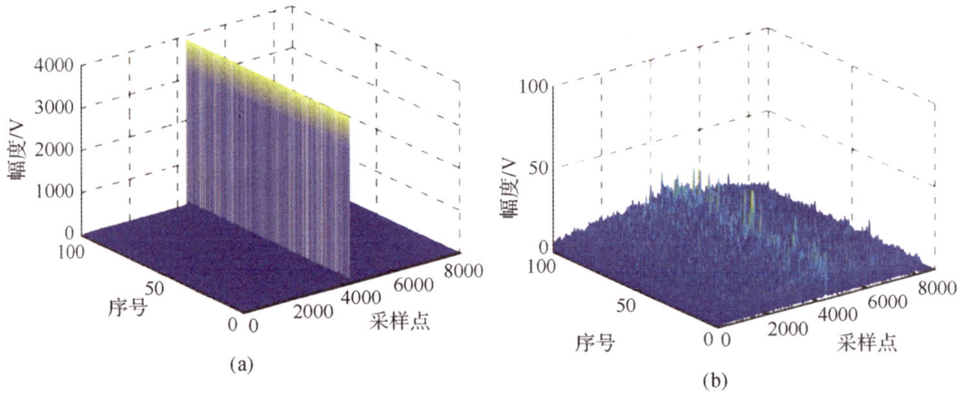

图 5.15　第二种情况下设计的 100 个恒模波形与对应干扰信号的非匹配滤波输出

（a）波形的非匹配滤波输出结果；（b）干扰信号的非匹配滤波输出结果。

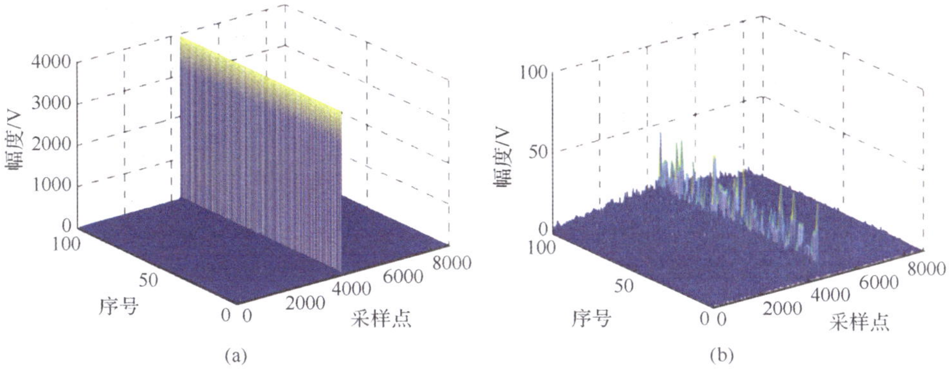

图 5.16　第三种情况下设计的 100 个 PAR 波形与对应干扰信号的非匹配滤波输出

（a）波形的非匹配滤波输出结果；（b）干扰信号的非匹配滤波输出结果。

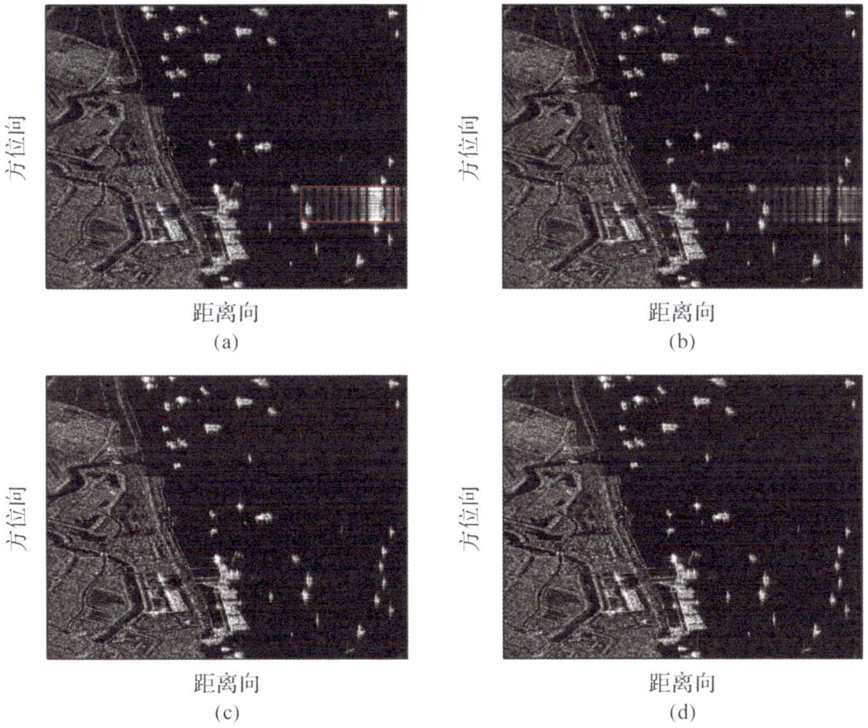

图 5.21　微动调制间歇采样转发干扰下的成像结果（干信比 40dB）

（a）LFM 波形成像结果；（b）LFM 波形时频滤波后成像结果；

（c）恒模波形成像结果；（d）PAR 波形成像结果。

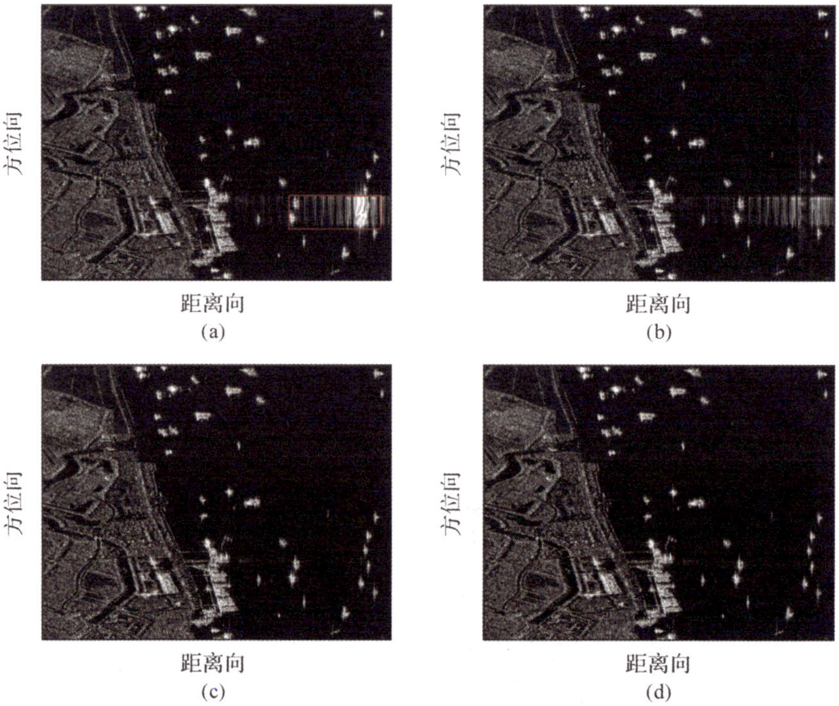

图5.22　有源加速运动调相间歇采样转发干扰下的SAR成像结果（干信比40dB）

（a）LFM波形成像结果；（b）LFM波形时频滤波后成像结果；

（c）抗干扰恒模波形成像结果；（d）抗干扰PAR波形成像结果。

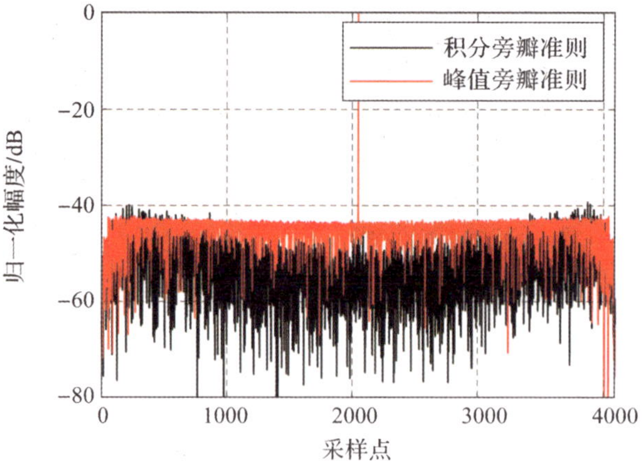

图6.9　低积分旁瓣和峰值旁瓣准则设计波形非匹配滤波脉冲压缩结果

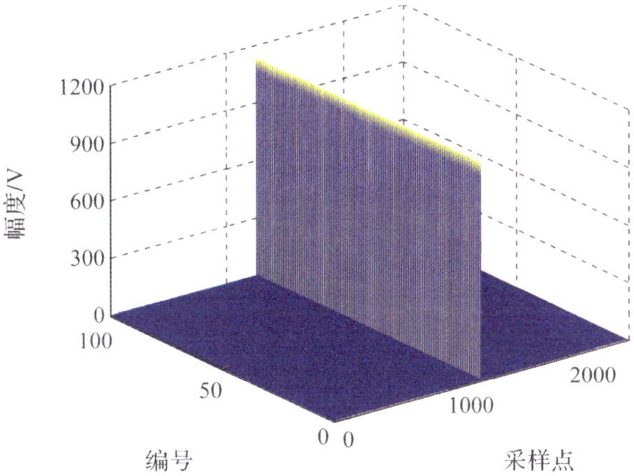

图 6.10　捷变波形非匹配滤波脉冲压缩结果

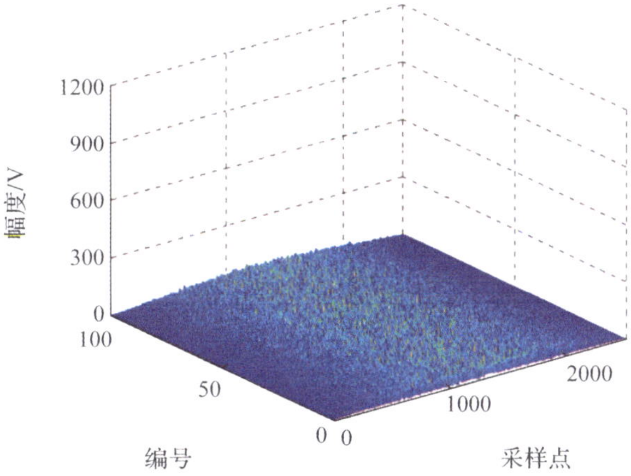

图 6.11　移频干扰信号非匹配滤波输出

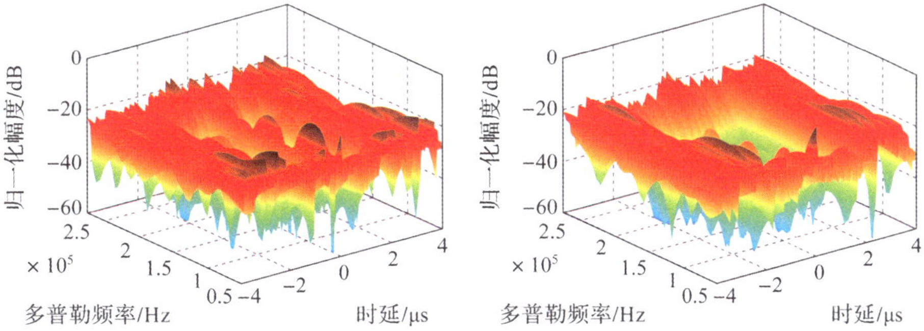

(a)　　　　　　　　　　(b)

图 6.12　局部模糊函数（一）

（a）EGM；（b）联合设计。

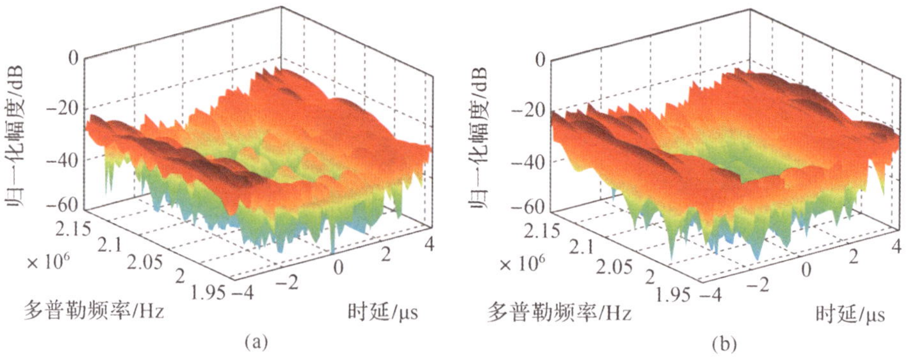

图 6.14　模糊函数（二）

（a）EGM；（b）联合设计。

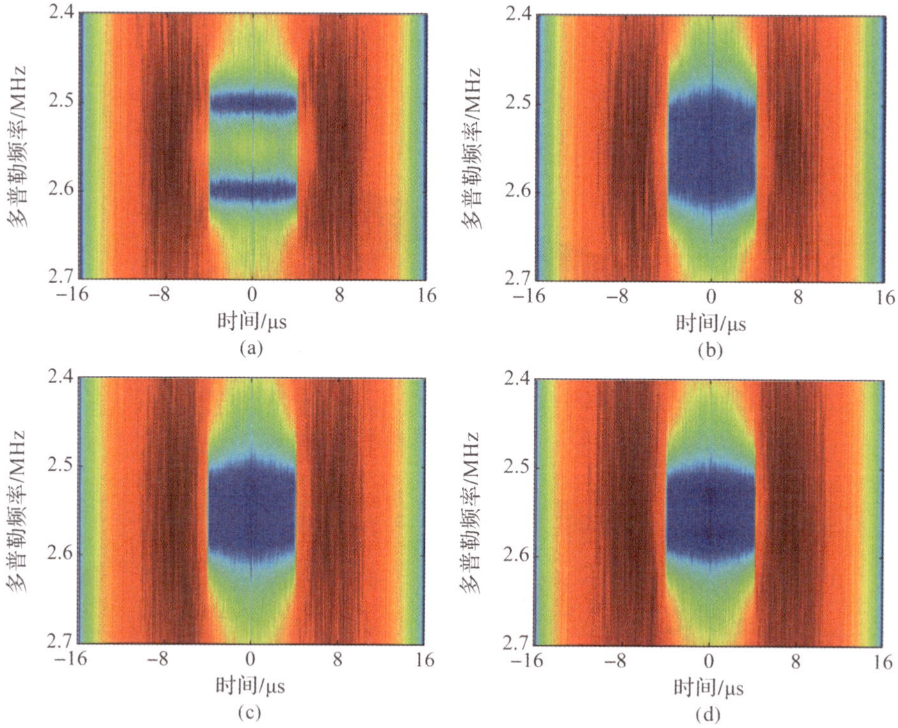

图 6.16　不同采样间隔设计波形局部抑制结果

（a）间隔 100kHz；（b）间隔 50kHz；（c）间隔 20kHz；（d）间隔 10kHz。

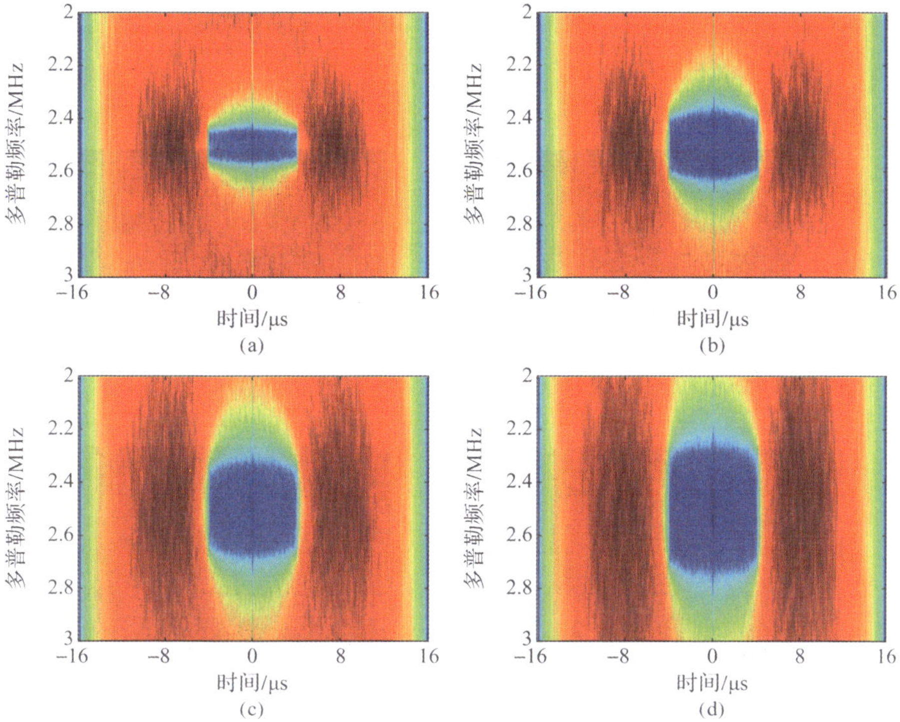

图 6.18　不同抑制宽度局部模糊函数

（a）100kHz；（b）200kHz；（c）300kHz；（d）400kHz。

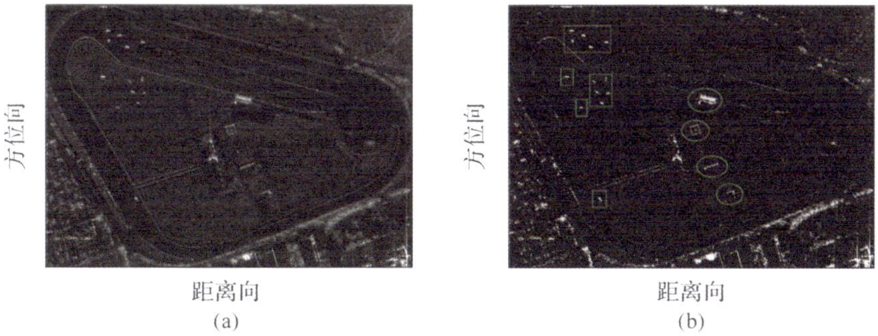

图 8.8　原始成像数据和 100% 采样数据稀疏成像结果

（a）原始图像；（b）稀疏成像结果。

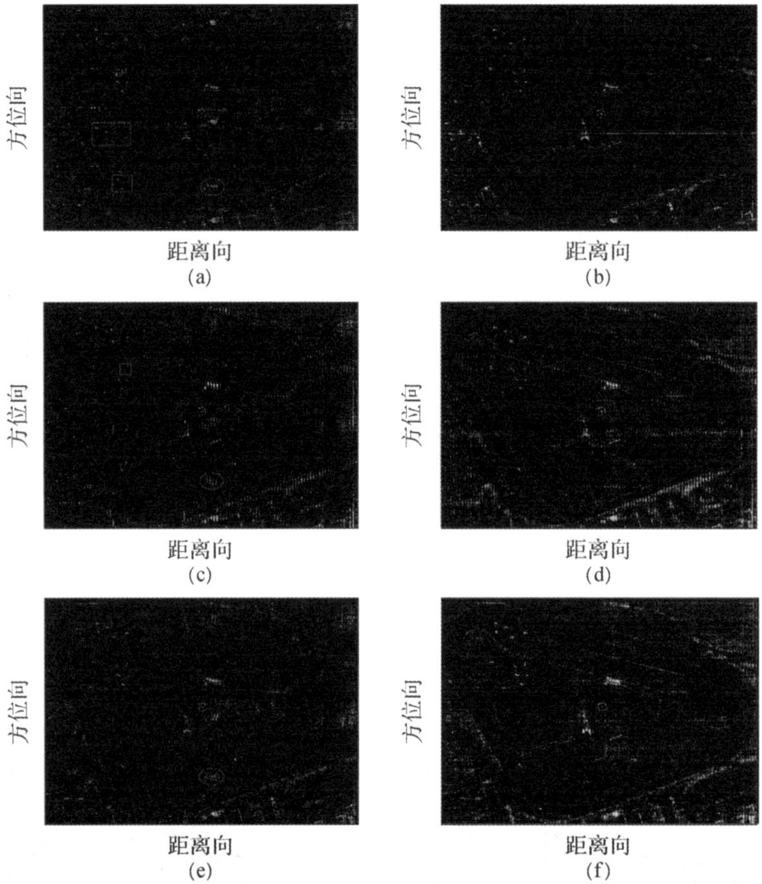

图 8.9　捷变频 SAR 稀疏成像结果

(a) 步进捷变频单通道；(b) 随机捷变频单通道；
(c) 相位补偿前步进捷变频三通道；(d) 相位补偿前随机捷变频三通道；
(e) 相位补偿后步进捷变频三通道；(f) 相位补偿后随机捷变频三通道步进。